"十四五"职业教育国家规划教材

U0692000

单片机应用技术项目教程

C语言版 | 第3版 | 附微课视频

束慧 陈卫兵 姜源 路桂明 宋玉锋 / 编著

ELECTROMECHANICAL

人民邮电出版社

北京

图书在版编目（CIP）数据

单片机应用技术项目教程：C语言版：附微课视频 /
束慧等编著. -- 3 版. -- 北京：人民邮电出版社，
2025. --（职业教育电类系列教材）. -- ISBN 978-7
-115-66932-2

Ⅰ. TP368.1；TP312.8

中国国家版本馆 CIP 数据核字第 2025VD1854 号

内 容 提 要

本书结合企业真实单片机控制系统，按照单片机的不同控制功能，将整个系统划分为"单片机最小系统设计""显示系统与键盘系统设计""时钟系统设计""通信系统设计""存储系统设计""测控系统设计" 6 个部分，以"典型案例+技能训练"配合 Proteus 仿真，主要介绍 STC89 系列单片机的各种具体应用。

本书可作为高等院校、高等职业院校电子、通信、电气、机电、物联网等专业单片机相关课程的教材，也可作为从事单片机应用相关工作的工程技术人员的参考书。

◆ 编　著　束　慧　陈卫兵　姜　源　路桂明　宋玉锋
　　责任编辑　王丽美
　　责任印制　王　郁　焦志炜

◆ 人民邮电出版社出版发行　　北京市丰台区成寿寺路 11 号
　　邮编　100164　电子邮件　315@ptpress.com.cn
　　网址　https://www.ptpress.com.cn
　　大厂回族自治县聚鑫印刷有限责任公司印刷

◆ 开本：787×1092　1/16
　　印张：17　　　　　　　　　　2025 年 7 月第 3 版
　　字数：417 千字　　　　　　　2025 年 7 月河北第 1 次印刷

定价：59.80 元

读者服务热线：(010)81055256　印装质量热线：(010)81055316
反盗版热线：(010)81055315

前言

教学背景

单片机是一种功能强、体积小、可靠性高、价格低廉的大规模集成电路器件，已被广泛应用于家电、汽车、仪器仪表、工业控制、办公自动化以及各种通信产品中，成为现代电子系统中非常重要的智能化工具或单元。因此，单片机应用技术也成为高等院校、高等职业院校电子、通信、电气、机电等相关专业的重要课程之一。对学生而言，掌握单片机应用技术无论是从增强职业技能还是提高就业竞争力来说，都具有非常重要的意义。

随着《国家职业教育改革实施方案》的印发和实施，推出一批能体现职业教育特色、满足职业教育教学质量要求的优质教材迫在眉睫，对单片机相关课程来说也是如此。

目前在工业应用中，51 单片机依然具有很大的市场占有率，虽然增强型 51 单片机已拓展了更多资源和功能，但其还是离不开 51 单片机的基本原理。对于初学者来说，只有打好基础，才能更好地掌握各类增强型 51 单片机的性能。为此，本书选用具有代表性的 51 单片机 STC89C52 作为基本资源进行讲解，再通过任务扩展，介绍增强型 51 单片机的某些特殊应用。

主要内容

本书编写团队打破传统的教材模式，从企业专家设计实际控制系统的过程出发，按照单片机的不同控制功能，将一个完整应用系统的设计划分为"单片机最小系统设计""显示系统与键盘系统设计""时钟系统设计""通信系统设计""存储系统设计""测控系统设计"六大项目，共有 19 个任务，并附有 17 个技能训练项目。

- 单片机最小系统设计：介绍单片机的相关知识，并介绍程序设计软件 Keil 和仿真调试软件 Proteus 的使用。
- 显示系统与键盘系统设计：介绍单片机控制系统中显示系统、键盘系统的设计及单片机的内部资源、编程调试等。
- 时钟系统设计：介绍单片机的定时器/计数器、中断及与时钟芯片的连接，帮助学生掌握单片机控制系统中时钟系统的设计。
- 通信系统设计：介绍单片机控制系统的通信功能。
- 存储系统设计：介绍单片机的外部存储器以及接口的扩展方法，为需要存储大量数据的系统的设计打好基础。
- 测控系统设计：介绍单片机与模数转换器、数模转换器等的接口，以及它们在测量

控制系统中的具体应用。

每个项目按照由浅入深的原则细分出不同的教学任务，各任务训练目的明确、针对性强、教学重点突出，各任务之间又具有一定的连贯性，符合学生的认知规律。

本书特色

本书贯彻落实党的二十大精神，充分体现产教融合、校企合作、工学结合，实施任务驱动的理实一体化教学，融知识传授、技能训练和素质培养为一体。

（1）学思融合、素质培养。各项目新增"学海领航"，将大国工匠的先进事迹等融入书中，注重培养学生的工匠精神、创新精神和职业精神。

（2）项目导入、任务驱动。本书是"理实一体化"教材。每个项目都有机地分解为若干个典型任务，将知识融入任务情境之中。本书编写体例设计为"项目导读、任务（任务要求、相关知识、任务实施、任务小结）、技能训练、项目总结、习题"，符合学生认知，注重实践技能的培养。

（3）校企合作，双元开发。由"资深教师+企业专家"组成的编写团队，将项目实践和理论知识相融合，强化技能训练，紧跟行业技术前沿，将新技术作为拓展知识及时引入教材。

（4）虚拟仿真，课堂延伸。采用 Proteus 仿真，配以大量的仿真案例，实现课堂的延伸，打破需配套硬件设备的限制，极大地方便了学生学习，真正做到"做中学、学中做"。

（5）资源丰富，配套完备。进一步完善立体化教材建设，本书中每个主要知识点有对应的二维码视频，本书配备教案、课程大纲、教学计划和软件虚拟实训案例，方便课堂教学和无开发板的读者实操。全套资源可在人邮教育社区下载，并能直接通过中国大学 MOOC（慕课）网在线学习 2023 年职业教育国家在线精品课程、"十四五"江苏省职业教育首批在线精品课程"单片机控制系统应用"。

学习建议

读者可在选择性地学习"相关知识"的内容后，按"任务实施"进行动手操作，在操作的过程中反复理解"相关知识"的内容。同时，通过完成课后任务和技能训练，举一反三，在进一步巩固学习内容的同时，实现能力的提升。

推荐采用理实一体化方式进行教学，各项目学时建议如下。

序号	项目名称	任务名称	理实一体化学时	合计
项目 1	单片机最小系统设计	搭建单片机最小系统	4	8
		简易信号指示灯设计	4	
项目 2	显示系统与键盘系统设计	流水灯系统设计	4	24
		数码管显示器设计	4	
		8×8 点阵显示器设计	4	
		液晶显示器设计	8	
		4×4 键盘系统设计	4	
项目 3	时钟系统设计	报警声发生器设计	8	20
		秒表设计	8	
		电子万年历设计	4	

续表

序号	项目名称	任务名称	理实一体化学时	合计
项目 4	通信系统设计	串口彩屏显示系统设计	4	16
		双机通信系统设计	8	
		远程交通信号灯控制系统设计	4	
项目 5	存储系统设计	并行存储器的扩展设计	4	8
		EEPROM 的扩展设计	4	
项目 6	测控系统设计	数字电压表设计	4	16
		数字温度计设计	4	
		波形发生器设计	4	
		直流电动机控制设计	4	
合计			92	

编写说明

本书项目 1 和项目 5 由南通职业大学路桂明编写，项目 2 和项目 3 由南通职业大学束慧编写，项目 4、项目 6 由南通职业大学陈卫兵、珠海城市职业技术学院姜源以及江苏现代电力科技股份有限公司宋玉锋共同编写。全书由束慧统稿，陈卫兵校对。同时感谢江苏现代电力科技股份有限公司的大力支持。

由于编者水平有限，书中难免存在不足与疏漏之处，敬请广大读者批评指正。读者可通过邮箱与我们联系：346011221@qq.com。

编者

2025 年 1 月

数字资源列表

<table>
<tr><td colspan="8" align="center">项目 1　单片机最小系统设计</td></tr>
<tr><td>名称</td><td>类别</td><td>二维码</td><td>页码</td><td>名称</td><td>类别</td><td>二维码</td><td>页码</td></tr>
<tr><td>搭建单片机
最小系统</td><td>视频</td><td></td><td>2</td><td>Keil 开发环境</td><td>文档</td><td></td><td>16</td></tr>
<tr><td>单片机概述</td><td>视频</td><td></td><td>2</td><td>C51 语言中的数</td><td>视频</td><td></td><td>17</td></tr>
<tr><td>STC89C52 单片机
的结构与引脚</td><td>视频</td><td></td><td>4</td><td>C51 语言中的
运算符与表达式</td><td>视频</td><td></td><td>22</td></tr>
<tr><td>单片机最小系统</td><td>视频</td><td></td><td>7</td><td>C51 语言
基础知识</td><td>文档</td><td></td><td>23</td></tr>
<tr><td>Proteus ISIS
简介</td><td>视频</td><td></td><td>9</td><td>C51 语言中的顺序
结构与基本语句</td><td>视频</td><td></td><td>23</td></tr>
<tr><td>Proteus ISIS
工作环境</td><td>文档</td><td></td><td>10</td><td>C51 语言中的分支
结构与分支语句</td><td>视频</td><td></td><td>24</td></tr>
<tr><td>任务实施 01-1</td><td>视频</td><td></td><td>10</td><td>任务实施 01-2</td><td>视频</td><td></td><td>27</td></tr>
<tr><td>简易信号
指示灯设计</td><td>视频</td><td></td><td>15</td><td></td><td></td><td></td><td></td></tr>
<tr><td colspan="8" align="center">项目 2　显示系统与键盘系统设计</td></tr>
<tr><td>名称</td><td>类别</td><td>二维码</td><td>页码</td><td>名称</td><td>类别</td><td>二维码</td><td>页码</td></tr>
<tr><td>流水灯系统设计</td><td>视频</td><td></td><td>41</td><td>C51 语言中的辅助
控制语句</td><td>视频</td><td></td><td>46</td></tr>
<tr><td>单片机存储结构</td><td>视频</td><td></td><td>41</td><td>任务实施 02-1</td><td>视频</td><td></td><td>48</td></tr>
<tr><td>STC8A8K64S4A12
单片机存储结构</td><td>文档</td><td></td><td>43</td><td>数码管显示器
设计</td><td>视频</td><td></td><td>54</td></tr>
<tr><td>C51 语言中的循环
结构与循环语句</td><td>视频</td><td></td><td>43</td><td>数码管结构及
段选码</td><td>视频</td><td></td><td>54</td></tr>
</table>

续表

名称	类别	二维码	页码	名称	类别	二维码	页码
C51 语言中的一维数组	视频		55	任务实施 02-4	视频		80
数码管显示方式	视频		56	4x4 键盘系统设计	视频		91
任务实施 02-2	视频		59	非编码键盘概述	视频		92
液晶显示器设计	视频		74	按键抖动与消抖	视频		92
液晶显示器及其接口	视频		75	线性非编码键盘的识别与处理	视频		93
LCD1602 的内部结构	视频		75	矩阵非编码键盘的识别与处理	视频		93
LCD1602 的指令系统	视频		78	任务实施 02-5	视频		96

项目 3　时钟系统设计							
名称	类别	二维码	页码	名称	类别	二维码	页码
报警声发生器设计	视频		103	任务实施 03-2	视频		122
秒表设计	视频		114				

项目 4　通信系统设计							
名称	类别	二维码	页码	名称	类别	二维码	页码
串行通信基础知识	视频		146	Usart-GPU 串口彩屏概述及指令系统	视频		154
串口 1 的工作方式及波特率	视频		151	任务实施 04-1	视频		155
通过 STC-ISP 生成串口初始化程序	文档		153	双机通信系统设计	视频		163

续表

名称	类别	二维码	页码	名称	类别	二维码	页码
多机通信	视频		163	RS-232C 接口电路	视频		172
任务实施 04-2	视频		164	PC 与多个单片机间的串行通信	视频		179
甲机控制程序	视频		167	STC15W4K48S4 串口 1	视频		179
乙机控制程序	视频		168	STC15W4K48S4 串口 1	文档		179
RS-232C 总线标准	视频		172	STC15W4K48S4 串口 2	文档		180

项目 5　存储系统设计							
名称	类别	二维码	页码	名称	类别	二维码	页码
并行存储器的扩展设计	视频		183	EEPROM 的扩展设计	视频		195
三总线接口及其扩展性能	视频		183	AT24C 系列芯片	视频		195
并行 EPROM 程序存储器概述	视频		184	I^2C 总线协议规范	视频		196
单片并行 EPROM 程序存储器的扩展	视频		185	I^2C 总线的应用	视频		198
并行 RAM 的扩展	视频		186	AT24C04 与单片机的接口	视频		201
C51 语言的指针	视频		187	任务实施 05-2	视频		201
C51 语言中绝对地址的访问	视频		188	电子密码锁程序	文档		209
多片 EPROM 程序存储器的扩展	视频		191				

续表

项目 6　测控系统设计							
名称	类别	二维码	页码	名称	类别	二维码	页码
模数转换器	视频		212	DAC0832 与单片机的接口	视频		238
ADC0809 与单片机的接口	视频		213	任务实施 06-3	视频		239
任务实施 06-1	视频		214	技能训练 6.5　简易可调电压源的设计	文档		246
STC15 单片机内部模数转换器的应用	文档		221	直流电动机驱动电路	视频		247
技能训练 6.2　基于串行模数转换器 TLC2543 数据采集系统的设计	文档		224	单片机模拟输出 PWM 信号	视频		248
技能训练 6.3 多路温度巡测仪的设计	文档		235	STC15W4K32S4 系列单片机增强型 PWM 发生器	文档		254
数模转换器	视频		237	技能训练 6.7　数控直流电源的设计	文档		256
DAC0832 的双缓冲结构	视频		238				

目录

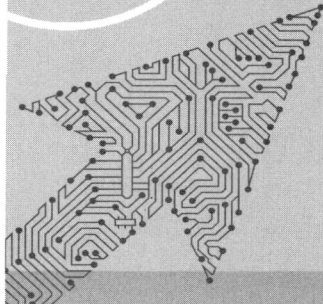

单片机最小系统设计

●●● 【项目导读】 ●●●

大家都知道个人计算机仅有一个主机是无法工作的,需要连接电源以及必要的显示装置(显示器)、输入装置（键盘、鼠标）等,如图 1.1 所示。

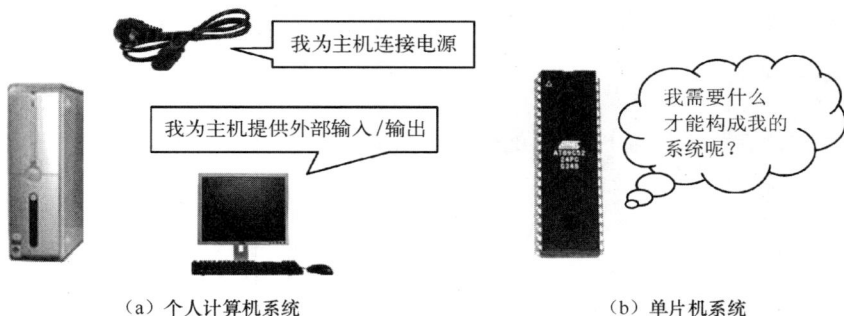

我为主机连接电源

我为主机提供外部输入/输出

我需要什么才能构成我的系统呢？

（a）个人计算机系统　　　　　　（b）单片机系统

图1.1　个人计算机系统和单片机系统

单片机同样如此,要让它正常工作,执行程序并完成控制功能,至少需要在小小的芯片外部连接什么呢? 也就是说,单片机最小系统是什么样的呢?

本项目从单片机最小系统入手,通过简单的控制实例,首先让读者对 Proteus 和 Keil 有初步的了解;然后介绍单片机的结构和引脚,以及涉及的 C 语言语句。通过对简易信号指示灯的设计,让读者进一步了解单片机应用系统的开发流程。

学海领航	[中国心,中国芯] 梁骏:自主研发创新二十载 只为我的中国"芯"
素养目标	培养学生坚定理想信念,以及敢于担当、不懈奋斗和自强不息的精神
知识目标	(1) 了解 STC89C52 单片机的结构和引脚功能。 (2) 掌握 STC89C52 单片机最小系统的设计。 (3) 会利用 I/O 口对按键进行检测、点亮 LED、控制蜂鸣器鸣叫
技能目标	(1) 学会 Proteus 和 Keil 的使用。 (2) 能完成单片机最小系统和简单的输入/输出电路的设计和焊接。 (3) 能利用 C 语言实现输入/输出控制程序的编写、运行和调试
学习重点	(1) 单片机的引脚及功能。 (2) 单片机最小系统的设计。 (3) 单片机外接按键、LED、蜂鸣器等电路的设计
学习难点	时钟电路、复位电路、按键检测、LED 和蜂鸣器输出控制的方法

续表

建议学时	8 学时
推荐教学方法	通过任务 1.1 介绍 Proteus 的使用，通过任务 1.2 讲解 Keil 开发环境，以"任务实施"为切入点，引导学生边做边学，将"相关知识"融入任务实施中。通过讲述相关硬件的焊接制作，让学生熟悉单片机应用系统的开发流程
推荐学习方法	读者可以先了解"相关知识"的内容，然后按"任务实施"进行动手操作，在操作的过程中，再返回阅读"相关知识"的内容，巩固理论知识

••• 任务 1.1　搭建单片机最小系统 •••

【任务要求】

搭建一个单片机最小系统，外接一个发光二极管（LED），要求系统上电后，发光二极管被点亮。

【相关知识】

本任务要求读者熟练掌握 Proteus 的使用。为了更好地完成本任务，先介绍几个相关的知识点。

知识1　单片机概述

单片机自诞生以来，就因集成度高、功能强、可靠性高、体积小、功耗低、价格低廉、使用灵活方便等一系列优点在过程控制、智能化仪表、集散控制系统等方面得到了十分广泛的应用。

1.　单片机的应用

（1）家用电器领域

这方面的应用非常广泛，如电饭煲、电冰箱、风扇、洗衣机、空调、电视、音响等。

（2）医用设备领域

单片机在医用设备领域的使用同样广泛，如电子体温计、血压仪、B 超等各种分析仪和监护仪等。

（3）工业控制领域

单片机能构成形式多样的控制系统、数据采集系统，如工厂流水线的智能化管理、楼房电梯智能化控制及各种报警系统等。

（4）智能仪器仪表领域

单片机具有体积小、功耗低、控制功能强、扩展灵活、使用方便等优点，它与各种类型的传感器组合，可实现对电压、功率、频率、湿度、温度、压力等的测量和控制，如温控仪、示波器、逻辑分析仪等。

（5）计算机网络通信领域

单片机通过通信接口能实现和计算机的数据通信，如手机、远程监控交换机、自动通信呼叫系统、无线对讲机等。

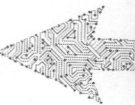

为了更好地学习和掌握单片机，先介绍几个相关基本概念。

2. 基本概念

（1）微处理器（Microprocessor）。它是传统计算机的中央处理器（CPU），是集成在同一块芯片上的具有运算和逻辑控制功能的中央处理器，它是构成微型计算机系统的核心器件。

（2）微型计算机（Microcomputer）。它是以微处理器为核心，由存储器、输入/输出（I/O）口和中断系统等构成的整体。它可集中装在同一块或数块印制电路板上，一般不包括外部设备和软件。

（3）微型计算机系统（Microcomputer System）。它是指以微型计算机为核心，配上外部设备、电源和软件等，能独立工作的完整计算机系统。

（4）单片机（Single Chip Microcomputer）。单片机是将微处理器、存储器、I/O 口和中断系统集成在同一块芯片上，具有完整功能的微型计算机。

3. 单片机的发展

自 1974 年美国仙童（Fairchild）公司研制出世界上第一台微型计算机 F8 开始，单片机就因集成度高、功能强、可靠性高、体积小、功耗低、价格低廉、使用灵活方便等一系列优点得到迅速发展，其应用也十分广泛，特别是在过程控制、智能化仪器、变频电源、集散控制系统等方面得到了充分的应用。单片机的发展很快，每隔两三年就要更新换代一次，其发展过程大致可分为以下几个阶段。

（1）第一阶段（1974—1976 年）：这是单片机发展的起步阶段。这一阶段生产的单片机的特点是制造工艺落后，集成度较低，而且采用双片形式。代表产品有仙童公司的 F8 系列单片机和英特尔（Intel）公司的 3870 系列单片机。

（2）第二阶段（1977—1978 年）：这一阶段生产的单片机已是单块芯片，但性能低、品种少、寻址范围有限、应用范围也不广。该阶段代表产品是英特尔公司的 MCS-48 系列单片机。

（3）第三阶段（1979—1982 年）：这是 8 位单片机的成熟阶段。这一代的单片机和前两代的相比，不仅存储容量大、寻址范围广，而且中断源、并行 I/O 口、定时器/计数器的个数都有了不同程度的增加，同时它还集成了全双工串行通信接口电路，在指令系统方面普遍增设了乘除和比较指令。这一阶段生产的单片机品种齐全，可以满足各方面的需要。该阶段代表产品有英特尔公司的 MCS-51 系列单片机、摩托罗拉（Motorola）公司的 MC6801 系列单片机等。

（4）第四阶段（1983 年以后）：这一阶段 8 位单片机向更高性能发展，同时出现了工艺先进、集成度高、内部功能更强和运算速度更快的 16 位单片机，它允许用户采用面向工业控制的专用语言，如 C 语言等。该阶段代表产品有英特尔公司的 MCS-96 系列单片机和美国国家半导体（NS）公司的 HPC16040 系列单片机等。

最近几年的单片机处于 8 位单片机和 16 位单片机并行发展的状态，它们都在向高性能、高运算速度、强程序存储能力的方向发展。虽然出现了 32 位单片机，但 8 位单片机仍是主流之一。

4. MCS-51 单片机简介

MCS-51 单片机是指由英特尔公司生产的一系列单片机的总称，这一系列单片机包括许多品种，如 8031、8051、8751、8032、8052、8752 等，其中 8051 是最早、最典型的产品，该系列其他单片机都是在 8051 的基础上进行功能的增、减、改变而来的，所以人们习惯用 8051 来称呼 MCS-51 系列单片机。

MCS-51 单片机是一种集成的电路芯片，是采用超大规模集成电路技术把具有数据处理能力的 CPU、随机存储器（RAM）、只读存储器（ROM）、多种 I/O 口和中断系统、定时器/计数器等集成到一块芯片上构成的小而完善的计算机系统。MCS-51 单片机有如下几种类型。

（1）根据单片机内部程序存储器的配置不同来分

① 无 ROM（ROMless）型：8031、80C31、8032、80C32。此类芯片必须外扩程序存储器。

② 带 MaskROM（掩模 ROM）型：8051、80C51、8052、80C52。此类芯片是由半导体厂家在芯片生产过程中通过掩模工艺将用户程序制作到单片机的 ROM 中。

③ 带 EPROM（可擦编程只读存储器）型：8751、87C51、8752。此类芯片带有透明窗口，可通过紫外线擦除单片机中 EPROM 的内容，然后通过专门的编程器写入单片机，需要更新程序时可擦除后重新写入。

④ 带 EEPROM（电可擦编程只读存储器）型：8951、89C51、8952、89C52。该类芯片可直接通过编程器在线擦除后写入。

（2）根据单片机内部存储器的容量配置不同来分

① 51 子系列：芯片型号的最末位数字以 1 作为标志，是基本型产品。

② 52 子系列：芯片型号的最末位数字以 2 作为标志，是增强型产品。

（3）根据芯片的半导体制造工艺不同来分

① HMOS 工艺型：即采样高密度沟道 MOS 工艺制造的芯片。

② CHMOS 工艺型：即采样 HMOS 和 COMS 综合工艺制造的芯片，芯片型号中增加字母 C 与 HMOS 工艺的芯片进行区分，其中 C 代表 COMS 工艺，即互补金属氧化物工艺。

采用这两种工艺的器件在功能上是完全兼容的，但 CHMOS 器件具有低功耗的特点，其常用于低功耗的应用系统。

此外，按单片机所能适应的环境温度范围，可分为民用级（0～70℃）、工业级（−40～+85℃）和军用级（−65～+125℃）。

5. STC 系列单片机简介

STC 系列单片机是 MCS-51 系列单片机的派生产品，是一种增强型单片机。STC 系列单片机具有高速、低功耗等特点，可在系统中编程或在应用中编程（ISP 或 IAP），不占用户资源，用户可以很方便地进行程序的擦写操作，无需专用编程器，无需专用仿真器，可通过串口（RXD/P3.0、TXD/P3.1）直接下载用户程序，数秒即可完成一个单片机的编程，因此在嵌入式控制开发和应用领域应用广泛。

近年来，宏晶科技有限公司（简称"宏晶科技"）不断对 STC 系列单片机进行创新和升级，产品已形成 STC89/90、STC10/11、STC12、STC15、STC32 等多个系列。STC 系列单片机具有与传统 51 单片机兼容的内核，内部集成了模数（A/D）转换器、脉冲宽度调制（PWM）输出模块、串行外设接口（SPI）模块、内部 EEPROM 存储模块、晶体振荡器（简称"晶振"）电路、"看门狗"等，用户可根据系统需要，选择合适的型号。

为了便于初学者尽快掌握单片机的相关知识，本书选用 STC89/90 系列单片机中的 STC89C52 进行介绍，并借助 Proteus 进行仿真，便于读者边学边练。

知识2　STC89C52单片机的结构与引脚

通过对本知识点的学习，读者可以对 STC89C52 单片机的结构与引脚有初步的了解，为任务 1.1 的完成打下基础。

STC89C52 单片机的结构与引脚

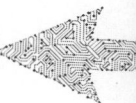

1．STC89C52 单片机的结构

STC89C52 单片机是宏晶科技推出的新一代超强抗干扰、高速、低功耗的单片机，其指令代码完全兼容传统的 MCS-51 单片机，内部结构框图如图 1.2 所示。它包含作为微型计算机所必需的功能器件，主要包括如下几种。

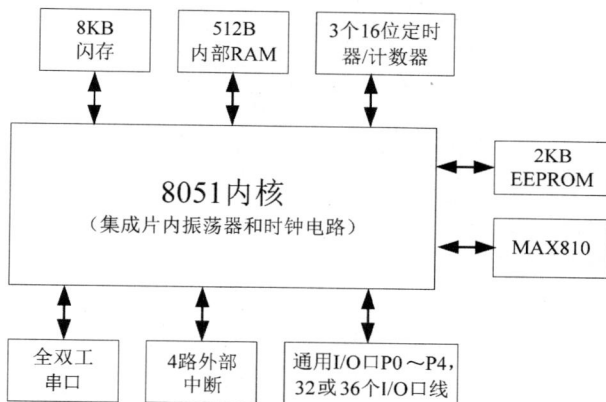

图1.2　STC89C52内部结构框图

（1）8051 内核，集成片内振荡器和时钟电路。

（2）8KB 闪存。

（3）512B 内部 RAM。

（4）3 个 16 位定时器/计数器。

（5）通用 I/O 口 P0～P4，32 或 36 个 I/O 口线。

（6）一个可编程的全双工串口。

（7）4 路外部中断。

（8）2KB EEPROM 。

（9）12 个时钟/机器周期（12T 模式）和 6 个时钟/机器周期（6T 模式）可以选择，最新的 D 版本内部集成了 MAX810 专用复位电路。

2．STC89C52 单片机的引脚

STC89C52 与 MCS-51 系列单片机的引脚是兼容的，可分为 I/O 口引脚、电源引脚、外接晶振引脚、控制引脚 4 部分。其封装形式有两种：方形封装和双列直插封装（DIP），如图 1.3 所示。

（1）I/O 口引脚。

STC89C52 的 P1、P2、P3、P4 口上电复位后是准双向口/弱上拉（传统 8051 的 I/O 口模式），P0 口上电复位后是开漏输出，作为总线使用时，不用外接上拉电阻，而作为普通 I/O 口使用时，需接 4.7～10kΩ 的上拉电阻。

P0 口的最大灌电流为 12mA，其他口的最大灌电流为 6mA。

P0 口：可以作为普通 I/O 口使用，当作为输入时，每个端口要先置 1；当系统外接存储器和扩展 I/O 口时，通常作为低 8 位地址/数据总线分时复用口，低 8 位地址由地址锁存允许（ALE）下跳沿锁存到外部地址锁存器中，高 8 位地址由 P2 口输出。

P1 口：通常作为普通 I/O 口使用，每一位都能作为可编程的 I/O 口线，当作为输入时，每个端口要先置 1。

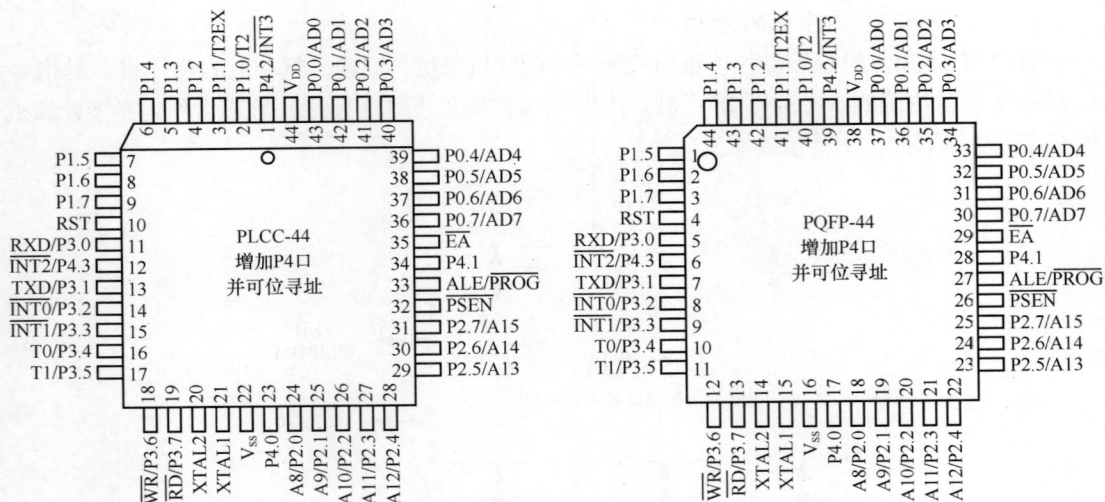

（a）方形封装

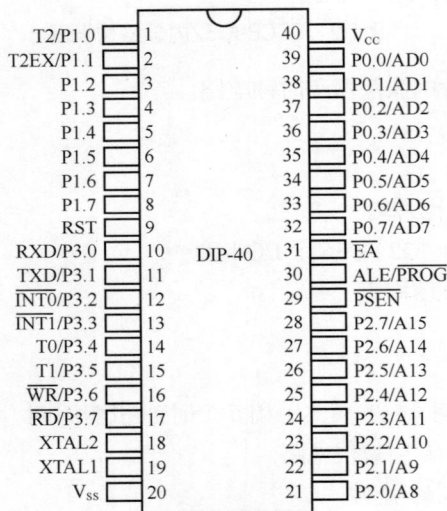

（b）双列直插封装

图1.3 STC89C52单片机封装形式

P2 口：可以作为普通 I/O 口使用，当作为输入时，每个端口要先置 1；当系统外接存储器和扩展 I/O 口时，又可作为扩展系统的高 8 位地址总线，与 P0 口一起组成 16 位地址总线。

P3 口：为双功能口。每一位均可独立定义为普通 I/O 口或第二功能 I/O 口。作为普通 I/O 口时，其功能与 P1 口的相同。

P4 口：内部带上拉电阻的准双向 I/O 口，功能与 P1 口的相同。

（2）电源引脚。

① V_{CC}：正常工作时为 3.4～5.5V 电源（5V 单片机）。

② GND：接地端。

（3）外接晶振引脚：XTAL1、XTAL2，用于外接晶体振荡器，提供时钟信号。

（4）控制引脚。控制引脚有 4 条，包括复位端（RST）；地址锁存允许/编程线（ALE/$\overline{PROG}$）；外部程序存储器的读选通线（$\overline{PSEN}$）；片外 ROM 允许访问端（$\overline{EA}$）。

知识3　单片机最小系统

通过学习本知识点，读者可以对任务 1.1 涉及的硬件有具体的认识。

单片机最小系统就是指由单片机和一些基本的外围电路组成的可以工作的单片机系统。该系统仅能满足工作的最低要求，不能完成相关的输入检测、输出控制以及人机交互。常用的输入器件有按钮、接近开关等传感器，输出器件有指示灯、数码管、液晶显示屏等，执行器件有继电器、电磁阀等，这些器件将在后续任务中具体介绍。单片机最小系统主要包括单片机、晶振电路、复位电路和电源几个部分。其中电源部分按单片机的工作电压提供即可，其余部分介绍如下。

1. 晶振电路

STC89C52 单片机内部有一个受 $\overline{PD}$ 控制的用于构成振荡器的与非门，电路如图 1.4 所示。

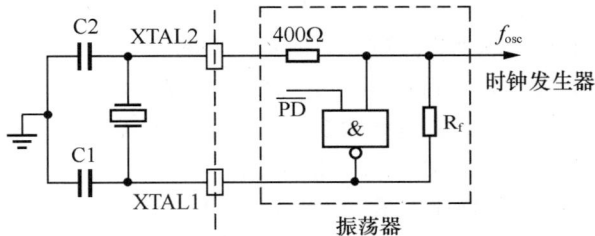

图1.4　STC89C52片内振荡器电路

当在放大器的两个引脚 XTAL1 和 XTAL2 上外接一个由石英晶体振荡器和电容组成的并联谐振电路作为反馈元件时，便构成一个自激振荡器，如图 1.5 所示。

此振荡器由 XTAL1 端向内部时钟电路提供一定频率的时钟源信号。另外，振荡器的工作还可由软件控制，当将单片机内电源控制寄存器（PCON）中的 PD 位置 1 时，可停止振荡器的工作，使单片机进入省电工作状态，此振荡器称为片内振荡器。

单片机也可采用外部振荡器向内部时钟电路输入一固定频率的时钟源信号。此时，外部振荡器信号接至 XTAL1 端，输入给内部时钟电路，XTAL2 端浮空即可，如图 1.6 所示。

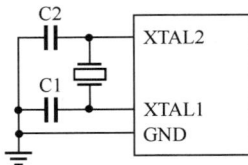

图1.5　自激振荡器

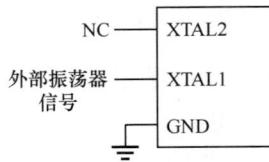

图1.6　外部时钟电路

片内振荡器的频率是由外接石英晶体振荡器的频率决定的，其频率范围为 1.2～24MHz。

片内振荡器对构成并联谐振电路的外接电容 C1 和 C2 的要求并不严格，外接晶体振荡器时，电容 C1 和 C2 的典型值为 20～30pF。在设计印制电路板时，石英晶体振荡器和电容应尽可能安装得靠近单片机，以减少寄生电容，保证振荡器的稳定性和可靠性。

2. 复位电路

本部分介绍3种常用的复位电路，便于读者在具体应用中进行选择。

（1）上电复位。系统刚接通电源时，由于电源有可能存在抖动或者系统中可能有其他器件没有进入稳定工作状态，因此单片机需要在上电时进行复位。

上电复位电路中，考虑到振荡器有一定的起振时间，复位引脚上高电平必须持续10 ms以上才能保证有效复位，因此，上电复位电路一般采用专用的复位芯片或简单的电阻电容电路（RC电路）来实现。图1.7（a）所示为一种常用的简易RC上电复位电路，它通过对电容的充电在接通电源的同时完成系统的复位工作。可以通过调整R、C的值来调整复位的时间。

（2）按键复位。若单片机在运行期间出现非正常状态，则可以通过人工强制干预的方法进行复位。常用电路如图1.7（b）所示，按下S键时，RST端经电阻R1接通V_{CC}电源实现复位。同时，上电时即使没有按下S键，由于R2和C构成的RC电路会对电容C充电，RST端也会出现一段高电平，实现上电复位。

（3）"看门狗"复位。单片机系统在工作时，由于干扰等各种因素的影响，有可能出现死机或者程序"跑飞"现象，导致单片机系统无法正常工作。为了克服这一现象，部分型号的单片机内部提供了专门的"看门狗"定时器，此时，只需在控制程序中不断对该定时器进行清零（"喂狗"）操作。一旦程序"跑飞"，则无法对"看门狗"定时器清零，当该定时器内的值一直累加至溢出时，系统会自动复位。对于无"看门狗"定时器的单片机，需外加"看门狗"电路来实现该功能。常用的"看门狗"芯片有MAX813L等。

MAX813L引脚及典型应用电路如图1.8所示，引脚功能如下。

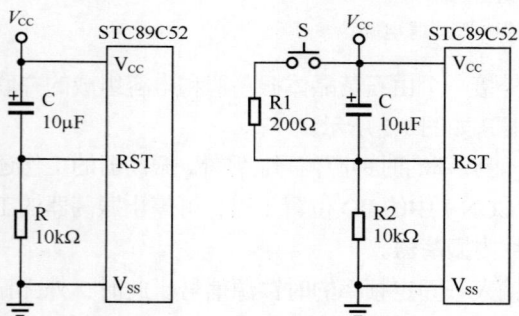

（a）上电复位电路　　　　（b）按键复位电路

图1.7　单片机复位电路

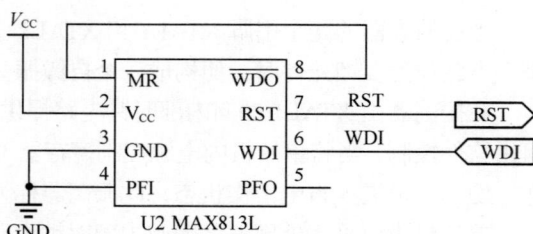

图1.8　MAX813L引脚及典型应用电路

① $\overline{MR}$：手动复位输入，低电平有效。

② V_{CC}：电源。

③ GND：接地端。

④ PFI：电源故障输入。

⑤ PFO：电源故障输出。

⑥ WDI："看门狗"输入。

⑦ RST：复位输出。

⑧ $\overline{WDO}$："看门狗"输出。

在不用手动复位的情况下，可将MAX813L的$\overline{MR}$脚与$\overline{WDO}$脚相连。RST脚接单片机的

复位脚（STC89C52 的 RST 脚）；WDI 脚与单片机口线相连，在这里假设用引脚 P1.0。在软件设计中，和 WDI 脚相连的引脚 P1.0 不断输出脉冲信号，如果因某种原因单片机进入死循环，

则引脚 P1.0 无脉冲输出，于是 1.6s 后在 MAX813L 的 $\overline{\text{WDO}}$ 脚输出低电平，该低电平加到 $\overline{\text{MR}}$ 脚，使 MAX813L 产生复位输出，单片机有效复位，摆脱死循环的困境。

将"看门狗"复位与手动复位结合起来，得到图 1.9 所示的典型"看门狗"复位电路。按 S1 键实现手动复位，WDI 与单

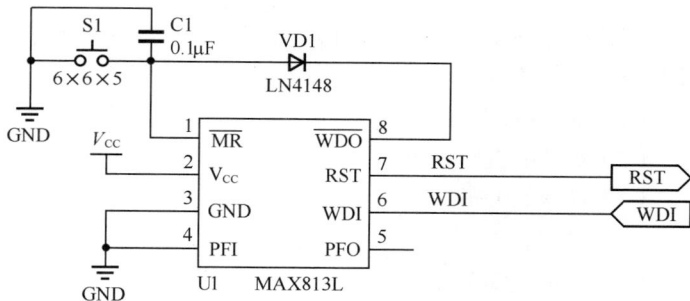

图1.9 典型"看门狗"复位电路

片机某个引脚（如 P1.0）相连，在控制软件中让该脚不断输出脉冲信号，实现"看门狗"功能。

知识4 单片机硬件仿真开发工具Proteus

1. Proteus 简介

掌握本知识点，便于读者使用 Proteus 进行仿真，达到边学边练的目的。

Proteus 是英国 Labcenter Electronics 公司推出的用于仿真单片机及其外围元器件的电子设计自动化（EDA）工具。Proteus 与 Keil 配合使用，可以在不需要硬件投入的情况下，完成单片机 C 语言应用系统的仿真开发，从而缩短实际系统的研发周期，降低开发成本。

Proteus 具有高级原理布图（ISIS）、混合模式仿真（PROSPICE）、印制电路板（PCB）设计以及自动布线（ARES）等功能。Proteus 的虚拟仿真技术（VSM）实现了在物理原型出来之前对单片机应用系统进行设计开发和测试。

正确安装 Proteus 后，双击程序图标，即可进入 Proteus 的高级原理布图工具 Proteus ISIS，可以看到图 1.10 所示的 Proteus 的 ISIS 用户界面。与其他常用的软件一样，Proteus 的 ISIS 用户界面设置有菜单栏、可以快速执行命令的按钮工具栏和各种功能窗口（如原理图编辑窗口、原理图预览窗口、对象选择窗口等）。

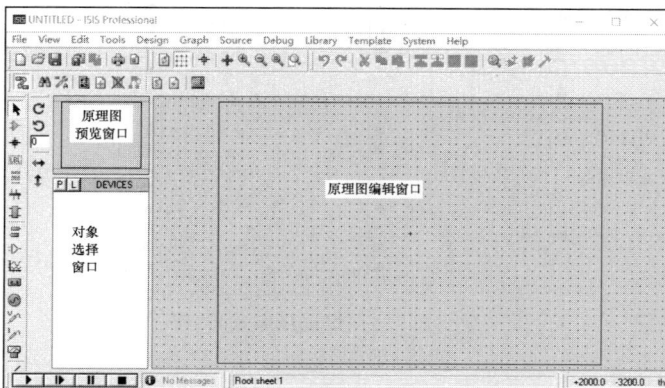

图1.10 Proteus ISIS用户界面

2. Proteus ISIS 工作环境

关于界面上的菜单栏、快捷工具栏、元器件分类及名称等，读者可扫描二维码查阅。

尽快熟悉该软件的界面操作。熟悉 Proteus ISIS 的工作环境后，即可开始单片机硬件系统的设计与仿真，具体包括以下步骤。

（1）新建设计文件。

（2）对象的选择与放置。

（3）对象的编辑。

（4）布线。

（5）添加或编辑文字描述。

（6）电气规则检查。

（7）电路仿真。

具体的操作请读者参照"任务实施"完成。

【任务实施】

软件仿真是单片机初学者进行系统设计和测试最方便、快捷的方法之一。对于本书中的各个教学项目，读者均可先在 Proteus 中创建仿真系统，调试正确后，再着手进行实物的制作和测试。因此本书的任务实施环节，都会介绍仿真的过程，同时提供实物制作的清单，便于读者进行全方位训练。

分析：单片机最小系统电路由电源电路、复位电路、晶振电路构成，如图 1.11 所示。由于本任务是第一个设计仿真任务，因此先详细介绍设计过程，帮助读者迅速熟悉该过程。

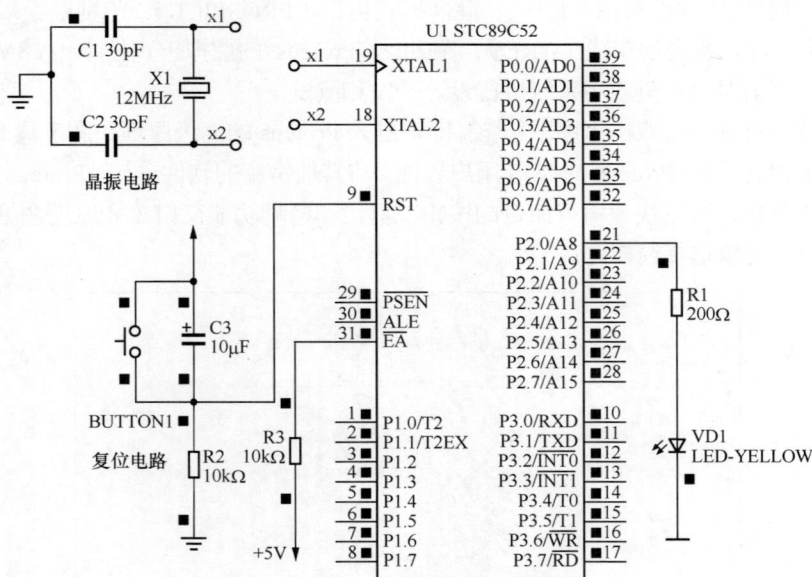

图1.11　单片机最小系统电路

1. 新建设计文件

打开 Proteus，执行菜单命令 File→New Design，在弹出的 Create New Design 对话框（见图

1.12）中选择 DEFAULT 模板，单击 OK 按钮后，进入 Proteus ISIS 用户界面。此时，对象选择窗口、原理图编辑窗口、原理图预览窗口均是空白的。执行菜单命令 File→Save Design，在弹出的 Save ISIS Design File 对话框中，可以选择新建设计文件的保存目录，输入新建设计文件的名称，保存类型采用默认值。本处保存为 E:\单片机教材\测试用代码\项目 8\最小系统。完成上述工作后，单击"保存"按钮，就可以开始电路原理图的绘制工作了。

图 1.12　Create New Design 对话框

2.　对象的选择与放置

本任务的最小系统电路（见图 1.11）中的对象按属性可分为两大类：元件（Component）和终端（Terminals）。表 1.1 所示为对象清单，列出了对象所属类和对象所属子类等。下面简要介绍这两类对象的选择和放置方法。

表 1.1　任务 1.1 对象清单

对象属性	对象名称	对象所属类	对象所属子类	图中标识
元件	AT89C52	Microprocessor ICs	8051 Family	U1
	RES	Resistors	Generic	R1~R3
	LED-YELLOW	Optoelectronics	LEDs	VD1
	CAP	Capacitors	Ceramic	C1、C2
	CAP-ELEC	Capacitors	Ceramic	C3
	CRYSTAL	Miscellaneous	—	X1
终端	POWER	—	—	+5V
	GROUND	—	—	—

单击对象选择窗口左上角的按钮 P 或执行菜单命令 Library→Pick Device/Symbol，会弹出 Pick Devices 对话框，如图 1.13 所示。从结构上看，该对话框分成 3 列，左侧为查找条件，中间为查找结果，右侧为原理图、PCB 预览。

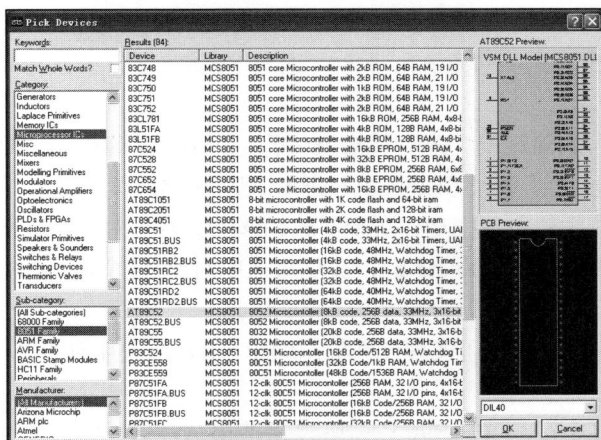

图 1.13　Pick Devices 对话框

（1）Keywords 文本框：在此可以输入待查找的元器件的全称或关键字，其下的 Match Whole Words? 复选框表示是否全字匹配；在不知道待查找元器件所属类时，可采用此法进行搜索。

（2）Category 列表框：给出了 Proteus ISIS 中元器件所属类。

（3）Sub-category 列表框：给出了 Proteus ISIS 中元器件所属子类。

（4）Manufacturer 列表框：给出了元器件的生产厂家分类。

（5）Results 列表框：给出了符合要求的元器件名称、所属库以及描述。

（6）Preview 列表框：给出了所选元器件的电路原理图预览、PCB 预览及其封装类型。

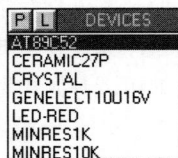

图 1.14　对象选择窗口

在图 1.13 所示的 Pick Devices 对话框中，按要求选好元器件（如 AT89C52）后，所选元器件的名称就会出现在对象选择窗口中，如图 1.14 所示。在对象选择窗口中单击 AT89C52 后，AT89C52 的电路原理图就会出现在原理图预览窗口中，如图 1.15 所示。此时还可以通过方向工具栏中的"旋转"按钮 C 、⤺ 和"镜像"按钮 ↔、↕，改变原理图的方向。然后将鼠标指针指向编辑窗口的合适位置，当鼠标指针变为笔形时单击，就会看到 AT89C52 的电路原理图被放置到原理图编辑窗口中。连续单击可连续放置多个原理图；右击，则停止放置。

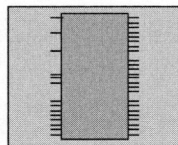

图 1.15　原理图预览窗口

同理可以对其他元器件进行选择和放置。

单击 Mode 工具栏的终端按钮 ，Proteus ISIS 会在对象选择窗口中给出所有可供选择的终端类型，如图 1.16 所示。其中，DEFAULT 为默认终端，INPUT 为输入终端，OUTPUT 为输出终端，BIDIR 为双向（或输入/输出）终端，POWER 为电源终端，GROUND 为地终端，BUS 为总线终端。

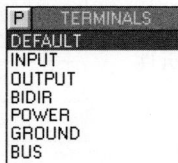

图 1.16　可供选择的终端类型

终端的预览、放置方法与元器件类似。Mode 工具栏中其他按钮的操作方法与终端按钮类似，在此不赘述。

3．对象的编辑

在放置好绘制原理图所需的所有对象后，即可开始编辑对象的图形或文本属性。下面以电阻元件 R1 为例，简要介绍对象的编辑步骤。

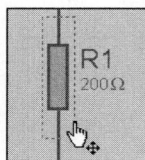

图 1.17　选中对象

（1）选中对象。将鼠标指针指向对象 R1，鼠标指针由空心箭头变成手形后，单击即可选中对象 R1。此时，对象 R1 高亮显示，鼠标指针为带有十字箭头的手形，如图 1.17 所示。

（2）移动、编辑、删除对象。选中对象 R1 后，右击，会弹出一个对象编辑快捷菜单，如图 1.18 所示。通过该快捷菜单，可以移动、编辑、删除对象 R1。

方法如下：单击选中对象并拖动，实现对象的移动；双击对象，弹出图 1.19 所示对话框，实现对象的编辑；按键盘上的 Delete 键，实现对选中对象的删除；通过方向工具栏按钮实现对象的旋转等。读者可自行尝试。

Edit Component 对话框中，可实现元件标识编辑（R1）、元件值编辑（200Ω）、元件封装编辑等。

由于 Proteus 仿真中没有 STC89C52，可以直接用 AT89C52 代替，然后利用编辑功能修改其元件值为 STC89C52。也可以用其他 51 类型的单片机，不影响本书中相关知识的学习。

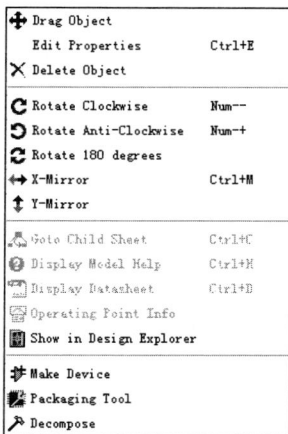

图1.18　对象编辑快捷菜单

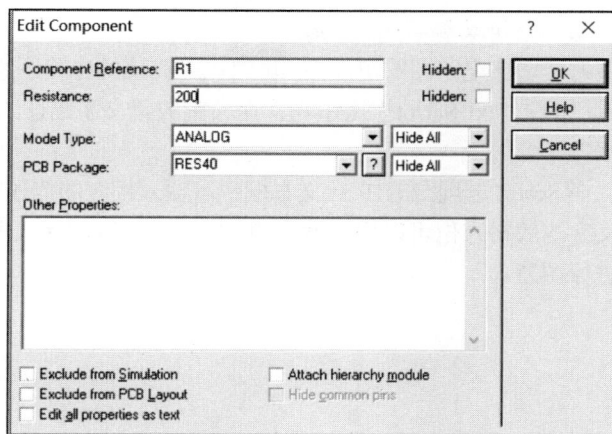

图1.19　Edit Component对话框

4. 布线

完成上述步骤后，就可以开始在对象之间布线。按连接的方式，布线可分为 3 种：使用标号的无线连接；两个对象之间的普通连接；多个对象之间的总线连接。

（1）在两个对象之间进行普通连线的步骤如下。

① 在第一个对象的连接点处单击。

② 拖动鼠标指针到另一个对象的连接点处单击。在拖动鼠标指针的过程中，可以在希望拐弯的地方单击，也可以右击放弃此次连线。

由于本任务电路较为简单，按照上述步骤，将元器件进行普通连线即可完成电路。

（2）当电路连线较为复杂时，可选择使用标号进行无线连接。

例如，对于晶振电路部分，选择使用标号进行无线连接的步骤如下。

① 在需要有布线的地方引出引线，或放置默认终端，如图 1.20 所示。

② 单击 Mode 工具栏中的"添加网络标号"按钮 LBL，移动鼠标指针到需要添加网络标号的引线上，鼠标指针将变为"×"形，单击，弹出网络标号编辑对话框，为该标号命名，如图 1.21 所示。

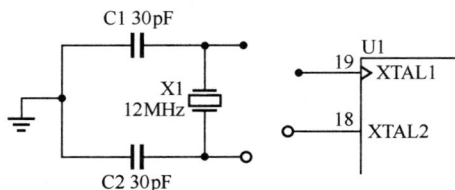

图1.20　放置默认终端

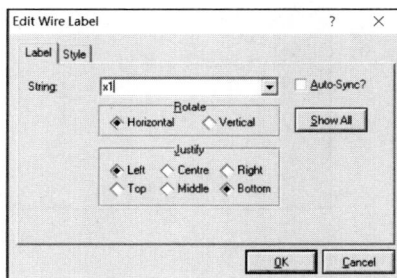

图1.21　为标号命名

利用对象编辑方法对上面两个终端进行标识，两个终端的标识（Label）必须一致。得到的电路如图 1.22 所示，标号名为 x1 的两个点之间将建立可靠的电气连接，与前面的连线具有相同的效果。

（3）总线连接方法，将在后面的相关项目中介绍。

5. 添加或编辑文字描述

为了增加电路图的可读性，可对已经完成的电路图添加必要的文字说明与描述。单击 Mode 工具栏的 "Text Script" 按钮 ，在希望放置文字描述的位置处单击，弹出 Edit Script Block 对话框。

在 Script 选项卡的 Text 文本框中可输入相应的描述文字，如时钟电路，如图 1.23 所示。描述文字的放置方位可以采用默认值，也可以通过对话框中的 Rotation 选项组和 Justification 选项组进行调整。

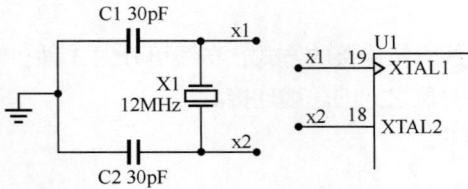

图1.22 利用标号的无线连接

图1.23 输入相应的描述文字

6. 电气规则检查

原理图绘制完毕后，必须进行电气规则检查（ERC）。执行菜单命令 Tools→Electrical Rules Check，弹出图 1.24 所示的 ERC 报告单。

图1.24 ERC报告单

在该报告单中，系统提示网络表（Netlist）已生成，并且无 ERC 错误，即用户可执行下一步操作。

所谓网络表是对一个设计中有电气连接的对象引脚的描述。在 Proteus 中，彼此互连的一组元器件引脚称为一个网络（Net）。执行菜单命令 Tools→Netlist Compiler，可以设置网络表的输出形式、模式、范围、深度及格式等。

如果电路设计存在 ERC 错误，必须排除，否则不能进行仿真。

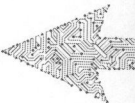

将设计好的原理图文件进行保存。同时，可执行菜单命令 Tools→Bill of Materials 输出 BOM 文档。至此，一个简单的原理图完成设计。

7. 电路仿真

为了观察电路的运行，需在单片机的 P2.0 口连接电阻 R1 及发光二极管 VD1。在知识点 2 里介绍了 STC89C52 的 P1、P2、P3、P4 口上电复位后是准双向口或弱上拉的，因此，本任务不需要添加单片机控制软件，也可进行仿真。单击仿真运行工具栏中的"开始运行"按钮，可看到发光二极管被点亮。

【任务小结】

（1）熟练使用 Proteus 绘制原理图，包括元器件的选择、元器件型号与参数的修改等，并掌握如何仿真运行。

（2）掌握 STC89C52 单片机的晶振电路以及几种常用的复位电路。

（3）了解单片机 STC89C52 的引脚上电复位后为高电平，在应用时要注意该状态对相关控制电路的影响，避免上电误动作（如声光报警电路在上电时是否误报警等现象发生）。

••• 任务 1.2　简易信号指示灯设计　•••

【任务要求】

设计一个模拟汽车转向灯控制电路，利用单片机外接两个按键分别模拟左转和右转输入，外接两个发光二极管模拟汽车转向灯，用于指示左转按键和右转按键是否处于被按下的状态，实现转向灯控制的基本功能。

简易信号
指示灯设计

【相关知识】

本任务要求读者学会 Keil 的使用，并学会设计简单程序，完成对单片机的控制。

为了完成本任务，首先要了解相关的知识。如果是对 Keil 和 C 语言比较熟悉的读者，本任务可以选择阅读。

知识1　单片机软件开发工具Keil

用单片机组成应用系统时，应用程序的编辑、修改、调试需要借助专门的软件开发工具。常用的单片机程序开发软件有 WAVE、Keil 等。

本书选用 Keil μVision4 版本进行介绍。Keil μVision4 是 Keil Software 公司推出的嵌入式芯片应用软件开发工具包，其内含的 C51 编译器，如 C51V900.EXE 采用 Windows 界面的集成开发环境（IDE），可以完成 51 系列兼容单片机的 C 语言控制代码的编辑、编译、连接、调试、仿真等整个开发流程，是单片机 C 语言软件开发的理想工具。

正确安装 Keil C51 编辑器后，双击程序图标，即可进入 Keil C51（以下简称"Keil"）的开发环境，系统默认打开用户上次处理的工程文件，开发环境如图 1.25 所示。与其他常用的软件一样，Keil 设置有菜单栏、可以快捷选择命令的按钮工具栏、代码编辑窗口、工程管理窗口、

15

编译信息显示窗口等。

Keil 开发环境的详细介绍请扫描二维码查阅，通过 Keil 开发环境可录入、编辑、调试、修改单片机的 C 语言应用程序，具体包括以下步骤。

（1）创建一个工程，从设备库中选择目标设备（如 CPU），设置工程选项。

（2）用 C 语言创建源程序（C 文件）。

（3）将源程序添加到工程管理器中。

（4）编译、链接源程序，并修改源程序中的错误。

（5）生成可执行代码（HEX 文件）。

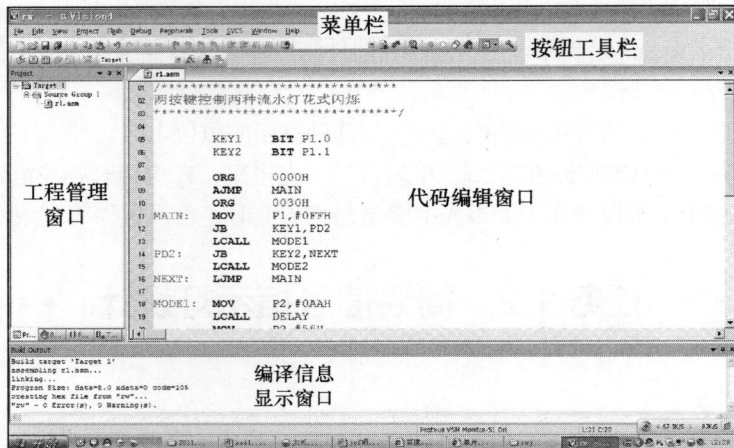

图1.25 Keil开发环境

利用专用的编程工具或借助特定的电路，将可执行代码下载到单片机中，即可运行。对于 Keil 的使用，将在后续项目的实施中陆续介绍。

知识2 单片机I/O口的基本应用

由本项目任务 1.1 的知识 2 可知，单片机 STC89C52 的 P0～P4 口均可作为基本 I/O 口，它们是单片机与外界进行信息传递的重要接口。这里以按键和发光二极管作为典型输入/输出元器件，介绍基本 I/O 口的使用。注意：P0～P4 口作为输入时，程序中的每个端口要先置 1。

1. 按键输入

按键是控制系统中常见的输入设备，根据按键硬件电路的连接，通过按键的闭合和打开在单片机的输入引脚上分别加入高、低电平，这样 CPU 就可以根据读入引脚的信号来判断按键的状态。典型的按键输入电路如图 1.26 所示。

图 1.26 中按键按下对应输入低电平信号（单片机读入 0）；按键弹起对应输入高电平信号（单片机读入 1）。

2. LED 输出

LED 是控制系统中最常见、最简单的输出设备之一，单片机通过输出的电平控制 LED 的发光。常见的 LED 外接电路如图 1.27 所示，由于单片机 P1～P4 口的灌电流能达到 6mA，因此一般采用图 1.27（a）所示的形式，即单片机输出低电平，对应发光二极管被点亮，一般电阻 R 的阻值为 1～2kΩ。

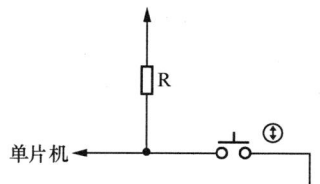

图1.26 典型的按键输入电路

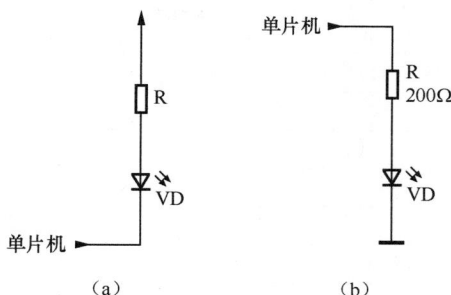

图1.27 常见的LED外接电路

知识3　C51语言中的数

用计算机语言编写程序的目的是处理数据，因此，数据是程序的重要组成部分。C51 语言中的数分为常量和变量两种。

C51 语言中的数

1. 常量

常量用在不改变值的场合，如固定的数据表、字形码等。在 C51 语言中，可以使用整型常量、实型常量、字符型常量、字符串型常量。

（1）整型常量。整型常量又称整数。在 C51 语言中，整数可以用十进制和十六进制形式来表示。

十进制数：用一串连续的数字来表示。如 12、–1、0 等。

十六进制数：用数字 0 和字母 x（不区分大小写）开头。如 0x5a、–0x9c 等。

长整型是在数字后面加字母 L，如 123L。

（2）实型常量。实型常量又称实数。在 C51 语言中，实数有两种表示形式，均采用十进制数，默认格式输出时最多只保留 6 位小数。

小数形式：由数字和小数点组成。如 0.123、.123、123.、0.0 等都是合法的实型常量。

指数形式：为"小数形式的实数 e[±]整数"。如 2.3026 可以写成 0.23026e1，或 2.3026e0，或 23.026e–1。

（3）字符型常量。用单引号括起来的 ASCII 字符集中的可显示字符称为字符型常量。如'A'、'a'、'9'、'#'、'%'都是合法的字符型常量。

C51 语言中所有字符型常量都可作为整型常量来处理。字符型常量在内存中占一个字节，存放的是字符的 ASCII 值。因此，字符型常量'A'的值可以是 65 或 0x41；字符型常量'a'的值可以是 97 或 0x61。

对于不能显示的控制字符，需要由反斜线"\"开头的专用转义字符来表示。常用转义字符如表 1.2 所示。

表 1.2　常用转义字符

转义字符	含义	码（十六进制形式）
\o	空字符（NULL）	0x00
\n	换行符（LF）	0x0A
\r	回车符（CR）	0x0D
\t	水平制表符（HT）	0x09

17

续表

转义字符	含义	码（十六进制形式）
\b	退格符（BS）	0x08
\f	换页符（FF）	0x0C
\'	单引号	0x27
\"	双引号	0x22
\\	反斜线	0x5C

（4）字符串型常量。由双引号内的字符组成，如"I LOVE STUDY!" "你好!"等。当引号内没有字符时，为空字符串。字符串型常量是用字符类型数组来处理的，在存储字符串时，系统会在字符串尾部加上\o 转义字符作为字符串的结束符。

值得注意的是，在 C51 语言中，还可以用一个"特别指定"的标识符来代替一个常量，称为符号常量。符号常量通常用#define 命令定义，如

```
#define  PI  3.14159          // 定义符号常量 PI=3.14159
```

定义了符号常量 PI，就可以用下列语句计算半径为 r 的圆的面积 S 和周长 L。

```
S = PI*r*r;                   // 在程序中引用符号常量 PI
L = 2*PI*r;                   // 在程序中引用符号常量 PI
```

2. 变量

变量是程序运行过程中可以随时改变取值的量。变量应该先定义后使用，其定义格式如下：

```
[存储种类] 数据类型 [存储器类型] 变量标识符 [ =初值];
```

变量定义通常放在函数的开头，也可以放在函数的外部或复合语句的开头。

（1）存储种类

存储种类有 4 种，即自动（auto）、外部（extern）、静态（static）和寄存器（register），默认类型为自动。

（2）数据类型

数据类型是指变量的内在存储方式，即存储变量所需的字节数以及变量的取值范围。C51语言中变量的基本数据类型如表 1.3 所示。

表 1.3　C51 语言中变量的基本数据类型

数据类型	占用的字节数	取值范围
unsigned char	单字节	0～255
signed char	单字节	−128～+127
unsigned int	双字节	0～65535
signed int	双字节	−32768～+32767
unsigned long	4 字节	0～4294967295
signed long	4 字节	−2147483648～+2147483647
float	4 字节	$\pm（1.175494\times10^{-38}～3.402823\times10^{38}）$
*	1～3 字节	对象的地址
bit	位	0 或 1
sbit	位	0 或 1
sfr	单字节	0～255
sfr16	双字节	0～65535

其中，bit、sbit、sfr、sfr16 为 C51 语言新增的数据类型，目的是更加有效地利用 51 系列单片机的内部资源。下面详细介绍这 4 种类型。

① bit。在 51 系列单片机的内部 RAM 中，可以进行位寻址的单元主要有两大类：低 128 字节中的位寻址区（20H～2FH），高 128 字节中可位寻址的特殊功能寄存器（SFR）。

bit 数据类型用于定义存储于位寻址区中（20H～2FH）的位变量。本任务将定义两个位变量，用于存储两个开关的状态。

```
bit left,right;                // 定义两个位变量
```

定义的同时也可进行初始化，注意，位变量的值只能是 0 或 1。例如：

```
bit flag=1;                    // 定义一个位变量 flag 并赋初值 1
```

② sbit。sbit 用于定义存储在可位寻址的特殊功能寄存器中的位变量，为了区别于 bit 型位变量，我们称用 sbit 定义的位变量为特殊功能寄存器位变量。特殊功能寄存器位变量的值只能是 0 或 1。51 系列单片机中特殊功能寄存器位变量的存储范围只能是特殊功能寄存器中的可位寻址位。

特殊功能寄存器位变量的定义通常有以下 3 种方法。

使用特殊功能寄存器的位地址：sbit 位变量名 = 位地址。

使用特殊功能寄存器的单元名称：sbit 位变量名 = 特殊功能寄存器单元名称^变量位序号。

使用特殊功能寄存器的单元地址：sbit 位变量名 = 特殊功能寄存器单元地址^变量位序号。

例如，本任务为了增加程序的可读性，定义 P3.0 和 P3.1 口两个位变量，分别对应左转向灯和右转向灯的控制信号，因此进行如下定义：

```
sbit led_left=P3^0;            // 定义左转向灯
sbit led_right=P3^1;           // 定义右转向灯
```

③ sfr。利用 sfr 型变量可以访问 STC89C52 单片机内部所有的 8 位特殊功能寄存器。sfr 型变量的定义方法：sfr 变量名 = 某个特殊功能寄存器地址。

事实上，Keil C51 编译器已经在相关的头文件中对 52 系列单片机内部的所有 sfr 型变量和 sbit 型变量进行了定义，在编写 C51 程序时可以直接引用。例如，打开头文件 "reg52.h"，我们会看到以下内容。

```
/*--------------------------------------------------------------------------
REG52.H

Header file for generic 80C52 and 80C32 microcontroller.
Copyright (c) 1988-2002 Keil Elektronik GmbH and Keil Software, InC.
All rights reserveD.
--------------------------------------------------------------------------*/

#ifndef __REG52_H__
#define __REG52_H__

/* BYTE Registers */
sfr P0   = 0x80;
sfr P1   = 0x90;
sfr P2   = 0xA0;
sfr P3   = 0xB0;
sfr PSW  = 0xD0;
sfr ACC  = 0xE0;
sfr B    = 0xF0;
```

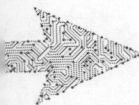

```
sfr SP    = 0x81;
sfr DPL   = 0x82;
sfr DPH   = 0x83;
sfr PCON  = 0x87;
sfr TCON  = 0x88;
sfr TMOD  = 0x89;
sfr TL0   = 0x8A;
sfr TL1   = 0x8B;
sfr TH0   = 0x8C;
sfr TH1   = 0x8D;
sfr IE    = 0xA8;
sfr IP    = 0xB8;
sfr SCON  = 0x98;
sfr SBUF  = 0x99;

/* 8052 Extensions */
sfr T2CON  = 0xC8;
sfr RCAP2L = 0xCA;
sfr RCAP2H = 0xCB;
sfr TL2    = 0xCC;
sfr TH2    = 0xCD;


/*  BIT Registers  */
/*  PSW  */
sbit CY   = PSW^7;
sbit AC   = PSW^6;
sbit F0   = PSW^5;
sbit RS1  = PSW^4;
sbit RS0  = PSW^3;
sbit OV   = PSW^2;
sbit P    = PSW^0; //8052 only

/*  TCON  */
sbit TF1  = TCON^7;
sbit TR1  = TCON^6;
sbit TF0  = TCON^5;
sbit TR0  = TCON^4;
sbit IE1  = TCON^3;
sbit IT1  = TCON^2;
sbit IE0  = TCON^1;
sbit IT0  = TCON^0;

/*  IE  */
sbit EA   = IE^7;
sbit ET2  = IE^5; //8052 only
sbit ES   = IE^4;
sbit ET1  = IE^3;
sbit EX1  = IE^2;
sbit ET0  = IE^1;
sbit EX0  = IE^0;

/*  IP  */
sbit PT2  = IP^5;
sbit PS   = IP^4;
sbit PT1  = IP^3;
```

```
sbit PX1   = IP^2;
sbit PT0   = IP^1;
sbit PX0   = IP^0;

/*  P3  */
sbit RD    = P3^7;
sbit WR    = P3^6;
sbit T1    = P3^5;
sbit T0    = P3^4;
sbit INT1  = P3^3;
sbit INT0  = P3^2;
sbit TXD   = P3^1;
sbit RXD   = P3^0;

/*  SCON  */
sbit SM0   = SCON^7;
sbit SM1   = SCON^6;
sbit SM2   = SCON^5;
sbit REN   = SCON^4;
sbit TB8   = SCON^3;
sbit RB8   = SCON^2;
sbit TI    = SCON^1;
sbit RI    = SCON^0;

/*  P1  */
sbit T2EX  = P1^1; // 8052 only
sbit T2    = P1^0; // 8052 only

/*  T2CON  */
sbit TF2    = T2CON^7;
sbit EXF2   = T2CON^6;
sbit RCLK   = T2CON^5;
sbit TCLK   = T2CON^4;
sbit EXEN2  = T2CON^3;
sbit TR2    = T2CON^2;
sbit C_T2   = T2CON^1;
sbit CP_RL2 = T2CON^0;

#endif
```

因此，只要在程序开头添加 #include <reg52.h>，则 reg52.h 中已经定义了的 sfr 型、sbit 型变量，若无特殊需要不必重新定义，直接引用即可。不同型号的单片机内部资源不同，头文件会有不同。对于 STC 系列的不同型号的单片机，由于内部集成了一些新的硬件资源及用于控制的新的特殊功能寄存器，因此，编程时需要在程序中增加针对这些型号的头文件。读者可到宏晶科技的官网下载对应型号的头文件进行添加。

④ sfr16。与 sfr 类似，sfr16 可以访问 51 系列单片机内部的 16 位特殊功能寄存器（如定时器 T0 和 T1），在此不赘述。

（3）存储器类型

存储器类型是指该变量在 C51 硬件系统中所使用的存储区域，本部分将在项目 2 中详细介绍，本项目采用默认的存储器类型。

（4）变量标识符

用来标识常量名、变量名、函数名等对象的有效字符序列称为标识符。简单地说，标识符就是一个名字。因此变量标识符其实就是用户定义的变量名。

用户根据需要定义的标识符，一般用来给变量、函数、数组或文件等命名。

标识符命名规则如下。

① 标识符由字母、数字和下画线组成，第一个字符必须为字母或下画线。

② 标识符中，大、小写字母严格区分。

③ 自定义标识符不能与系统关键字重名，如果自定义标识符与系统关键字相同，则程序在编译时将给出出错信息；如果自定义标识符与预定义标识符相同，系统不会报错。

程序中使用的自定义标识符，除要遵循标识符的命名规则外，还应做到"见名知意"，即选择具有相关含义的英文单词或汉语拼音，以增加程序的可读性。

知识4　C51语言中的运算符与表达式

C51 语言的运算符种类十分丰富，它把除了输入、输出和流控制以外的几乎所有的基本操作都作为一种"运算"来处理。用运算符把参与运算的数据（常量、变量、库函数和自定义函数的返回值）连接起来的有意义的算式，称为表达式。

本任务中涉及的运算主要是赋值运算、关系运算和逻辑运算。

1. 赋值运算符与赋值表达式

在 C51 语言中，符号"="称为赋值运算符。由赋值运算符组成的表达式称为赋值表达式，其一般形式如下：

```
变量名=表达式
```

赋值运算的功能是：先求出"="右边表达式的值，然后把此值赋给"="左边的变量，确切地说，是把数据放入以该变量为标识的存储单元中。在程序中，可以多次给同一个变量赋值，因为每赋一次值，与它对应的存储单元中的数据就被更新一次。

在使用赋值运算符时，应注意以下几点。

① "="与数学中的"等于号"是不同的，不是等同的关系，而是进行"赋予"的操作。如：

```
        i = i + 1
```

是合法的赋值表达式。

② "="的左侧只能是变量，不能是常量或表达式。如：

```
        a + b = c
```

是不合法的赋值表达式。

③ "="右边的表达式也可以是一个合法的赋值表达式。如：

```
        a = b = 7 + 1
```

④ 赋值表达式的值为其最左边变量所得到的新值。如：

```
        a = (b = 3)              // 该表达式的值是 3
        x = (y = 6) + 3          // 该表达式的值是 9
        z = (x = 16) * (y = 4)   // 该表达式的值是 64
```

本任务中，假设 P2.0 口连接按键，程序读取按键状态，并将按键状态存储于位变量 leftkey 中，则应当使用赋值表达式：

```
leftkey = P2^0;
```

此外，C51 语言规定可以使用多种复合赋值运算符，其中+=、−=、*=、/=（注意：两个符号之间不可以有空格）比较常用。它们的功能如下：

```
a+= b            // 等价于 a=a+b
a−= b            // 等价于 a=a−b
a*= b            // 等价于 a=a*b
a/= b            // 等价于 a=a/b
```

赋值运算符两边的数据类型不相同时，系统将自动进行类型转换，即把赋值运算符右边表达式的类型转换为左边变量的类型，再赋值。

2．关系运算符与关系表达式

关系运算实际上是"比较运算"，即将两个数进行比较，判断比较的结果是否符合指定的条件。在 C51 语言中有 6 种关系运算符：<、<=、>、>=、==、!=。

注意： 由两个字符组成的运算符之间不能加空格。

关系运算的结果是一个逻辑值。逻辑值只有两个，在很多高级语言中，用"真"和"假"来表示。C51 语言规定：当关系成立或逻辑运算结果为非零值（整数或负数）时为"真"，用"1"表示；否则为"假"，用"0"表示。

用关系运算符将两个表达式连接的式子称为关系表达式。其一般形式为：

表达式 1　关系运算符　表达式 2

表达式可以是 C51 语言中任意合法的表达式。

本任务中，两按键的状态已经读入，并存储于 leftkey、rightkey 两个位变量中，然后程序根据这两个变量的值，判断左转或右转命令是否下达，并做出后续的动作。例如：

```
leftkey==0        //用于判断左转按键是否被按下，若被按下，则该表达式为真
```

3．逻辑运算符与逻辑表达式

C51 语言中有 3 种逻辑运算符：&&、||、!。其运算规则如表 1.4 所示。用逻辑运算符将关系表达式或其他运算对象连接的式子称为逻辑表达式。逻辑表达式的结果也是一个逻辑值。

表 1.4　逻辑运算规则

逻辑运算符	含　义	运算规则	说　明
&&	与运算	0&&0=0,　0&&1=0,　1&&0=0,　1&&1=1	全真则真
||	或运算	0||0=0,　　0||1=1,　　1||0=1,　　1||1=1	一真则真
!	非运算	!1=0,　　　!0=1	非假则真，非真即假

注意： 数学中常用的逻辑关系 $x \leq a \leq y$，在 C51 语言中的正确写法为：

（x<=a）&&（a<=y）或 x<=a && a<=y

本任务中，左转命令下达的条件应描述为：leftkey==0 && rightkey==1。

C51 语言中其他的运算符及运算表达式请读者扫描二维码查阅。

C51 语言
基础知识

知识5　C51语言中的顺序结构与基本语句

作为结构化程序设计语言的一种，C51 语言同样具有顺序、分支、循环 3 种基本结构，并提供了丰富的可执行语句形式来实现这 3 种基本结构。

基本语句主要用于顺序结构程序的编写，包括赋值语句、函数调用语句、复合语句、空语句等。在 C51 语言中，语句的结束符为分号 ";"。

C51 语言中的顺序
结构与基本语句

1. 赋值语句

在任何合法的赋值表达式的尾部加上一个分号 ";" 就构成了赋值语句。赋值语句的一般形式为：

```
变量 = 表达式；
```

例如：a=b+c   是赋值表达式

       a=b+c;   则是赋值语句

赋值语句的作用是先计算赋值运算符右边表达式的值，然后将该值赋给赋值运算符左边的变量。

赋值语句是一种可执行语句，应当出现在函数的可执行部分。

2. 函数调用语句

在 C51 语言中，若函数仅进行某些操作而不返回函数值，这时函数的调用可作为一条独立的语句，称为函数调用语句。其一般形式为：

```
函数名（实际参数表）；
```

读者可在学完函数之后体会该类语句的应用。

3. 复合语句

在 C51 语言中，把多条语句用一对花括号 "{ }" 括起来组成的语句称为复合语句。复合语句又称为 "语句块"，其一般格式为：

```
{ 语句 1；语句 2；……；语句 n；}
```

注意：花括号 "{ }" 之后不再加分号。例如：

```
{ LedBuff=0x20;  P1=LedBuff;}
```

复合语句虽然可由多条语句组成，但它是一个整体，其作用相当于一条语句，凡可以使用单一语句的位置都可以使用复合语句。在复合语句内，不仅可以有执行语句，还可以有变量定义（或说明）语句。

4. 空语句

如果一条语句只有语句结束符 ";"，则称为空语句。

空语句在执行时不产生任何动作，但仍有一定的用途。比如，预留位置或用来作为空循环体。但是，在程序中随意加 ";" 也会导致逻辑上的错误，需要慎用。

知识6　C51语言中的分支结构与分支语句

C51 语言中的分支结构与分支语句

分支结构又被称为条件结构，通常有单分支、双分支、多分支结构，C51 语言中提供了多个分支语句，如 if 语句、if-else 语句、if-else if 语句、switch 语句等。

1. if 语句

if 语句的一般形式：

```
if（表达式）语句；
```

其中，if 是 C51 语言的关键字，表达式两侧的圆括号不可少，最后的语句可以是 C51 语言中任意合法的语句。

图 1.28 所示为 if 语句的执行过程：先计算表达式，如果表达式的值为真（非 0），则执行其后的语句；否则，顺序执行 if 语句的下一条语句。可见，if 语句是一种单分支语句。

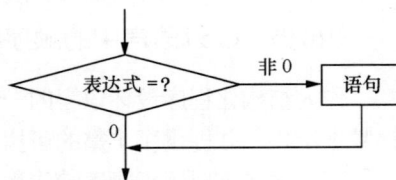

图1.28　if语句的执行过程

2. if-else 语句

if-else 语句的一般形式：

```
if (表达式)    语句 1;
                    else    语句 2;
```

其中，语句 1、语句 2 可以是 C51 语言中任意合法的语句。

注意：else 不是一条独立的语句，它只是 if 语句的一部分，在程序中 else 必须与 if 配对，共同组成 if - else 语句。

图 1.29 所示为 if-else 语句的执行过程：先计算表达式，如果表达式的值为真（非 0），则执行语句 1；否则，执行语句 2。可见，if-else 语句是一种典型的双分支语句。

3. if-else if 语句

if-else if 语句的一般形式：

```
if(表达式 1) 语句 1;
else if(表达式 2)    语句 2;
else   语句 3;
```

if-else if 语句又称为嵌套的 if-else 语句，其中，语句 1、语句 2、语句 3 可以是 C51 语言中任意合法的语句。图 1.30 所示为 if-else if 语句的执行过程。可见，只要一直嵌套下去，if-else if 语句是可以实现多分支程序设计要求的。

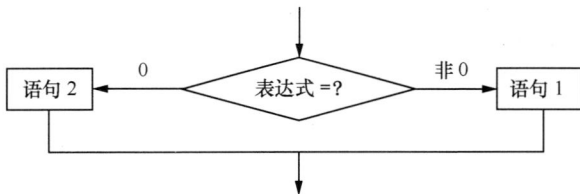

图1.29   if-else语句的执行过程

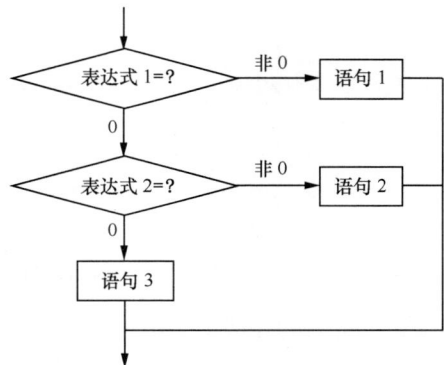

图1.30   if-else if语句的执行过程

4. switch 语句

当程序中有多个分支时，可以使用嵌套的 if-else 语句实现，但是随着分支的增多，if-else 语句嵌套的层数就越多，这不可避免地会使程序变得冗长且可读性降低。为此，C51 语言提供了 switch 语句直接处理多分支选择。

switch 语句的一般形式：

```
switch(表达式)
        {
        case 常量表达式 1：语句 1；break；
        case 常量表达式 2：语句 2；break；
        ⋮
        case 常量表达式 n：语句 n；break；
        default：        语句(n+1)；
        }
```

switch 语句的执行过程：先计算表达式的值，当表达式的值与某一个 case 后面的常量表达式相等时，就执行此 case 后面的语句，并结束；若表达式的值与所有常量表达式的值都不匹配，就执行 default 后面的语句，并结束，如图 1.31 所示。

特别需要注意的是：每个 case 分支后面的 break 语句不能少。break 语句又称为间断语句，其作用是使程序的执行立即跳出 switch 语句，从而使 switch 语句真正起到分支的作用。若不加，switch 语句的执行过程变为：先计算表达式的值，当表达式的值与某一个 case 后面的常量表达式相等时，就执行此 case 后面的所有语句，直到 switch 语句结束，如图 1.32 所示。注意，此时描述的多分支结构并不正确。

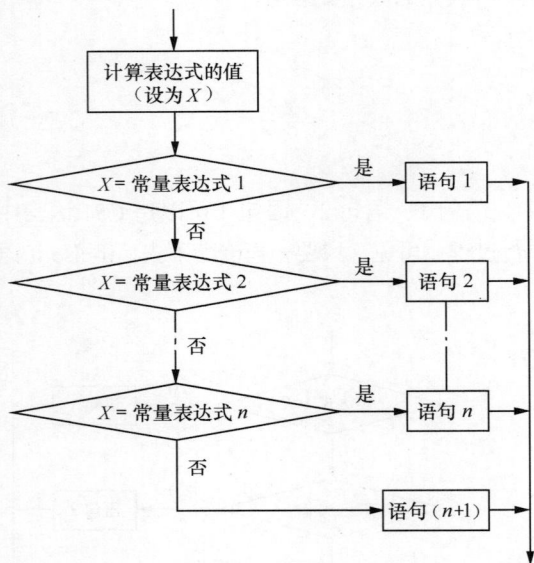

图1.31　switch语句的执行过程

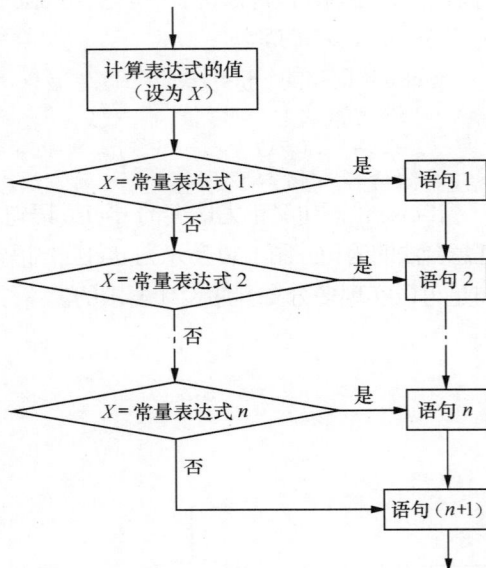

图1.32　不加break语句的执行过程

switch 语句在使用时还应注意以下几点。

① switch 后面括号内的"表达式"可以是 C51 语言中任意合法的表达式。

② case 后面的常量表达式的类型必须与 switch 后面括号内的表达式的类型相同。各常量表达式的值应该互不相同。

③ default 代表所有 case 之外的选择。default 可以出现在 switch 语句体中任何标号位置上，也可以没有或省略。

④ 语句 1～语句(n+1)可以是 C51 语言中任意合法的语句。必要时，case 标号后的语句可以省略不写。

⑤ case 与常量表达式之间一定要有空格。

本任务的控制逻辑如表 1.5 所示。

表 1.5　控制逻辑

输入		输出	
左转按键（leftkey）	右转按键（rightkey）	左转向灯（leftled）	右转向灯（rightled）
未按（1）	未按（1）	灭（1）	灭（1）
按下（0）	未按（1）	亮（0）	灭（1）

续表

输入		输出	
左转按键（leftkey）	右转按键（rightkey）	左转向灯（leftled）	右转向灯（rightled）
未按（1）	按下（0）	灭（1）	亮（0）
按下（0）	按下（0）	灭（1）	灭（1）

可见有 4 种状态，即 4 个分支，分支语句描述如下：

```
if(leftkey==0&&rightkey==0)          //错误命令状态（左转、右转按键均被按下）
        {leftled=1;rightled=1;}
else if(left==0&&right==1)           //左转命令
        {leftled=0;rightled=1;}
else if(leftkey==1&&rightkey==0)     //右转命令
        {leftled=1;rightled=0;}
else
        {leftled=1;rightled=1;}      //无命令状态
```

读者可自行尝试使用 switch 语句来实现上述逻辑功能。

【任务实施】

分析：在单片机最小系统电路的基础上，设计两个按键分别模拟汽车左转、右转和制动控制信号的输入；设计两个发光二极管模拟汽车的左、右两组尾灯。

1. 在 Proteus 中绘制电路原理图

模拟汽车转向灯控制电路原理图如图 1.33 所示。

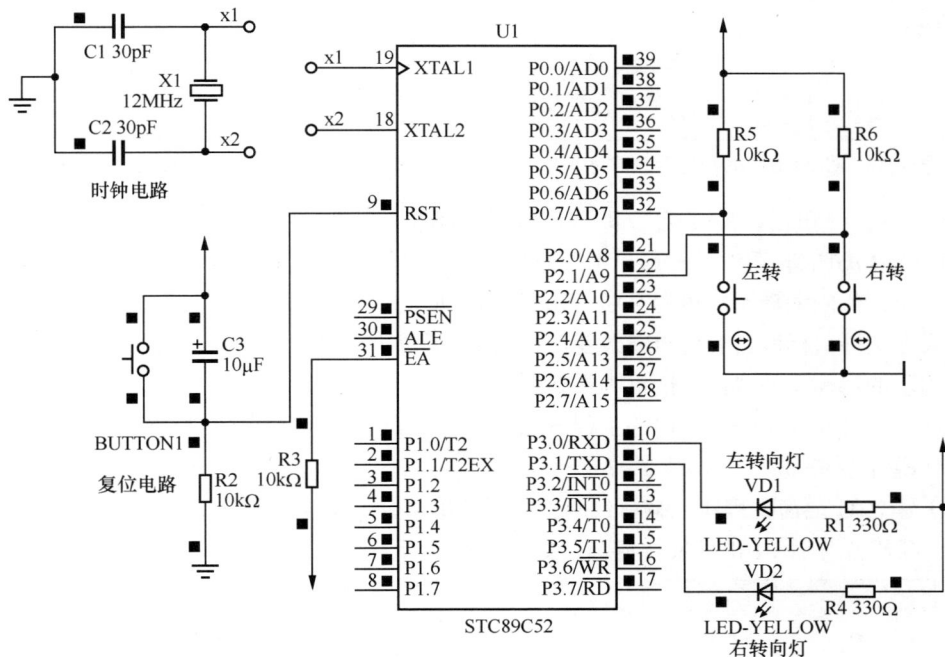

图1.33　模拟汽车转向灯控制电路原理图

2. 在 Keil 中编写控制程序

介绍在 Keil 中编写控制程序的过程，后续任务中将不再详细介绍编程步骤。

（1）建立工程。在 Keil 中，使用工程的方法进行文件管理，即将 C 语言源程序、说明性的技术文档等都放置在一个工程中。因此，首先要为任务建立新的工程。

启动 Keil，系统打开上次处理的工程，因此，需要先关闭它，执行菜单命令 Project→Close Project。建立新工程可以通过执行菜单命令 Project→New μVision4 Project 来实现，此时将打开图 1.34 所示的 Create New Project 对话框。

依次完成下列步骤：为新工程取一个名字，如 rw；保存类型选择默认值 Project Files、（*.uvproj）；确定保存路径，建议为新建的工程单独建立一个目录，rw1 文件夹，并将工程中需要的所有文件存放在这个目录下，目录名最好不要使用中文。完成上述工作后，单击"保存"按钮，返回。

（2）为工程选择目标设备。在工程建立完毕后，Keil 会立即打开图 1.35 所示的 Select Device for Target 'Target 1'对话框。该对话框中列出了 Keil 支持的生产厂家分组及所有型号的 51 系列单片机。

由于 Keil 中没有 STC 单片机，因此可以在安装 Keil 时添加 STC 单片机，也可以直接选用 51 和 52 等其他类型的单片机，不影响本书中用到的程序的运行。为此，读者直接选择 Atmel 公司生产的 AT89C52 即可。

图1.34 Create New Project对话框

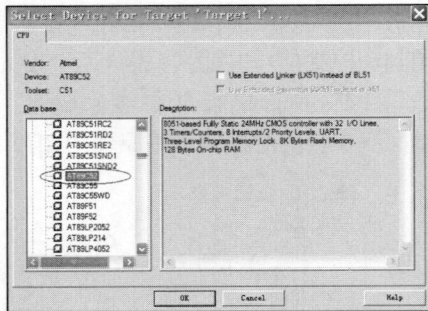

图1.35 Select Device for Target 'Target1'对话框

单击 OK 按钮后，Keil 会立即弹出提示对话框，询问是否将标准 8051 启动代码文件 STARTUP.A51 添加到工程中，一般单击"否"按钮。这样，就建立起一个空白工程，Source Group 1 目录下为空，代码编辑窗口也为空白，如图 1.36 所示。

如果在选择目标设备后想重新改变目标设备，可以执行菜单命令 Project→Select Device for，在随后出现的目标设备选择对话框中重新选择。

至此，已经建立了一个空白的工程 rw.uvproj，并为工程选择好了目标设备，下面需要为该工程添加源程序文件。

（3）建立 C 语言源程序，编写代码。执行菜单命令 File→New，或者单击工具栏中的新建按钮，打开名为 Text1 的新文件窗口，如图 1.37 所示。

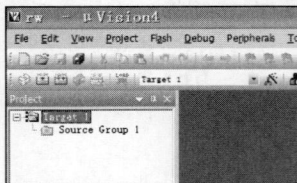

图1.36 空白工程

图1.37 新文件窗口

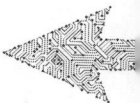

执行菜单命令 File→Save As，打开图 1.38 所示的对话框，在"文件名"文本框中输入文件的名称 led.c，.c 为文件扩展名，不能省略。另外，文件最好与其所属的工程保存在同一目录中。

单击"保存"按钮返回，可见 Text 1 变为所存储的名字 led.c，如图 1.39 所示。下面就可以在代码编辑窗口中输入并修改源程序代码了。Keil 与其他文本编辑器类似，同样具有输入、删除、选择、复制、粘贴等基本的文本编辑功能。

最后，执行菜单命令 File→Save 可以保存当前文件。

图1.38 保存新建文件并命名

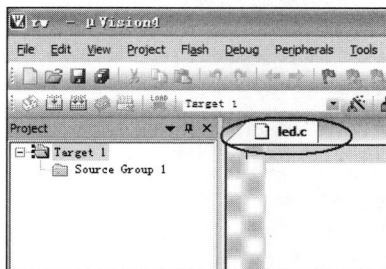

图1.39 保存后的源程序文件名

（4）为工程添加文件。至此，已经分别建立了一个工程 rw.uvproj 和一个 C 语言源程序文件 led.c，除了存放目录一致外，它们之间还没有建立起任何关系。下面需要将源程序文件添加到工程中。

在空白工程中，在 Source Group 1 选项处右击，弹出图 1.40 所示的快捷菜单。选择 Add Files to Group 'Source Group 1'（向当前工程的 Source Group 1 组中添加文件），弹出图 1.41 所示的添加工程文件对话框。

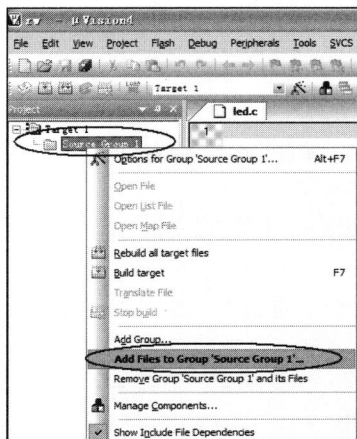

图1.40 添加工程文件快捷菜单

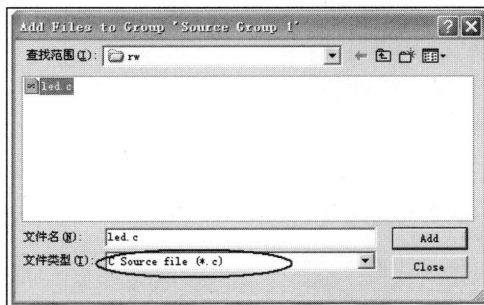

图1.41 添加工程文件对话框

在图 1.41 所示的对话框中，"文件类型"默认为 C Source file（*.c），Keil 给出当前文件夹下的所有 C 文件列表，选择 led.c 文件，单击 Add 按钮，然后单击 Close 按钮关闭对话框，将程序文件 led.c 添加到当前工程的 Source Group 1 中。可通过工程管理窗口查看当前工程中的源程序文件，如图 1.42 所示。

（5）删除已存在的文件或组。若希望删除已经成功添加的文件或组，可在图 1.42 所示的窗口中，在文件 led.c 或组 Source Group 1 处右击，在弹出的快捷菜单中选择 Remove File 'led.c'或 Remove Group 'Source Group 1' and its file，选中的文件或组将从工程中被删除。这种删除是逻辑删除，被删的文件仍在原目录下，若有需要，可再次将其添加到本工程或其他工程中。

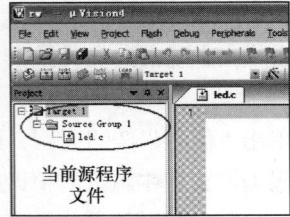

图1.42　当前工程中的源程序文件

下面就可以开始源代码的编写了，参考程序如下：

```
#include <reg52.h>                      //预定义语句
sbit leftkey=P2^0;                      //给 I/O 口取一个具有一定含义的名字
sbit rightkey=P2^1;
sbit leftled=P3^0;
sbit rightled=P3^1;
/***************************************************
函数名称：main()函数
函数功能：模拟汽车转向灯控制
***************************************************/
void main()
{
    while(1)
    {
        leftkey=1;                      //设置 I/O 口为读状态
        rightkey=1;
                                        //判断按键状态
        if(leftkey==0 && rightkey==0)   //错误命令状态(左、右转按键均按下)
            {leftled=1;rightled=1;}
        else if(leftkey==0 && rightkey==1)  //左转命令
            {leftled=0;rightled=1;}
        else if(leftkey==1 && rightkey==0)  //右转命令
            {leftled=1;rightled=0;}
        else
            {leftled=1;rightled=1;}     //无命令状态
    }
}
```

3. 在 Keil 中编译调试

（1）进行必要的工程设置。如图 1.43 所示，单击快捷工具栏中的 按钮，进入工程设置对话框。

选择 Output 选项卡，如图 1.44 所示。选中 Create HEX File 复选框，为工程创建目标文件。其他工程设置选择默认值即可，单击 OK 按钮退出。

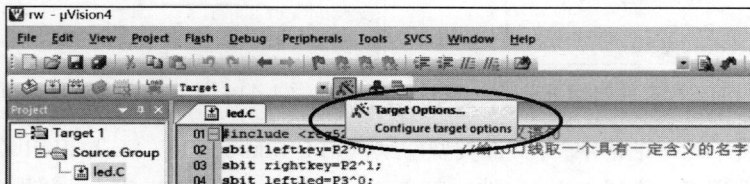

图1.43　进入工程设置对话框

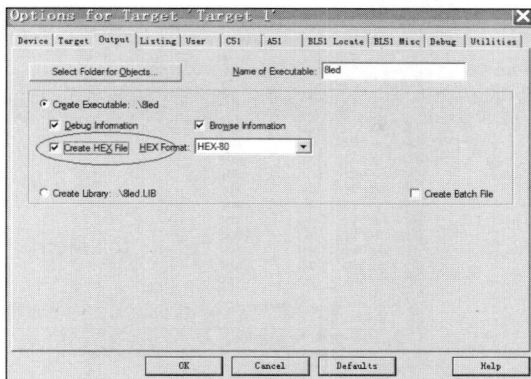

图1.44　Output选项卡

（2）编译、链接源程序，生成可执行代码。如图 1.45 所示，单击快捷工具栏中的 按钮，开始源程序的编译、链接。结果在 Build Output 窗口中显示，如图 1.46 所示，显示 0 错误、0 警告，并生成了 HEX 文件。

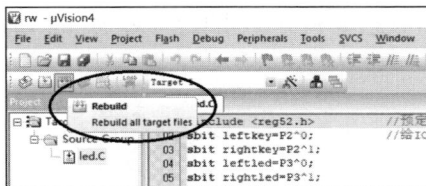

图1.45　编译、链接源程序

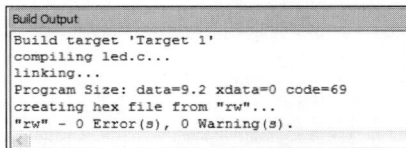

图1.46　显示结果

若编译出现错误，则可在该窗口中的错误提示行双击，源程序中的错误所在行的左侧就会出现一个箭头标记，便于用户排错。关于错误类型，依赖于读者长期编程和调试经验的积累，在此不一一列举。修改好后，再进行编译，直至出现图 1.46 所示的结果为止。

经过编译、链接后得到目标代码，仅代表源程序没有语法错误，还需要经过调试才能发现源程序中存在的其他错误。

读者可以通过 Proteus 仿真或通过实物运行观察运行结果是否满足要求，不满足的话，再在 Keil 中完善程序。

另外 Keil 内建了一个仿真 CPU 用来模拟执行程序，该仿真 CPU 功能强大，可以在没有硬件和仿真机的情况下进行程序的调试。读者可以对该功能进行了解，便于需要时使用。

（1）进入调试状态。执行菜单命令 Debug→Start Debug Session 或单击 按钮，便进入软件仿真调试运行状态，同时弹出多个窗口，如图 1.47 所示，其上部为"复位"（Reset）、"全速运行"（Run）等调试按钮；下部左侧为寄存器（Register）窗口，用于显示当前工作寄存器组（r0～r7）、常用系统寄存器（a、b、sp、dptr、psw 等）的工作状态；右下侧分别为反汇编（Disassembly）窗口和源代码窗口。

在图 1.47 所示的反汇编窗口和源代码窗口中，箭头指向的是当前等待运行的程序行，进入调试运行状态或单击"复位"按钮 后，指向 ROM 的 0000H 单元存储的代码。

（2）打开必需的调试工具。本项目的调试中需要监测的是并行 I/O 口的 P2 口的输入情况和 P3 口的输出情况，因此，执行菜单命令 Peripherals→I/O-Ports→Port 2，打开 P2 口观测窗口，如图 1.48 所示。

图1.47　调试与仿真运行窗口

P2 口寄存器及引脚状态如图 1.49 所示。第一行是 P2 口寄存器的状态，第二行是 P2 口的引脚状态，✔表示高电平 1。由于 P2 口的上电或复位状态是 FFH，因此图 1.49 中 P2 口的 8 个引脚都是 1。同理，可打开 P3 口观测窗口。

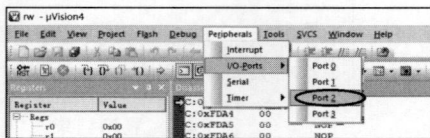

图1.48　打开P2口观测窗口

图1.49　P2口寄存器及引脚状态

其他常用的调试和观察工具有：寄存器窗口、外部设备（Peripherals，中断、定时器、串口）、Memory 窗口、Watch 窗口、断点等。

（3）运行调试。在 Keil 中，有 5 种程序运行方式。

▦：Run，全速运行。

▯：Step，单步运行，遇到子程序进入，并且继续单步运行。

▯：Step Over，单步运行（单步跳过），但遇到子程序不会进入，仅将子程序一步完成。

▯：Step Out，跳出子程序，当单步运行进入子程序内部时，直接执行子程序余下部分，并返回到上一层。

▯：Run to Cursor line，运行至光标所在行。

通常，全速运行可以看到程序运行的总体效果，即查看最终结果是否正确，如果程序有逻辑错误，则难以确认错误所在处。这时需要使用单步运行，并借助相关调试工具观察该步运行的结果是否与编写该行程序所想要得到的结果相同，借此找到程序中的问题所在。

回到本项目的调试中，单击全速运行按钮 ▦，初始化时 P2 口输入状态为 0xFF，此时无命令输入，因此 P3 口的输出为 0xFF，如图 1.50 所示。对应外部硬件电路，两发光二极管为熄灭状态。单击 P2.0 口的引脚（Pins）对应的方框，模拟开关闭合状态，对应的 P3 口输出变为 0FEH，对应外部电路，即左转按键被按下，左转灯亮。

（4）程序复位或停止。复位操作，单击 ▦ 按钮，在各种程序运行方式下，均可以对 CPU 运行，使程序从头重新开始运行；停止操作，单击 ⊗ 按钮，在 Run 方式下，可以随时终止程序运行。

4. 下载目标代码并运行

Proteus 与 Keil 的联合使用可以实现单片机应用系统的软硬件调试，其中 Keil 作为软件调试工具，Proteus 作为硬件仿真和调试工具。

首先，确保在 Keil 中完成 C51 应用程序的编译、链接，并生成单片机可执行的 HEX 文件；然后，在 Proteus 中绘制电路原理图，并通过电气规则检查。

做好上述准备工作后，我们必须把 HEX 文件添加到单片机中，才能进行整个系统的软硬件联合仿真调试。在 Proteus 中，双击原理图中的单片机 STC89C52，会弹出图 1.51 所示的对话框。

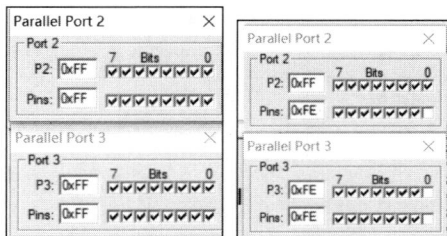

图 1.50 全速运行时 P2、P3 口的状态　　　　图 1.51 "编辑元件"对话框

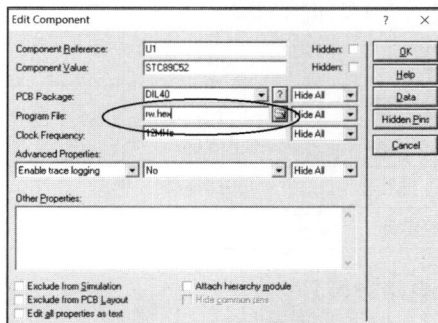

单击 Program File 文本框后的 ◻ 按钮，在弹出的 Select File Name 对话框中，选择要添加的 HEX 文件后单击"打开"按钮返回图 1.51 所示对话框，此时在 Program File 文本框中出现 HEX 文件的名称及其存放路径。单击"OK"按钮，即完成 HEX 文件的添加。

添加完 HEX 文件后，单击仿真运行工具栏的"运行"按钮 ▶ ，在 Proteus 的原理图编辑窗口中可以看到单片机应用系统的仿真运行效果。其中，红色方块代表高电平，蓝色方块代表低电平。

如果发现仿真运行效果不符合设计要求，应单击仿真运行工具栏的 ■ 按钮停止运行，然后从软件、硬件两个方面分析原因。完成软硬件修改后，按上述步骤重新开始仿真调试，直到仿真运行效果符合设计要求为止。

【任务小结】

（1）巩固在 Proteus 中绘制电路原理图以及仿真的相关操作。

（2）掌握 Keil 编程过程。

（3）掌握 I/O 口的定义，并为其赋予一个有含义的名字，提高程序的可读性。如本任务中的左键连接在 P2.0 口，用 sbit 给 P2.0 口定义了一个名字 leftkey ，定义格式为：sbit leftkey=P2^0;。

（4）掌握 if-else 语句的使用，通过条件判断，实现功能的切换。

••• 技能训练 1.1　模拟汽车转向灯控制电路实物制作 •••

【任务要求】

参考任务 1.2 中的原理图，完成模拟汽车转向灯控制电路的焊接，并下载程序，实现该电路的制作和调试。

【任务实施】

按任务要求，模拟汽车转向灯控制电路由单片机最小系统、按键和 LED 等组成，参考图 1.33 所示的原理图，列出相关元器件清单，如表 1.6 所示。

表 1.6 元器件清单

元件名称	型号	数量/件	元件名称	型号	数量/件
单片机	STC89C52	1	按键	—	3
晶振	12MHz	1	LED	—	2
瓷片电容	30pF	2	电阻	10kΩ	4
电解电容	10μF/16V	1	电阻	330Ω～1kΩ	2
IC 插座	DIP40	1	电路板	单面万能板	1
单排针	2.54mm-4P	1			

【电路焊接】

（1）结合元器件清单，准备好相应的元器件。

（2）焊接元器件的一般原则为由小到大、由低到高。本任务中，建议先焊接 IC 插座，然后依次按功能模块进行电路焊接，如依次焊接晶振电路、复位电路、按键电路、LED 电路等。在焊接元器件时要注意以下几点。

① 焊接 IC 插座时，先将每个脚插入电路板，然后焊接对角上的两个引脚，将其固定在电路板上，再焊接其他引脚。

② 电容、LED 具有正负极，长脚为正极、短脚为负极，不要焊反。

③ 晶振电路尽量靠近单片机的 XTAL1、XTAL2 引脚，以减少寄生电容，提高可靠性。

④ 元器件排放要整齐，焊点要饱满，引脚不宜过长。

【电路检测】

通电前检测，首先要观察是否存在漏焊、虚焊、短路和焊错等情况。

然后把单片机插入 IC 插座中，注意不要插反，并用万用表测量第 40 引脚和第 20 引脚之间是否短路。短路的话要排除故障后才可通电。

通电后，用万用表测量单片机的第 40 引脚和第 20 引脚之间是否为 5V 电压。

【程序下载】

1. 将计算机和单片机进行连接

STC 系列单片机各方面的性能都兼容 MCS-51，并且具备较多的功能，特别是具备 ISP 在线下载程序功能。如果计算机有串口，读者只需要根据图 1.52 所示的 ISP 下载硬件电路，就可以直接进行编程和下载。

如果计算机没有串口，选用图 1.53 所示的 USB（通用串行总线）转串口 TTL（晶体管-晶体管逻辑）电平的转换器，通过杜邦线，按表 1.7 所示将该转换器和单片机进行对应连接即可。其中：单片机引脚可以用单排针引出，便于直接插杜邦线。

另外宏晶科技提供 USB 型 U8W 等编程器，可对 STC 系列单片机在线和脱机下载程序，使用起来很方便。

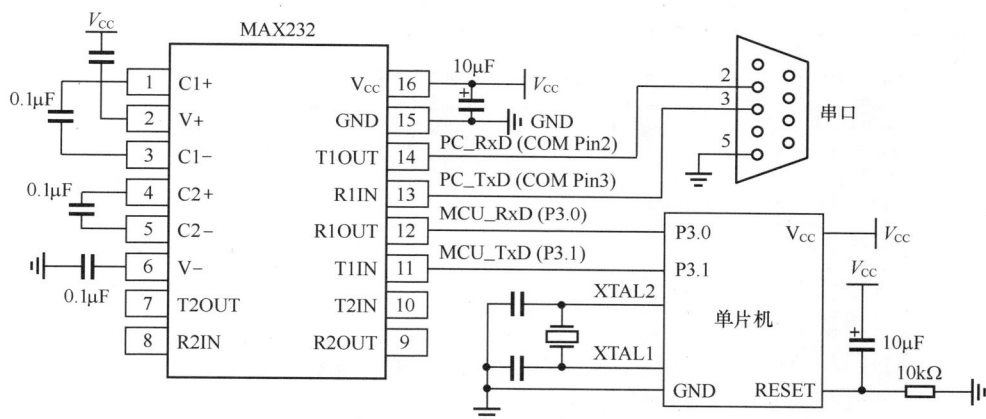

图1.52 ISP下载硬件电路

图1.53 USB转串口TTL电平的转换器

表 1.7 USB 转串口转换器和单片机的连接

USB 转串口引脚	单片机引脚
GND	GND
RXD	TXD
TXD	RXD
3.3V	连 3.3V 单片机
5V	连 5V 单片机

2. 下载程序

将单片机和计算机连接好后，就可进行程序下载了，具体步骤如下。

（1）如果计算机没有安装 STC-ISP，请从宏晶科技官网下载较新版本的 STC-ISP 并安装。

（2）单击 STC-ISP 图标 ，打开该软件。

（3）在图 1.54 所示的编程软件界面中从上到下进行相关参数的选择，主要选择如下。

① 选择芯片型号：和待烧写单片机相同的芯片型号，本任务选 STC89C52。

② 选择串口号。

③ 在硬件选项中，通过是否选中"使能 6T(双倍速)模式"复选框，来选择是 12T 还是 6T 模式，这里默认为 12T 模式，即不选中该复选框。

④ 硬件选项中的"ALE 脚用作 P4.5 口"用于确定 ALE 引脚的功能是否作为 P4.5 I/O 口使用，如果没有用到 P4.5 口，可以不选中。

（4）单击"打开程序文件"按钮，选择合适的烧写文件（HEX 文件），本任务为项目 1 所生成的 HEX 文件。

（5）先关闭电路板电源，接着单击"下载/编程"按钮，然后接通单片机下载板的电源，开始下载程序，右下显示"操作成功！"即完成下载任务。

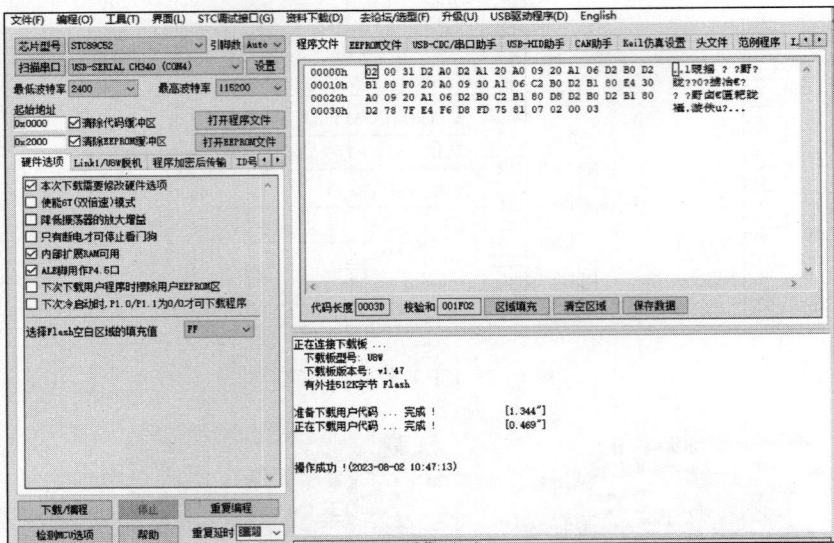

图1.54 编程软件界面

••• 技能训练 1.2 模拟门铃控制设计 •••

【任务要求】

任务 1.2 是通过按键、LED 来模拟汽车转向灯，那么如何用按键、蜂鸣器来模拟门铃呢？

【任务实施】

【功能分析】

电路方面只需对任务 1.2 中的图进行修改，去掉一个按键电路和两个 LED 电路，增加一个蜂鸣器控制电路。

程序功能类似任务 1.2 中按键按下则灯被点亮，按键释放则灯熄灭。本任务只需实现按键按下蜂鸣器响，按键释放蜂鸣器停。

【参考电路】

参考电路如图 1.55 所示。

【参考程序】

参考程序如下。

```c
#include <reg52.h>          //预定义语句
sbit key=P3^2;              //给 I/O 口取一个具有一定含义的名字
sbit Buzzer=P0^0;
void main()
{
    while(1)
    {
        key=1;              //设置 I/O 口为读状态
```

```
        if(key==0 )          //按键被按下
            Buzzer=0;        //蜂鸣器响
    else
            Buzzer=1;        //蜂鸣器停
    }
}
```

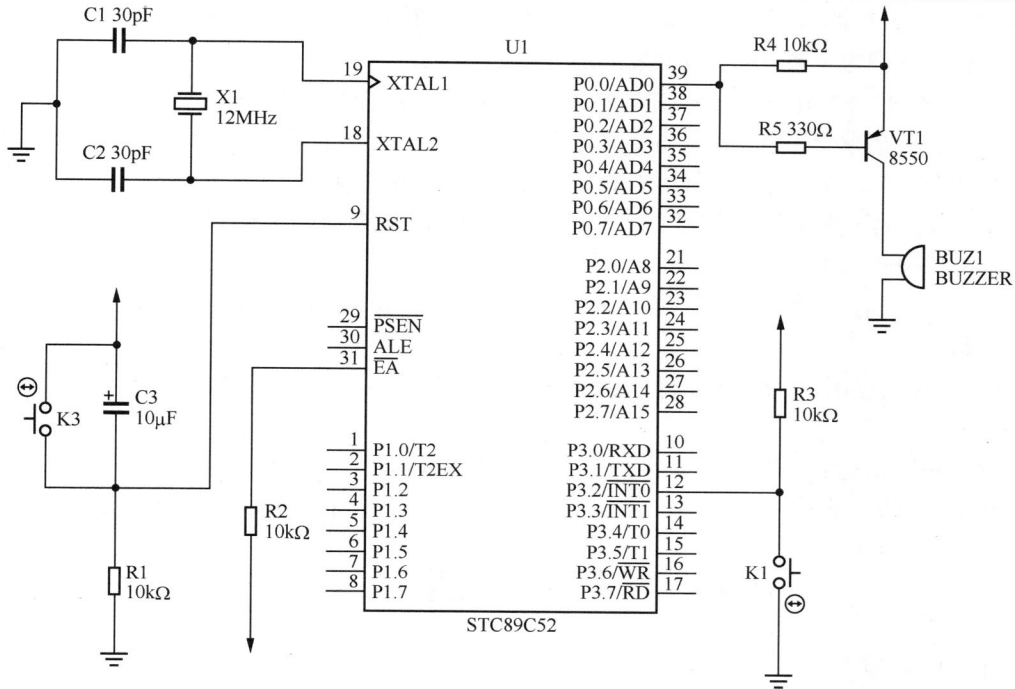

图1.55   参考电路

【运行调试】

运行调试和任务 1.2 所介绍的方法一样，将 HEX 文件下载到 STC89C52 单片机后运行，按按键 K1，可以听到蜂鸣器的响声。

为了能让蜂鸣器声音响亮，请选择 DC Operated Buzzer 蜂鸣器，并将其 Operating Voltage 的值设置小些，如 1V，如图 1.56 所示。

【课后任务】

根据表 1.8 元器件清单，自行设计并焊接，完成图 1.55 的实物制作。

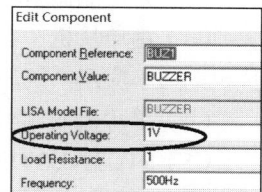

图1.56   参数编辑界面

表 1.8   元器件清单

元件名称	型号	数量	元件名称	型号	数量
单片机	STC89C52	1	电阻	10kΩ	4
晶振	12MHz	1	电阻	330Ω	1
瓷片电容	30pF	2	按键		2
电解电容	10μF/16V	1	蜂鸣器		1
IC 插座	DIP40	1	电路板	单面万能板	1

37

••• 【项目总结】 •••

（1）Keil C51 集成开发环境是基于 80C51 内核的微处理器软件开发平台，特别地，C51 编译工具是单片机 C 语言软件开发和调试的理想工具。Proteus 是用于仿真单片机及其外部设备的 EDA 工具，是硬件仿真和调试的理想工具。两者配合使用，可以在没有硬件投入的情况下，完成单片机 C 语言应用系统的仿真开发。

（2）STC89C52 由 Flash、RAM、定时器/计数器、EEPROM、串口、I/O 口等单元组成。

（3）C51 语言中的数有常量与变量之分。常量在程序运行过程中值不可改变，变量与之不同，使用时需先定义。存储变量所需的字节数以及变量的取值范围，即变量的内在存储方式称为数据类型。为了更加有效地利用 51 系列单片机的内部资源，C51 语言扩展了 4 种基本数据类型，即 bit、sbit、sfr、sfr16。

（4）C51 语言中的基本语句有：赋值语句、函数调用语句、复合语句、空语句，用于描述顺序结构。

（5）C51 语言中的分支语句有：if 语句、if-else 语句、if-else if 语句、switch 语句，用于描述分支结构。

（6）按键和发光二极管是单片机应用中最简单的 I/O 设备。将 P0 口作为简单 I/O 口使用时，需外接上拉电阻。当单片机端口作为输入口时，需先将端口置 1，确保读入的电平正确。

••• 【习　　题】 •••

1. 填空题

（1）P0 口作为普通 I/O 口，一般需要接（　　　　）电阻。

（2）外接晶振引脚 XTAL1、XTAL2，用于外接晶体振荡器，提供（　　　　）信号。

（3）由单片机、电源、（　　　）电路及由开关、电阻、电容等构成的复位电路共同构成单片机的最小应用系统。

（4）单片机的输出口在复位状态下为（　　　）电平。（填高或低）

（5）STC89C52 DIP-40 封装有（　　）个并口、（　　）个串口、（　　）个 16 位定时器/计数器、（　　）个外部中断源。

2. 单选题

（1）上电复位是否需要考虑起振时间？（　　　）

A. 需要　　　　　　B. 不需要　　　　　　C. 都可以　　　　　　D. 不用考虑

（2）Proteus 可以进行的工作有（　　　）。

A. 电气规则检查　　　　　　　　　　B. 代替真实电路

C. 软件仿真　　　　　　　　　　　　D. 编程

（3）"看门狗"电路可以实现（　　　）。

A. 防卫功能　　　　B. 掉电防护功能　　　C. 接通电源功能　　　D. 复位

（4）发光二极管对于单片机属于（　　　）设备。

A. 输入　　　　　　B. 输出　　　　　　　C. 存储　　　　　　　D. 数据处理

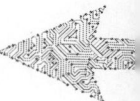

（5）电阻是（　　　）元件。

A．耗能　　　　　　B．存储　　　　　　C．数据处理　　　　　　D．记忆元件

（6）C51 中的数分为常量和（　　　）。

A．数据量　　　　　B．地址量　　　　　C．位置量　　　　　　　D．变量

（7）reg52.h 是（　　　）文件。

A．主　　　　　　　B．子　　　　　　　C．头　　　　　　　　　D．尾

（8）不同类型单片机内部资源不同，则头文件（　　　）。

A．相同　　　　　　B．不同　　　　　　C．统一　　　　　　　　D．通用

（9）else 是一条独立的语句吗？（　　　）

A．不是，必须与 if 配对　　　　　　　　B．是

C．可以单独使用　　　　　　　　　　　　D．其他

（10）switch 语句为 C51 提供了（　　　）选择。

A．多分支　　　　　B．单分支　　　　　C．判断　　　　　　　　D．赋值

3．问答题

（1）简述单片机的主要特点及应用领域。

（2）简述 STC89C52 下载程序的过程。

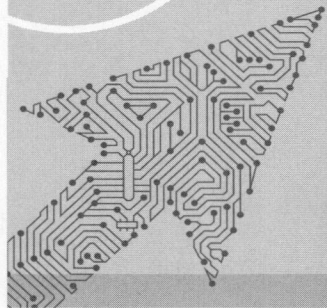

显示系统与键盘系统设计

目前家用电器已不断向智能化、多功能化方向发展，例如图 2.1 所示的微波炉，通过按键和显示器就可很简单地进行操作，实现各种功能。

那么你了解的显示技术有哪些？这些显示技术分别在哪些领域应用？单片机又是如何和按键、显示器进行连接并实现人机对话的？

本项目介绍单片机控制系统中实现人机对话功能的显示系统与键盘系统的设计。其中，在显示系统部分，本项目将由浅入深地介绍发光二极管显示器、数码管显示器、点阵显示器、液晶显示器（LCD）的电路设计与应用；在键盘系统部分，本项目将介绍线性非编码键盘和矩阵非编码键盘的设计与应用。读者可在学习和了解单片机 I/O 系统应用的同时，逐步了解单片机的内部资源、把握 C51 语言的编程控制技巧和应用。

图2.1　微波炉

学海领航	[自主创新　科技报国] 在国家的支持下，我国企业通过几十年持之以恒的努力，凭借坚韧不拔的意志以及对自主创新持续不断的追求与实践，成功实现了 LCD 产业从高度依赖进口到自主生产的蜕变，并最终在总产能上跃居全球首位
素养目标	通过介绍我国显示技术方面取得的发展和进步，了解最新的显示技术，激发核心技术自主创新意识和学习热情，培养科技报国的家国情怀
知识目标	（1）了解单片机存储结构。掌握 C51 循环语句和数组的使用方法。 （2）学会单片机控制发光二极管显示器的电路设计及控制方法。 （3）了解数码管静态显示和动态显示原理，学会电路设计及编程。 （4）了解点阵显示器内部结构及工作原理，掌握点阵与单片机接口电路设计及编程。 （5）掌握液晶显示器与单片机的接口电路设计，能够熟练进行字符型 LCD1602 显示控制。 （6）掌握按键消抖的方法，掌握独立按键的使用和矩阵非编码键盘识别与处理方法
技能目标	（1）能够在 Keil 中查看变量，掌握程序调试的基本方法。 （2）学会阅读器件数据手册
学习重点	（1）掌握 C51 语言程序循环结构及循环语句的使用。 （2）学会单片机控制发光二极管显示器的电路设计及控制方法。 （3）学会数码管静态显示和动态显示的相关电路设计及控制程序编写。 （4）掌握液晶显示器 LCD1602 与单片机的接口电路设计及显示控制。 （5）掌握按键消抖的方法，掌握独立按键的使用和矩阵非编码键盘识别与处理方法

续表

学习难点	（1）掌握 C51 语言程序循环结构及循环语句的使用。 （2）学会数码管动态显示的相关电路设计及控制程序编写。 （3）掌握液晶显示器 LCD1602 与单片机的接口电路设计及显示控制。 （4）掌握矩阵非编码键盘识别与处理方法
建议学时	24 学时
推荐教学方法	以"任务实施"为切入点，引导学生边做边学，将"相关知识"融入任务实施中。通过显示系统设计相关内容举一反三，让学生掌握编程思路
推荐学习方法	读者选择性地学习"相关知识"的内容，然后按"任务实施"进行动手操作，在操作的过程中，再返回阅读"相关知识"的内容，巩固理论知识。同时，通过完成"课后任务"，进一步巩固所学内容

••• 任务 2.1 流水灯系统设计 •••

【任务要求】

组装一个简易流水灯系统，由单片机外接 8 个发光二极管，要求系统上电后，8 个发光二极管依次被循环点亮。

【相关知识】

对单片机的编程，其实就是用 C 语言对单片机的端口和内部寄存器进行操作和配置，这就涉及单片机的存储结构，下面来具体了解 STC89C52 单片机的存储结构。

知识1 单片机存储结构

1. STC89C52 单片机的存储结构

STC89C52 单片机的存储结构的主要特点和 51 系列单片机一样，是程序存储器和数据存储器分开编址的，共有 4 个存储空间：片内程序存储器（ROM）、片外程序存储器、片内数据存储器（RAM）和片外数据存储器。其存储结构如图 2.2 所示。

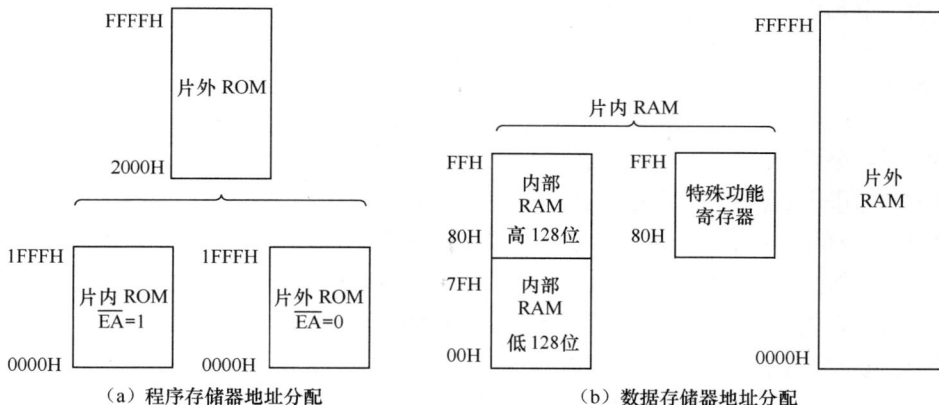

（a）程序存储器地址分配　　（b）数据存储器地址分配

图2.2　STC89C52的存储结构

程序存储器用于存储程序或表格，片内、片外统一编址，如图 2.2（a）所示。其中，当引脚 $\overline{EA}=1$ 时，使用 8KB 片内 ROM（0000H～1FFFH）；当引脚 $\overline{EA}=0$ 时，使用 64KB 片外 ROM（0000H～FFFFH）。

数据存储器用于暂存数据和运算结果，也有片内和片外之分，如图 2.2（b）所示。片内 RAM 由内部 RAM 与特殊功能寄存器构成，其中，内部 RAM 的低 128 位又分为工作寄存器区（00H～1FH）、位寻址区（20H～2FH）、通用 RAM 区（30H～7FH）3 部分，内部 RAM 的高 128 位只能间接寻址，如图 2.3 所示。片外 64KB 数据存储器，16 位地址寻址，地址范围是 0000H～FFFFH。

那么，STC89C52 的 4 个存储空间和 C51 变量之间是何关系？下面介绍，如何在编程时让变量存储到合适的存储区。

2．C51 变量的存储类型

（1）存储区域的概念

针对 51 系列单片机应用系统存储器的结构特点，Keil C51 编译器把变量的存储区域分为 data、bdata、idata、xdata、pdata 和 code 这 6 种，如表 2.1 所示。在使用 C51 语言进行程序设计时，可以把每个变量明确地分配到某个存储区域中。由于对内部存储器的访问

图2.3　内部数据存储器结构

比对外部存储器的访问快许多，因此应当将频繁使用的变量放在片内 RAM 中，而把较少使用的变量放在片外 RAM 中。

表 2.1　C51 语言中变量的存储区域

存储区域	说明
data	片内 RAM 的低 128 位，可直接寻址，访问速度最快
bdata	片内 RAM 的低 128 位中的位寻址区（20H～2FH），既可以字节寻址，也可以位寻址
idata	片内 RAM（256 位，其中低 128 位与 data 相同），只能间接寻址
xdata	片外 RAM（最多 64KB）
pdata	片外 RAM 中的 1 页或 256B，分页寻址
code	程序存储区（最多 64KB）

（2）存储模式

学习完项目 1，我们已初步了解变量的定义格式为：

数据类型　[存储区域]　变量名称

其中，存储区域用于指定变量的存储区域，[ ]表示该项内容可省略。当该项省略时，变量存储于哪个区域呢？Keil C51 编译器提供了 3 种存储模式供用户选择。

存储模式用于决定没有明确指定存储类型的变量、函数参数等的默认存储区域。Keil C51 编译器提供的存储模式共有 Small、Compact 和 Large 这 3 种。具体使用哪一种模式，可以在工程管理窗口中单击 Target，在弹出的对话框的 Memory Mode 下拉列表中进行选择。

① Small 模式。没有指定存储区域的变量、参数都默认放在 data 区域内。其优点是访问速度快，缺点是空间有限，只适用于小程序。

② Compact 模式。没有指定存储区域的变量、参数都默认存放在 pdata 区域内。具体存放

在哪里可由 P2 口指定，在 STARTUP.A51 文件中说明，也可用 pdata 指定。其特点是空间比 Small 模式宽裕，速度比 Small 模式慢、比 Large 模式快，是一种中间状态。

STC8A8K64S4A12
单片机存储结构

③ Large 模式。没有指定存储区域的变量、参数都默认存放在 xdata 区域内。其优点是空间大，可存变量多，缺点是速度较慢。

（3）使用存储区域的注意事项

在使用存储区域时，还应注意以下几点。

① 标准变量和用户自定义变量都可存储在 data 区域中，只要不超过 data 区域范围即可。由于 51 系列单片机没有硬件报错机制，因此当设置在 data 区域的内部堆栈溢出时，程序会莫名其妙地复位。为此，要根据需要声明足够大的堆栈空间以防止堆栈溢出。

② Keil C51 编译器不允许在 bdata 区域中声明 float 型和 double 型的变量。

③ 对 pdata 和 xdata 的操作是相似的。但是，对 pdata 区域的寻址要比对 xdata 区域的寻址快，因为对 pdata 区域的寻址只需装入 8 位地址；而对 xdata 区域的寻址需装入 16 位地址，所以要尽量把外部数据存储在 pdata 区域中。

④ 程序存储区的数据是不可改变的，编译的时候要对程序存储区中的对象进行初始化，否则就会产生错误。

了解存储区域的概念后，在调试环节可以方便、灵活地查看各变量值，大大提高程序调试的效率。请读者在调试过程中细细体会。

知识2 C51语言中的循环结构与循环语句

日常生活中，我们路过路口时，会发现交通灯在不停地循环显示红灯、绿灯和黄灯，同样本任务也要求 8 个发光二极管依次被循环点亮，那么在 C51 语言中，如何实现？

C51 语言中的循环
结构与循环语句

其实在 C51 程序设计中经常会遇到需要重复执行的操作，利用循环结构来处理各类重复操作既简单又方便。这就涉及 C51 语言中提供的 3 种循环语句，它们是 while 语句、do-while 语句、for 语句。其中 while 又称"当"型循环，do-while 又称"直到"型循环。下面开始具体介绍。

1. while 语句

while 语句的一般形式：

```
while(表达式) 循环体;
```

其中，表达式可以是 C51 语言中任意合法的表达式，其作用是控制循环体是否执行；循环体是循环语句中需要重复执行的部分，它可以是一条简单的可执行语句，也可以是用花括号括起来的复合语句。while 语句的执行过程如图 2.4 所示。

① 计算表达式的值（设为 X）。

② 若 X 非 0，则执行循环体后转步骤①；若 X 为 0，则退出 while 循环。

while 语句的特点：先判断，后执行。

2. do-while 语句

do-while 语句的一般形式：

```
do 循环体 while(表达式);
```

其中，表达式可以是 C51 语言中任意合法的表达式，其作用是控制循环体是否执行；循环体可以是 C51 语言中任意合法的可执行语句；最后的";"不可省略，它表示 do-while 语句的结束。do-while 语句的执行过程如图 2.5 所示。

① 执行循环体中的语句。

② 计算表达式的值（设为 X）。若 X 非 0，则转步骤①；若 X 为 0，则退出 do-while 循环。

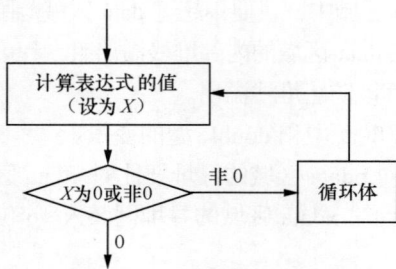

图2.4　while语句的执行过程　　　图2.5　do-while语句的执行过程

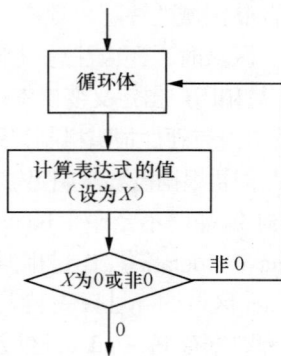

do-while 语句的特点：先执行，后判断。

　3.　for 语句

for 语句的一般形式：

```
for(表达式 1；表达式 2；表达式 3) 循环体;
```

其中，表达式 1、表达式 2 和表达式 3 可以是 C51 语言中任意合法的表达式，3 个表达式之间用";"隔开，它们的作用是控制循环体是否执行；循环体可以是 C51 语言中任意合法的可执行语句。

for 语句的典型应用形式：

```
for(循环变量初值表达式；循环条件表达式；循环变量增值表达式) 循环体
```

for 语句的执行过程如图 2.6 所示。

① 计算循环变量初值表达式的值。

② 计算循环条件表达式的值（设为 X）。若 X 非 0，转步骤③；若 X 为 0，转步骤⑤。

③ 执行一次循环体。

④ 计算循环变量增值表达式的值，转步骤②。

⑤ 结束循环，执行 for 语句之后的语句。

在使用 for 语句时应注意以下两点。

一是 for 语句中的表达式可以部分或全部省略，但两个";"不可省略。例如：

图2.6　for语句的执行过程

```
for(;;)  D0= !D0;
```

3 个表达式均省略，但因缺少条件判断，循环将会无限制地执行，形成无限循环（通常称死循环）。此时，等同于

```
while(1)D0= !D0;
```

二是所谓省略只是在 for 语句中的省略。实际上是把所需表达式移到 for 语句的循环体中或 for 语句前了。例如，下面几种 for 语句的表达方式是等价的。

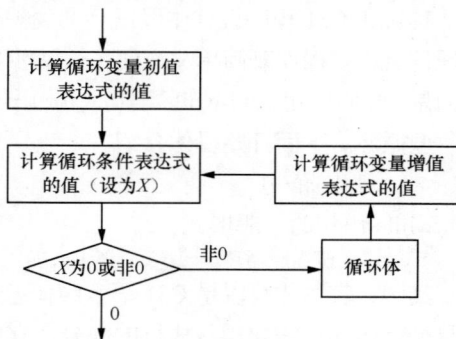

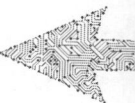

表达方式 1（正常情况）：

```
                sum=0;
                for(i=1;i<=100;i++)   sum+=i;
```

表达方式 2（省略循环变量初值表达式）：

```
                sum=0;
                i=1;
                for(   ;i<=100;i++)   sum+=i;
```

表达方式 3（省略循环变量增值表达式）：

```
                sum=0;
                for(i=1;i<=100;   ) { sum+=i;i++;}
```

表达方式 4（省略循环变量初值表达式和循环变量增值表达式）：

```
                sum=0;
                i=1;
                for(   ;i<=100;   ) { sum+=i;i++;}
```

4．几种循环的比较

① 3 种循环可相互替代处理同一问题。

② do-while 循环至少执行一次循环体，while 循环及 for 循环则不然。

③ while 循环及 do-while 循环多用于循环次数不可预知的情况，而 for 循环多用于循环次数可以预知的情况。

5．循环的嵌套

在一个循环体内又完整地包含另一个循环，称为循环嵌套。前面介绍的 3 种循环都可以互相嵌套，循环的嵌套可以多层，但每一层循环在逻辑上必须是完整的。

在编写程序时，嵌套循环的书写要采用缩进形式，使程序层次分明，例如：

```
for(i=1;i<=10;i++)                    // 外层循环
{
        …
        for(j=1;j<=10;j++)            // 中层循环
        {
                …
                for(k=1;k<=10;k++)    // 内层循环
                {
                        循环语句
                }
                …
        }
        …
}
```

在进行循环嵌套时，应注意以下几点。

① 内、外循环的循环变量不应相同。

② 内、外循环不应交叉。

③ 只能从循环体内转移到循环体外，反之不行。

在单片机控制程序中，常常涉及延时操作，延时操作一般是用循环嵌套结构来实现的。例如，在本任务中，流水灯的每一个状态之间都需要一个短暂的延时，假设单片机使用 12MHz 晶振，延时时间为 1s，则设计代码如下：

```
void Delay1s()
{
    unsigned char x,i,j;
```

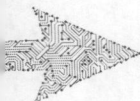

```
    for(x=10;x>=1;x--)                    //最外层循环，循环次数为 10 次
        for(i=200;i>0;i--)                //第二层循环，循环次数为 200 次
            for(j=250;j>0;j--);           //最内层循环，循环次数为 250 次
}
```

知识3　C51语言中的辅助控制语句

在循环过程中，有时候不一定要执行完所有的循环后才终止，每次循环也不一定要执行完循环体中的所有语句，可能在一定的条件下跳出循环或进入下一轮循环。

C51 语言中的辅助控制语句

为了方便对程序流程的控制，除了前面介绍的流程控制语句外，C51 语言还提供了两种辅助控制语句：break 语句和 continue 语句。

1．break 语句

break 语句的一般形式：

```
break;
```

break 语句的功能：① 终止它所在的 switch 语句；② 跳出本层循环体，从而提前结束本层循环。

例 2.1　求平方数小于 100 的所有整数。预先设定循环次数为 40 次，从 1 开始，当出现平方数大于 100 时，则通过 break 语句提前结束循环，核心代码如下。

```
for(i=1;i<=40;i++)
{
    j=i*i;
    if(j>=100)   break;
    printf("%d",i);
}
```

读者可通过串口观察程序的运行结果，但必须先对串口进行初始化设置。单片机串口的相关应用将在后续项目中专门介绍，本项目中读者直接利用子函数即可。完整的代码如下。

```
#include <reg51.h>
#include <stdio.h>
/************************************************************
函数名称：Serial_Init(void)
函数功能：初始化单片机的串口,以便在 Serial #1 窗口中观察程序运行结果
************************************************************/
void Serial_Init(void)
{
    SCON = 0x50;                 // 串口以方式 1 工作
    TMOD= 0x20;                  // 定时器 T1 以方式 2 工作
    TH1 = 0xf3;                  // 波特率为 2400bit/s 时 T1 的初值
    TR1 = 1;                     // 启动 T1
    TI = 1;                      // 允许发送数据
}
/************************************************************
函数名称：main(void)
函数功能：演示 break 语句的使用方法
************************************************************/
void main(void)
{
    int i,j;
    Serial_Init();                      //串口初始化
```

```
    for(i=1;i<=40;i++)
    {
        j=i*i;
        if(j>=100)  break;
        printf("%d",i);             //输出
    }
    printf("\n-----end-----");
    while(1);
}
```

在 Keil 中建立工程，单片机选择 AT89C52，输入上述程序，通过编译、链接后，启动仿真，打开"Serial #1"窗口，全速运行，在"Serial #1"窗口中即可观察到程序运行结果，如图 2.7 所示。通过串口查看运行结果的调试技巧，在很多场合有着重要的应用，读者可多加练习体会。

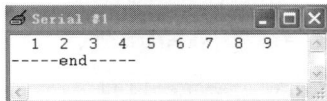

图2.7　程序运行结果

2．continue 语句

continue 语句的一般形式：

```
continue;
```

continue 语句的功能：用于循环体内结束本次循环，接着进行下一次循环的判定。

例 2.2　求 1～100 不能被 3 整除的数。核心代码如下。

```
for(i=1;i<=100;i++)
{
    if(i%3==0) continue;          //若能被 3 整除，则提前结束本次循环
    printf("%d",i);               //若不能被 3 整除，则输出
}
```

请读者参照例 2.1 编写完整代码，并通过串口观察程序运行结果。

知识4　C51语言中的函数

在编写程序时，为了解决代码的重复问题、便于实现结构化和模块化的编程思想，常常采用函数进行编程。函数是指可以被其他程序调用的具有特定功能的一段相对独立的程序。那么在 C51 中，函数是如何定义的呢？

C51 语言中函数定义的一般格式如下：

```
[return_type] funcname([args])[{small|compact|large}] [reentrant] [interrupt n]
[using n]
    {
        局部变量定义
        可执行语句
    }
```

其中，花括号以外的部分称为函数头；花括号以内的部分称为函数体，方括号中的内容可省略。如果函数体内无语句，则称为空函数。空函数不执行任何操作，定义它的目的只是以后程序功能的扩充。函数头中各部分的含义如下。

① return_type：函数返回值的类型即函数类型（默认为 int）。

② funcname：函数名。在同一程序中，函数名必须唯一。

③ args：函数的参数列表。参数可有可无。若有，则称为有参函数，各参数之间要用"，"分隔；若无，则称为无参函数。

④ small、compact 或 large：指定函数的存储模式。

⑤ reentrant：指定函数是递归的或可重入的。

⑥ interrupt n：指定函数是一个中断函数。n 为中断源的编号（0～4）。

⑦ using n：指定函数所用的工作寄存器组。n 为工作寄存器组的编号（0～3）。

从函数的定义格式可以看出，C51 语言在 4 个方面对标准 C 语言的函数进行了扩展：指定函数的存储模式；指定函数是可重入的；指定函数是一个中断函数；指定函数所用的工作寄存器组。

用 C51 语言设计程序，就是编写函数。在构成 C51 语言程序的若干个函数中，有且仅有一个是 main()函数。C51 语言程序的执行都是从 main()函数开始的，也是在 main()函数中结束整个程序运行的，其他函数只有在执行 main()函数的过程中被调用才能被执行。

同变量一样，函数也必须先定义后使用。所有函数在定义时都是相互独立的，一个函数中不能再定义其他函数，但可以相互调用。函数调用的一般规则是：main()函数可以调用普通函数；普通函数之间可以相互调用；普通函数不能调用 main()函数。

从用户使用的角度看，函数可以分成两大类：标准库函数和用户自定义函数。本任务中要使用的延时函数，就是典型的用户自定义函数。

【任务实施】

1. 硬件电路设计

本任务中设计的流水灯，在单片机最小系统电路的基础上，选择 P2 口连接 8 个 LED 输出即可。原理图如图 2.8 所示。

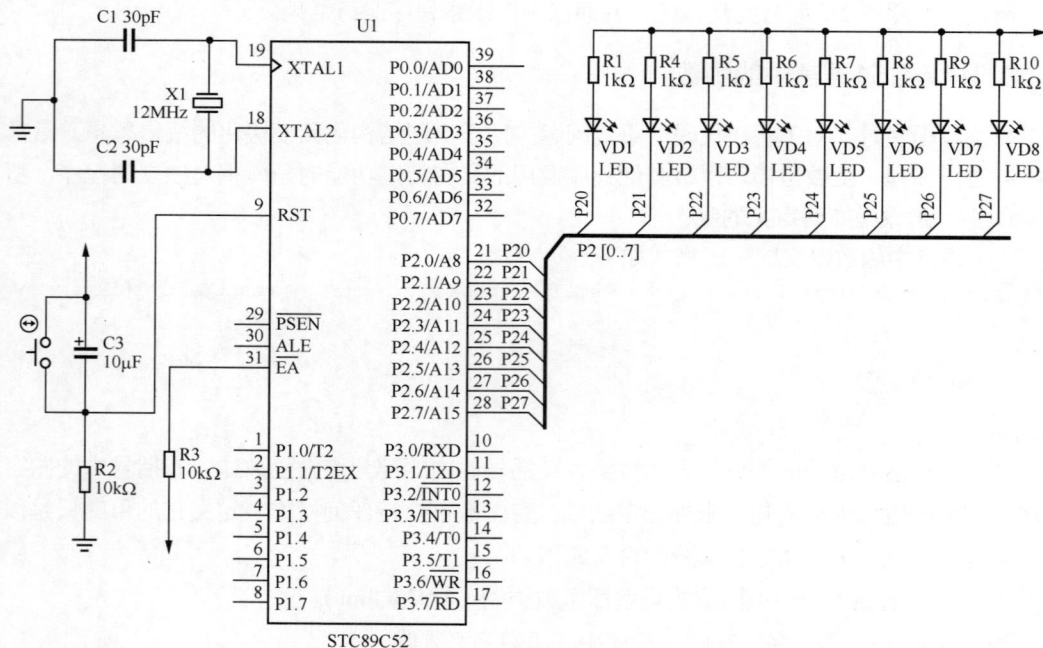

图2.8　流水灯仿真电路原理图

为了简化图中的连线，单片机和发光二极管之间采用了总线连接。在 Proteus 中绘制流水灯仿真电路原理图，总线连接的步骤如下。

（1）放置总线。单击 Mode 工具栏中的"Bus"按钮 ⊹，在期望的总线起始端（一条已存在的总线或空白处）单击；在期望的总线路径的拐点处单击；若总线的终点为一条已存在的总线，则在总线的终点处右击，结束总线放置；若总线的终点在空白处，则先单击，后右击结束总线的放置。

（2）放置或编辑总线标签。单击 Mode 工具栏中的"Wire Label"按钮 ⬚，在期望放置标签的位置处单击，弹出 Edit Wire Label 对话框，在 Label 选项卡的 String 文本框中输入相应的文本，如 P2[0..7]。如果忽略指定范围，则系统将以 0 为底数，将连接到总线的范围设置为默认范围。单击 OK 按钮，结束文本的输入。

（3）单线与总线的连接。由对象连接点引出的单线与总线的连接方法和普通连接类似。在建立连接之后，必须对进、出总线的同一信号的单线进行同名标注，以保证信号连接的有效性。图 2.8 中，通过总线 P2[0..7]将 STC89C52 的 P2.0 引脚与 VD1 的负极连接在一起，与总线 P2[0..7]相连的两条单线的标签均为 P20。

2. 软件设计

（1）对照电路连接，确定 LED 的控制信号：单片机输出高电平，LED 灭；单片机输出低电平，LED 亮。

对于设定的从左到右的流水方式，单片机应该给出的信号为：11111110B→11111101B→11111011B→11110111B→11101111B→11011111B→10111111B→01111111B，即 FEH→ FDH → FBH→F7H→EFH→DFH→BFH→7FH。

观察上述信号的特征，考虑使用移位运算实现，但使用该运算左移后，右边补 0，与汇编语言中的循环左移指令是不同的。请读者思考如何实现上述功能。

（2）主程序采用循环程序设计，程序流程图如图 2.9 所示。

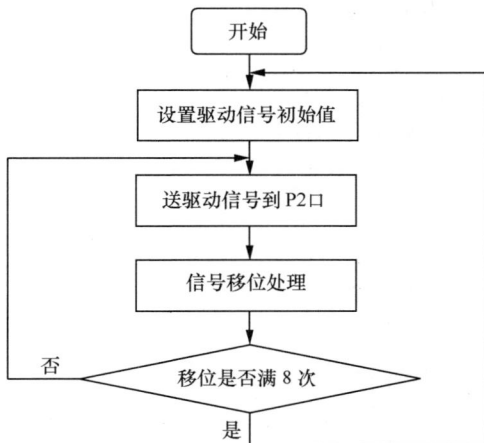

图2.9 流水灯控制程序流程图

主程序代码如下。

```
#include <reg52.h>              //头文件
#define  uchar unsigned char
void Delay1s();                 //对用到的函数进行声明
void main(void)                 //主程序

{
```

```
        uchar i,signal;                          //定义循环变量和信号变量
        while(1)
        {
            signal=0x01;                          //给信号变量赋初始值
            for(i=0;i<8;i++)
            {
                P2=~signal;
                signal<<=1;
                Delay1s();
            }
        }
}
```

流水灯流水速度的设定使用延时程序来实现。延时子函数如下。

```
/*****************************************************
函数名称：Delay1s
函数功能：延时。晶振频率为12MHz，则延时 1s
*****************************************************/
void Delay1s()
{
    unsigned char x,i,j;
    for(x=10;x>=1;x--)
        for(i=200;i>0;i--)
            for(j=250;j>0;j--);
}
```

3. 仿真调试

执行菜单命令 Peripherals→I/O-Ports→Port 2，如图 2.10 所示。弹出并口 P2 口观测窗口，如图 2.11 所示，对应端口的小框中，空格表示端口信号为 0，若显示"√"则表示端口信号为 1，可用于在调试过程中随时观测 P2 口的输出状态。

执行菜单命令 View→Watch Windows→Locals，如图 2.12 所示，弹出本地变量观测窗口，如图 2.13 所示，可用于在程序运行过程中随时观测关键变量的变化情况。

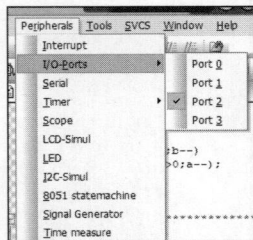

图2.10　执行菜单命令
Peripherals→I/O-Ports→Port 2

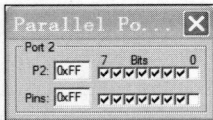

图2.11　并口 P2 口
观测窗口

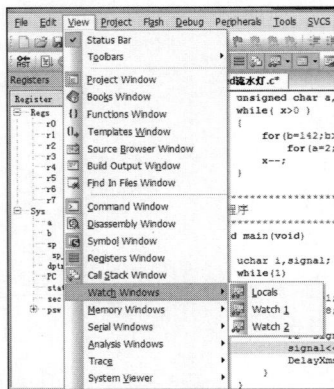

图2.12　执行菜单命令
View→Watch Windows→Locals

图 2.13 最下面还有仿真时间显示，用于了解程序运行的时间状态。

不断单击单步运行按钮，可观察到 P2 口及变量 signal 的变化状态。

将 Keil 中生成的 HEX 文件导入 Proteus 中并运行，流水灯工作正常，调试成功。

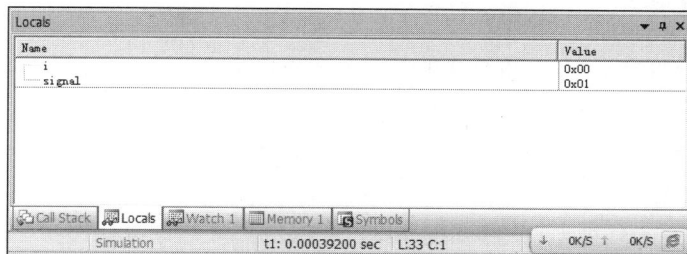

图2.13　本地变量观测窗口

【课后任务】

（1）根据表 2.2 所示的元器件清单，自行设计电路并焊接，完成本任务的实物制作。

（2）更换其他的流水形式和延时时间，完成控制程序的设计。

表 2.2　元器件清单

元件名称	型号	数量/件	元件名称	型号	数量/件
单片机	STC89C52	1	按键	—	1
晶振	12MHz	1	LED	—	8
瓷片电容	30pF	2	电阻	10kΩ	2
电解电容	10μF/16V	1	电阻	1kΩ	8
IC 插座	DIP40	1	电路板	单面万能板	1
单排针	2.54mm−4P	1			

【任务小结】

（1）了解单片机 STC89C52 的存储结构。

（2）学会用 while 语句、for 语句进行循环程序的编写。

（3）#define uchar unsigned char：在编程时，为了让程序更加简洁，增强可移植性和可维护性，常采用宏定义#define，本任务在程序的开始处用#define 将 unsigned char 预定义为 uchar，程序的其他地方就可以使用 uchar 代替 unsigned char 来声明了。

（4）掌握自定义函数的编写和调用。注意本程序的 Delay1s()为自定义函数，放在 main()函数之后，需要先进行声明，否则会报错。

（5）一个 C 程序的执行是从 main()函数开始的。初学者进行程序分析时，建议首先从 main()函数开始。

（6）养成先对程序功能进行分析，画出流程图后再编程的习惯。

（7）掌握利用 Keil 进行调试的基本方法，并会应用 Keil 的菜单命令 Peripherals→I/O-Ports→Port 2、View→Watch Windows→Locals 等查看端口信号和变量的信息。

●●● 技能训练 2.1　简易交通信号灯控制系统的设计　●●●

【任务要求】

用单片机控制路口东、西、南、北 4 个方向的红、绿、黄共 12 盏交通信号灯，不考虑左转和时间显示，请设计简单的城市路口交通信号灯控制系统，使一个方向的绿灯亮 10s，然后黄灯闪烁 3s 后转为红灯亮 13s，一直循环下去。另一个方向进行相应的显示。

【任务实施】

【功能分析】

电路方面只需参考任务 2.1 中的原理图进行修改，增加 4 个 LED 电路，构成 12 个 LED 指示灯。

程序功能：以 A、B 方向为例分析如下。

（1）B 方向为红灯亮的时候，A 方向应该是绿灯亮或黄灯闪烁。B 方向红灯亮 13s，A 方向绿灯亮 10s 后转为黄灯闪烁 3s。

（2）A 方向黄灯闪烁 3s 后转为红灯亮，同时 B 方向的绿灯亮。

（3）A 方向红灯亮 13s，B 方向的绿灯亮 10s 后转为黄灯闪烁 3s。

不断循环（1）～（3）步。

【参考电路】

参考电路如图 2.14 所示，通过单片机控制 12 个 LED。

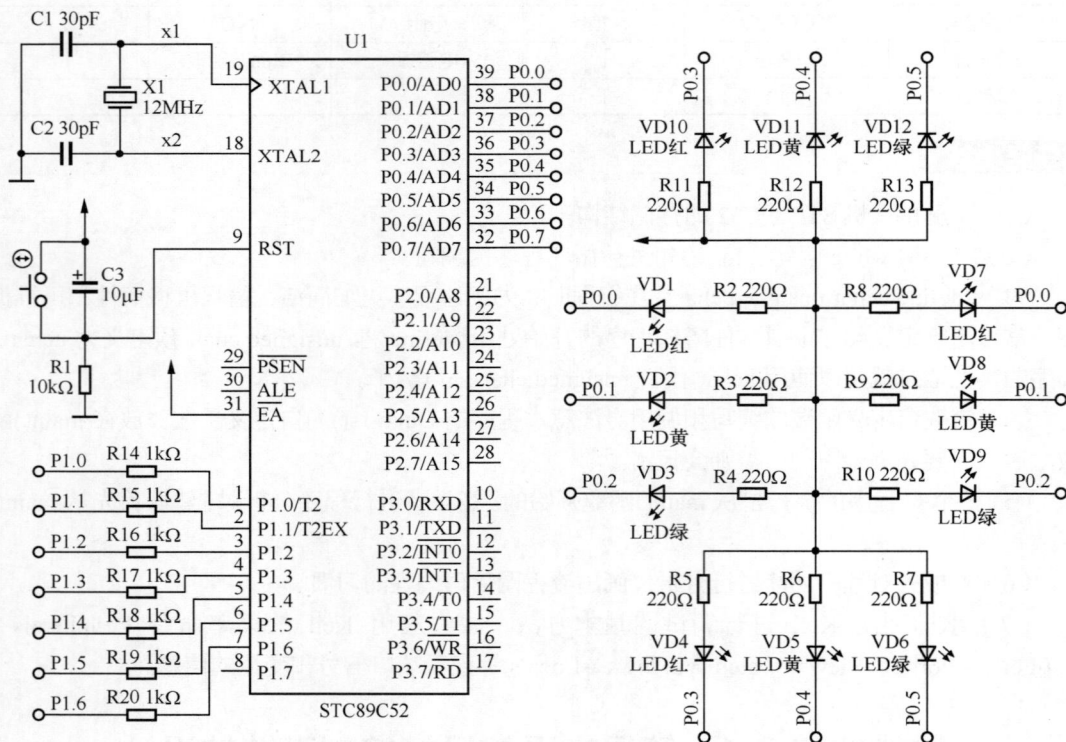

图2.14　参考电路

【参考程序】

```
#include<reg52.h>
#define uchar unsigned char
sbit RED_A=P0^0;
```

```
sbit YELLOW_A=P0^1;
sbit GREEN_A=P0^2;
sbit RED_B=P0^3;
sbit YELLOW_B=P0^4;
sbit GREEN_B=P0^5;
void delay(uchar x);
void main()
{
    while(1)
    {
    RED_A=1;YELLOW_A=1;GREEN_A=0;        //A方向绿灯亮
    RED_B=0;YELLOW_B=1;GREEN_B=1;        //B方向红灯亮
    delay(100);
    RED_A=1;YELLOW_A=0;GREEN_A=1;        //A方向黄灯闪烁
    delay(5);
    RED_A=1;YELLOW_A=1;GREEN_A=1;
    delay(5);
    RED_A=1;YELLOW_A=0;GREEN_A=1;
    delay(5);
    RED_A=1;YELLOW_A=1;GREEN_A=1;
    delay(5);
    RED_A=1;YELLOW_A=0;GREEN_A=1;
    delay(5);
    RED_A=1;YELLOW_A=1;GREEN_A=1;
    delay(5);
    RED_A=0;YELLOW_A=1;GREEN_A=1;        //A方向红灯亮
    RED_B=1;YELLOW_B=1;GREEN_B=0;        //B方向绿灯亮
    delay(100);
    RED_B=1;YELLOW_B=0;GREEN_B=1;        //B方向黄灯闪烁
    delay(5);
    RED_B=1;YELLOW_B=1;GREEN_B=1;
    delay(5);
    RED_B=1;YELLOW_B=0;GREEN_B=1;
    delay(5);
    RED_B=1;YELLOW_B=1;GREEN_B=1;
    delay(5);
    RED_B=1;YELLOW_B=0;GREEN_B=1;
    delay(5);
    RED_B=1;YELLOW_B=1;GREEN_B=1;
    delay(5);

    }
}
//功能描述：延时 x*100ms @12.000MHz
//入口参数：x
void delay(uchar x)
{ uchar  i,j;
    for(;x>0;x--)
        for(i=200;i>0;i--)
        for(j=250;j>0;j--);
}
```

●●● 任务 2.2　数码管显示器设计 ●●●

【任务要求】

组装一个城市交通信号灯模拟系统，由单片机外接 12 个发光二极管，分别代表东、南、西、北 4 个路口的红色、绿色、黄色信号灯，红灯亮 9s，黄灯亮 2s，绿灯亮 7s，黄灯亮期间闪烁 5 次。同时外接 1 位数码管，用于倒计时。

数码管显示器设计

【相关知识】

在任务 2.1 中我们已经介绍了用单片机控制 LED 的方法，本任务主要介绍用单片机控制数码管的方法。首先我们来了解数码管的结构，便于进行硬件设计和软件编程。

知识1　数码管显示器结构及段选码

在单片机系统中，经常用数码管显示器（简称数码管）来显示单片机系统的工作状态、运算结果等。

数码管显示器的构造如图 2.15（a）所示。它实际是由 8 个发光二极管构成的，其中 7 个发光二极管排列成"日"字形的笔画段，另一个发光二极管为圆点形状，作为小数点使用。

数码管显示器的内部结构有两种形式：一种是共阴极，即 8 个发光二极管的负极连在一起，如图 2.15（b）所示；另一种是共阳极，即 8 个发光二极管的正极连在一起，如图 2.15（c）所示。

每个数码管有 8 个段选线，分别命名为 a、b、c、d、e、f、g、dp（或.），用来控制字符内容的显示；每个数码管有两根位选线 COM，两 COM 端（公共端）连在一起，用来控制该数码管是否显示。

数码管结构及段选码

（a）数码管显示器的构造　　（b）共阴极数码管　　（c）共阳极数码管

图2.15　数码管显示器

如果将数码管显示器的各段与数据线按照表 2.3 所示连接，则常用字形码（段选码与显示字符的对应关系）如表 2.4 所示。

表 2.3　数码管显示器的各段与数据线的连接

段选码	D_7	D_6	D_5	D_4	D_3	D_2	D_1	D_0
显示码	dp	g	f	e	d	c	b	a

为了编程方便，我们常常将表 2.4 中的字形码存放于 ROM 区的数组中。

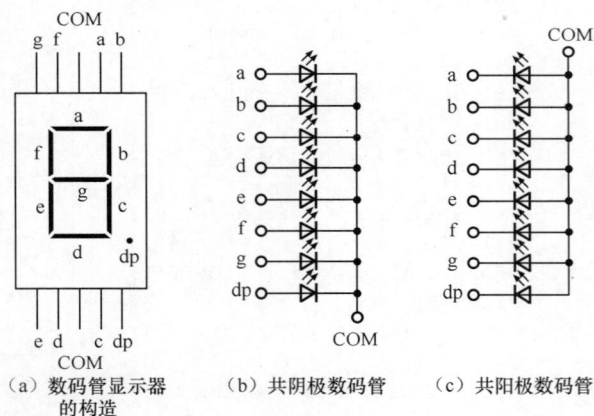

表 2.4　字形码

显示字符	0	1	2	3	4	5	6	7	8
	0.	1.	2.	3.	4.	5.	6.	7.	8.
共阴极	3F	06	5B	4F	66	6D	7D	07	7F
段选码	BF	86	DB	CF	F6	ED	FD	87	FF
共阳极	C0	F9	A4	B0	99	92	82	F8	80
段选码	40	79	24	30	19	12	02	78	00
显示字符	9	A	B	C	D	E	F	—	熄灭
	9.	A.	B.	C.	D.	E.	F.	—.	.
共阴极	6F	77	7C	39	5E	79	71	40	00
段选码	EF	F7	FC	B9	DE	F9	F1	C0	80
共阳极	90	88	83	C6	A1	86	8E	BF	FF
段选码	10	08	03	46	21	06	0E	3F	7F

知识2　C51语言中的一维数组

　　C 语言具有帮助用户定义一组有序数据项的能力,这组有序的数据即数组。数组是一组具有固定和相同类型数据成员的有序集合,数据成员的类型为该数组的基本类型,各数据成员称为数组元素。

　　数组数据是用同一个名字的不同索引访问的,数组的索引放在方括号中,是从 0 开始的一组有序整数(0, 1, 2, 3, …, n)。数组有一维数组、二维数组、三维数组和多维数组之分。C51 语言中常用的有一维数组、二维数组和字符数组。本任务介绍一维数组的概念和应用。

　　1. 一维数组的定义

　　一维数组的定义:

```
类型说明符 数组名［整型表达式］；
```

　　例如:"unsigned char ch[10];"定义了一个无符号字符型数组,有 10 个元素,每个元素由不同的索引表示,分别是 ch[0], ch[1], ch[2], …, ch[9]。数组的第一个元素的索引是 0 而不是 1,即第一个元素是 ch[0],而第十个元素是 ch[9]。

　　2. 数组的初始化

　　数组可以在程序运行期间进行赋值,也可以在定义数组的同时进行赋值。数组初始化可用以下方法实现。

　　(1)在定义数组时对数组的全部元素赋值。例如,本任务中,共阴极数码管的 0~9 的字形码可用一维数组定义并初始化:

```
unsigned char tab[10]={0x3F, 0x06, 0x5B, 0x4F, 0x66, 0x6D, 0x7D, 0x07, 0x7F, 0x6F};
```

　　0~9 的字形码被依次列入数组中,数组的索引(对应显示字符)和数组元素(对应段选码)之间建立一一对应的关系。

　　例如,在 P0 口显示字符 2,则执行代码 P0=tab[2]即可。

　　通常,字形码表存放于 ROM 中,在定义数组的时候,用 code 指定程序存储区,例如共阳极数码管的字形码的定义如下:

C51 语言中的一维数组

```
unsigned char code tab[10]={0xC0,0xF9,0xA4,0xB0,0x99,0x92,0x82,0xF8,0x80,0x90};
```
这样，在程序编译中，就把数组中的 10 个元素存储到 ROM 中。

（2）只对数组的部分元素初始化。例如：

```
int a[10]={0, 1, 2, 3, 4, 5};
```
该数组共有 10 个元素，但括号中仅有 6 个初值，则数组的前 6 个元素被赋初值，而后面的 4 个元素值为 0。

（3）若定义数组时不对元素赋值，则数组的全部元素都被默认赋值为 0。

知识 3　数码管显示方式

学习了用数组存储字形码，那么如何控制数码管被点亮呢？这就涉及数码管的显示方式。

数码管显示器通常有静态显示与动态显示两种方式，在不同的显示方式下，数码管显示器与单片机连接的接口不同，单片机的控制也不同，下面分别介绍。

1. 静态显示方式

静态显示是指数码管显示某一字符时，相应的 LED 恒定导通或恒定截止。静态显示时，各位数码管相互独立，公共端接固定电平（共阴极公共端接地，共阳极公共端接 V_{CC}），各位的 8 根段码线则分别与一个 8 位 I/O 口相连，只要保持各位对应的段码线上电平不变，则该位显示的字符就保持不变。项目 3 中的简易秒表采用的就是这种显示方式。静态显示原理图如图 2.16 所示，两位共阴极数码管静态显示，段码分别由单片机 P0 和 P2 口控制，公共端接地。

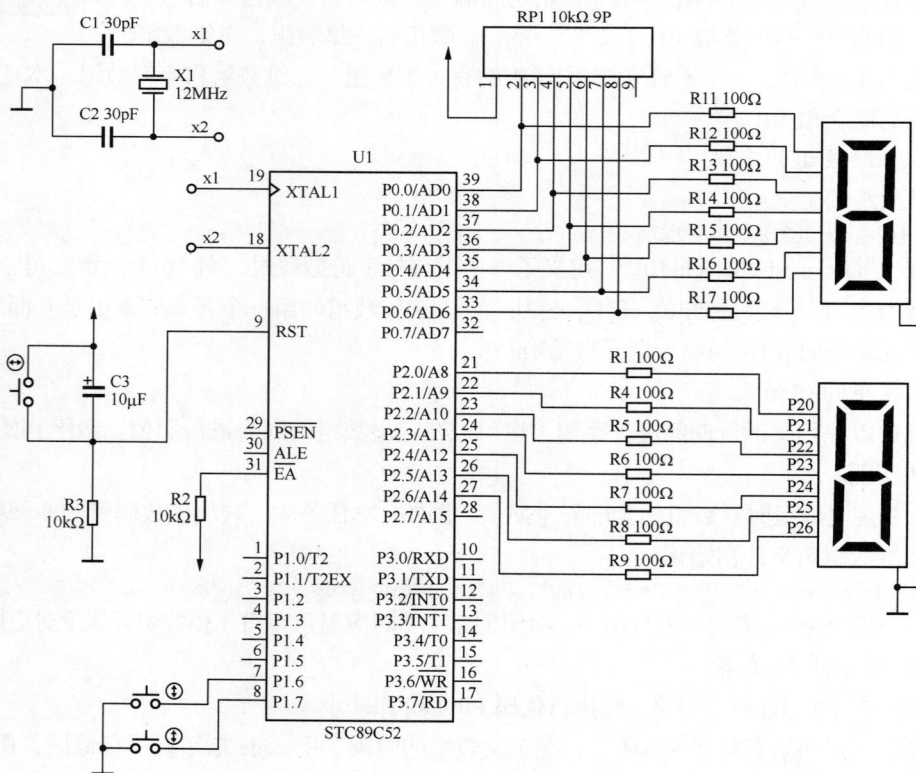

图2.16　静态显示原理图

因此，当显示位数较少时，可直接使用单片机的并行 I/O 口连接，此时，51 单片机最多可外接 4 位数码管，如图 2.17 所示，在这种电路连接下编写控制程序较为简单。如果并行 I/O 口资源受限，可采用并行 I/O 口元件（如 8255A）进行扩展，也可采用具有三态功能的锁存器（如 74LS373）等。

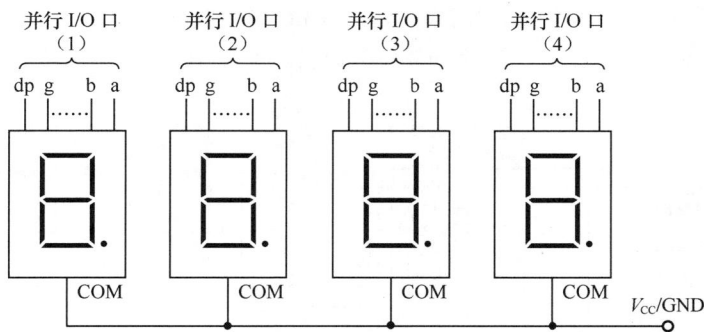

图2.17　直接使用单片机的并行I/O口进行静态显示

考虑到直接采用并行 I/O 口占用的资源较多，静态显示也可采用串口来实现。利用单片机的串口，与外接移位寄存器 74LS164 构成显示接口电路，如图 2.18 所示。

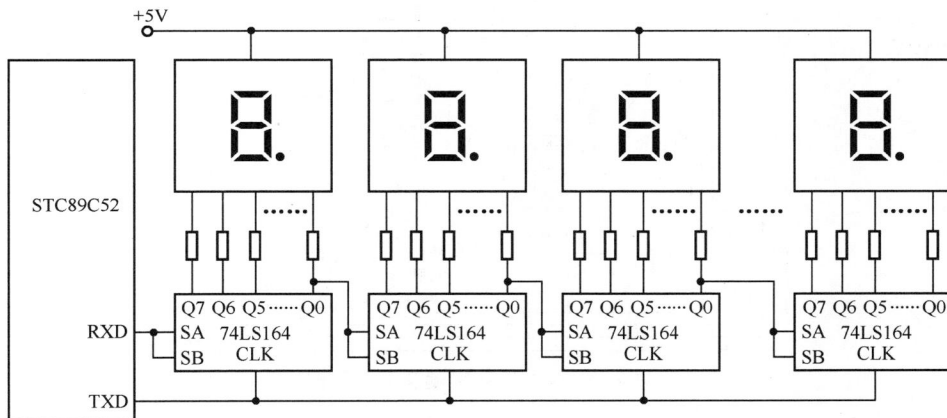

图2.18　使用串口的LED静态显示接口电路

图 2.18 中的共阳极数码管公共端接+5V 电源，段码由单片机通过串口送到相应的移位寄存器 74LS164 中。对于单片机控制程序及详细硬件图，读者可在学完项目 4 任务 4.1 知识 5 后自行完成。

采用静态显示方式，较小的电流即可获得较高的亮度，且占用 CPU 的时间少，编程简单，显示便于监测和控制，但其占用的口线多，且要求该口具有锁存功能，硬件电路复杂，成本高，只适用于显示位数较少的场合。

2. 动态显示方式

动态显示即一位一位地轮流点亮各位数码管，这种逐位点亮显示器的方式称为位扫描。通常，各位数码管的段选线相应并联在一起，由一个 8 位的 I/O 口控制，各位的位选线（公共阴极或阳极）由另外的 I/O 口控制。动态显示时，各数码管分时轮流选通，即在某一时刻只选通一位数码管，并送出相应的段码，在另一时刻选通另一位数码管，并送出相应的段码。依此规律循环，即可使各位数码管显示将要显示的所有字符。虽然这些字符是在不同的时刻分别显示的，但由于人眼存在视觉暂留效应，因此只要每位显示间隔足够短（小于 10ms，通常选择 2ms），就可以给人以同时显示的感觉。采用动态显示方式比较节省 I/O 口资源，硬件电路也较静态显示方式简单，但其亮度不如静态显示方式，而且在显示位数较多时，CPU 要依次扫描，会占用 CPU 较多的时间。

采用 STC89C52 单片机 I/O 口连接的 4 位数码管动态显示电路如图 2.19 所示。

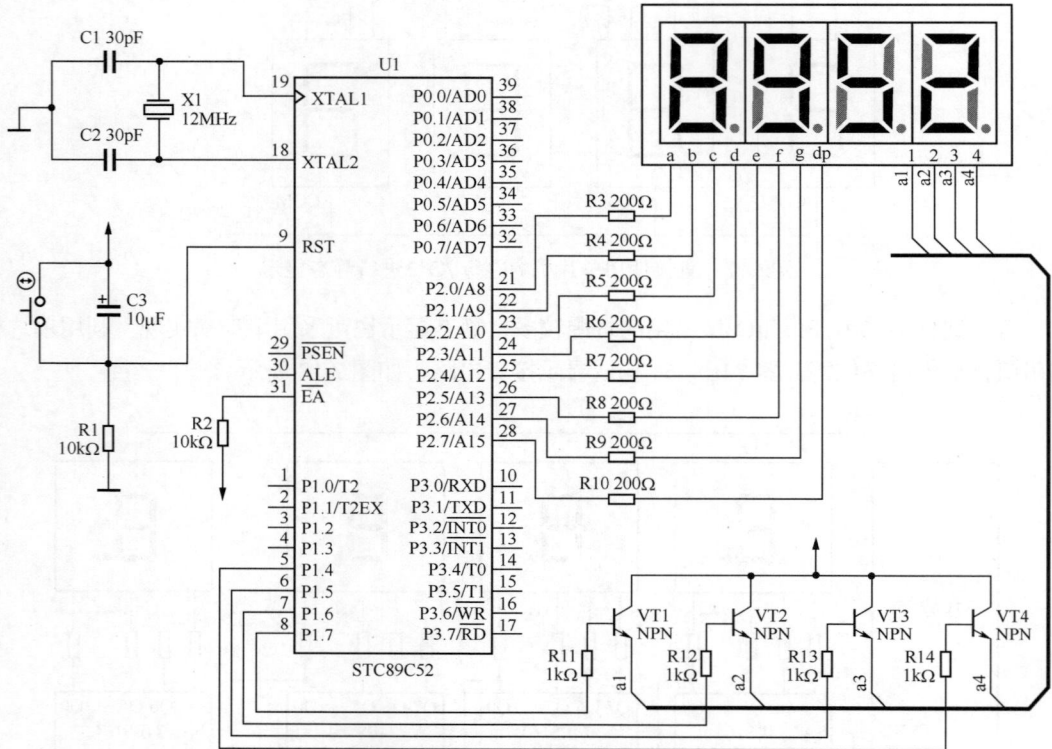

图2.19　4位数码管动态显示电路

在图 2.19 中，采用共阳极数码管，单片机的 P2 口输出段码，P1 口的 P1.7～P1.4 作为 LED 位选输出口，外接 NPN 型晶体管（如 8050、9013）进行驱动，提供位选驱动信号。当要显示信息时，由 P2 口输出字形码，P1.7～P1.4 口每次输出 1 路高电平，控制晶体管的导通，为相应的数码管供电，在该 LED 上显示相应的字。

假设要在图 2.19 中显示 8952，可运行如下程序：

```
#include <reg52.h>
#define uchar unsigned char
#define uint unsigned int
uchar code tab[10]={ 0xC0,0xF9,0xA4,0xB0,0x99,0x92,0x82,0xF8,0x80,0x90};/*共阳极数码
管 0～9 的字形码*/
/************************************************
函数名称：延时子程序
功能描述：延时 x*1ms @12.000MHz
入口参数：x
************************************************/
void delay (uint x)
```

```
{ uchar  i,j;
  for(;x>0;x--)
    for(i=2;i>0;i--)
        for(j=250;j>0;j--);
/*************************************************
主程序
*************************************************/
void main(void)
{
    while(1)
    {P1=0x0;                //熄显示，数码管不通电
    P2=tab[8];              //送第一位数码管待显字符（8）的段码
    P1=0x80;                //送位选，控制第一位的晶体管导通供电
    delay(2);               //延时 2ms
    P1=0x0;
    P2=tab[9];
    P1=0x40;
    delay(2);
    P1=0x0;
    P2=tab[5];
    P1=0x20;
    delay(2);
    P1=0x0;
    P2=tab[2];
    P1=0x10;
    delay(2);
    }    }
    }
```

在主程序中，单片机通过位选口轮流选通各个数码管（P1=0x80→0x40→0x20→0x10），在对每一位数码管的处理中，均采用图 2.20 所示的处理步骤。

采用这种动态 LED 显示方法，由于所有数码管共用同一个段码输出口，分时轮流导通，因此大大简化了硬件电路，降低了成本。不过在采用这种方法的数码管接口电路中，数码管不宜太多，否则每个数码管所分配的实际导通时间太短，导致的视觉效果将是亮度不够。另外，显示的位数太多，也将大大增加占用 CPU 的时间。因此实质上，动态显示是以牺牲 CPU 占用时间来换取器

图2.20   每位数码管显示的处理步骤

件减少的。在实际使用中，可使用定时器定时 2ms 来实现动态扫描的延时，读者可在学完定时器相关知识后练习这种解决方案。

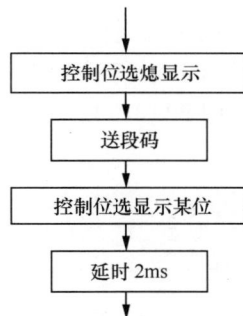

【任务实施】

1. 硬件电路设计

模拟交通信号灯电路原理图如图 2.21 所示。

电路中自左向右、自上到下依次为红灯、黄灯、绿灯，LED 按照共阳极形式连接，即单片机输出低电平时点亮 LED。由于东西向两组交通信号灯状态相同，南北向两组交通信号灯状态相同，因此，12 盏交通信号灯实际上可由 6 根信号线控制。同时，P1 口连接 1 位数码管用于显示南北向倒计时。

任务实施 02-2

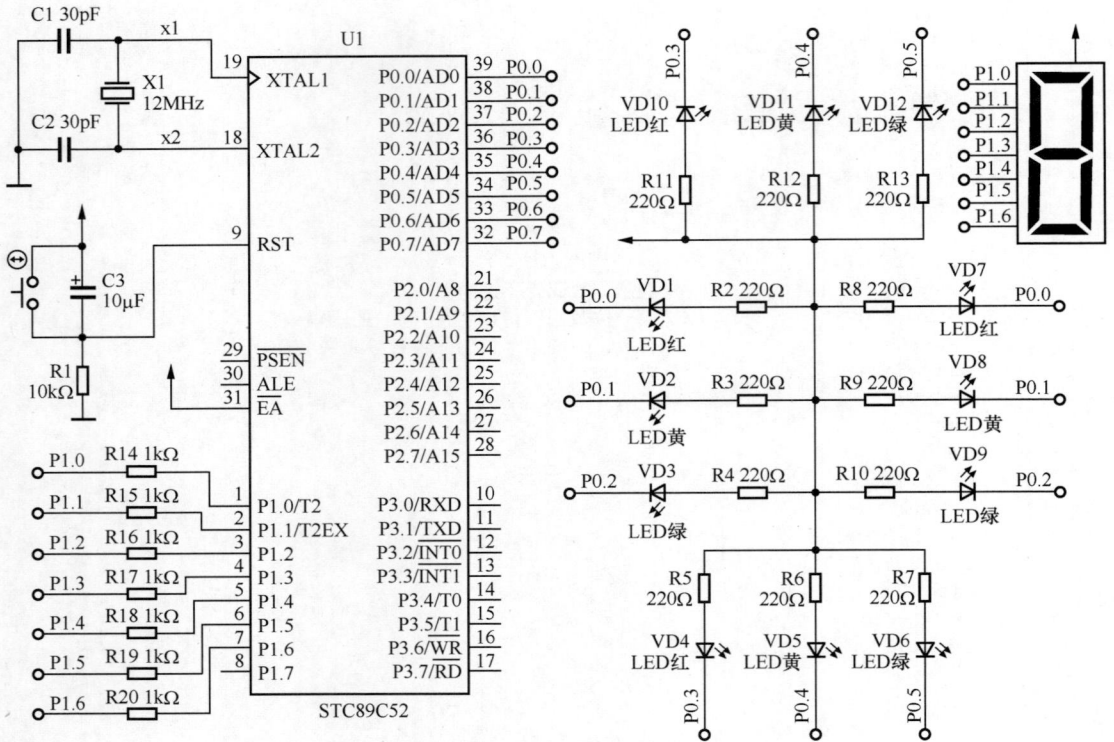

图2.21　模拟交通信号灯电路原理图

2.　软件设计

使用 sbit 对东西向和南北向的红灯、黄灯、绿灯分别进行定义，这样便于对它们进行单独控制，采用 P0 口对 LED 进行控制，当输出低电平时，点亮 LED。交通信号灯状态如表 2.5 所示。

表 2.5　交通信号灯状态

东西向（A组）			南北向（B组）			状态
红灯	黄灯	绿灯	红灯	黄灯	绿灯	
灭	灭	亮	亮	灭	灭	状态1：东西向通行，南北向禁行，7s
灭	闪烁	灭	亮	灭	灭	状态2：东西向警告，南北向禁行，2s
亮	灭	灭	灭	灭	亮	状态3：东西向禁行，南北向通行，7s
亮	灭	灭	灭	闪烁	灭	状态4：东西向禁行，南北向警告，2s

交通信号灯状态之间的切换顺序为状态 1→状态 2→状态 3→状态 4→状态 1……循环往复，因此程序的整体结构为循环结构，状态描述和状态的切换则是典型的多分支结构，用 switch 语句处理。参考代码如下。

```
/*********************************************
名称：模拟交通信号灯设计
功能：东西向绿灯亮 7s 后，东西向黄灯闪烁，闪烁 5 次（2s）后东西向红灯亮，红灯亮后，南北向由红
灯变为绿灯，7s 后，南北向黄灯闪烁，闪烁 5 次（2s）后，南北向红灯亮，东西向绿灯亮，如此重复。
*********************************************/
#include <reg51.h>
#define uchar unsigned char
#define uint unsigned int
```

```
uchar code tab[10]={0xC0,0xF9,0xA4,0xB0,0x99,0x92,0x82,0xF8,0x80,0x90};
/* 共阳极数码管 0～9 的字形码 */

sbit RED_A=P0^0;                        //定义东西向交通信号灯
sbit YELLOW_A=P0^1;
sbit GREEN_A=P0^2;
sbit RED_B=P0^3;                        //定义南北向交通信号灯
sbit YELLOW_B=P0^4;
sbit GREEN_B=P0^5;

uchar Flash_Count = 0;                  //闪烁标志位
uchar num=0;                            //倒计时值
uchar Operation_Type = 1;              //交通信号灯状态，取值范围为1～4
/************************************************
函数名称：DelayXms(unsigned int x)
函数功能：延时。晶振频率为12MHz，则延时 xms
************************************************/
void DelayXms(unsigned int x)
{
    unsigned char a,b;
    while(x>0)
    {
        for(b=142;b>0;b--)
            for(a=2;a>0;a--);
        x--;
    }
}
/************************************************
函数名称：Traffic_light
函数功能：交通信号灯切换子程序
************************************************/
void Traffic_light()
{
    switch(Operation_Type)
    {
        case 1:                          //交通信号灯状态 1
            RED_A=1;YELLOW_A=1;GREEN_A=0;
            RED_B=0;YELLOW_B=1;GREEN_B=1;
            Operation_Type = 2;
            for(num=9;num>2;--num)
            {
                P1=tab[num];
                DelayMS(1000);
            }
            break;
        case 2:                          //交通信号灯状态 2
            GREEN_A=1;                   //绿灯灭
            for(Flash_Count=1;Flash_Count<=10;Flash_Count++)
            {
                P1=tab[num];
                DelayMS(200);
                YELLOW_A=~YELLOW_A;      //黄灯闪烁
                if(Flash_Count%5==0)num--;
            }
            Operation_Type = 3;
            break;
```

```
            case 3:                                    //交通信号灯状态3
                RED_A=0;YELLOW_A=1;GREEN_A=1;
                RED_B=1;YELLOW_B=1;GREEN_B=0;
                for(num=7;num>2;num--)
                {
                    P1=tab[num];
                    DelayMS(1000);
                }
                Operation_Type = 4;
                break;
            case 4:                                    //交通信号灯状态4
                num=2;
                GREEN_B=1;
                for(Flash_Count=1;Flash_Count<=10;Flash_Count++)
                {
                    P1=tab[num];
                    DelayMS(200);
                    YELLOW_B=~YELLOW_B;
                    if(Flash_Count%5==0)num--;
                }
                Operation_Type = 1;
                break;
    }
}
/*************************************************
主程序
*************************************************/
void main()
{
    while(1)
    {
        Traffic_light();
    }
}
```

3. 仿真调试

在 Proteus 中双击单片机，将 Keil 生成的 HEX 文件加载到单片机中并运行，观察电路的仿真输出结果。

读者也可以参考以下步骤，更好地掌握 Keil 的调试功能。

在 Keil 中进入调试状态，程序中交通信号灯状态变量 Operation_Type 是程序执行过程中非常重要的变量，因此，需要重点监测。在 Watch 1 窗口双击，添加 Operation_Type 变量，Value 栏将显示它的值，初始化时其值为 1。num 是东西方向倒计时值，也将其添加进来进行监测，其初始值为 0，如图 2.22 所示。

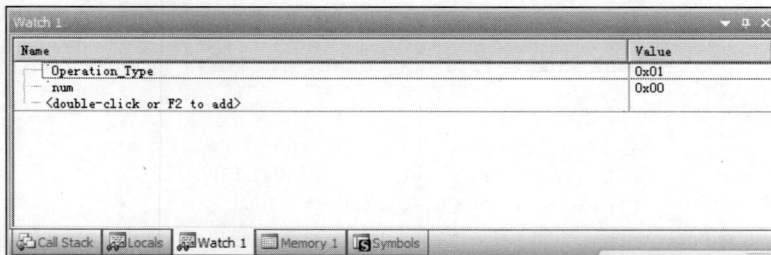

图2.22　Watch 1窗口中的监测变量

此外，P0 和 P1 口是信号输出端，执行菜单命令 Peripherals→I/O-Ports→Port 0 和 Peripherals→I/O-Ports→Port 1，单击单步运行按钮，箭头指示当前程序执行位置。由于 Operation_Type 变量初始值为 1，因此 switch 语句执行 1 分支，单步运行至图 2.23 所示状态时，P0、P1 口输出如图 2.23 右侧所示，读者可根据电路连接，判断 LED 和数码管的输出。

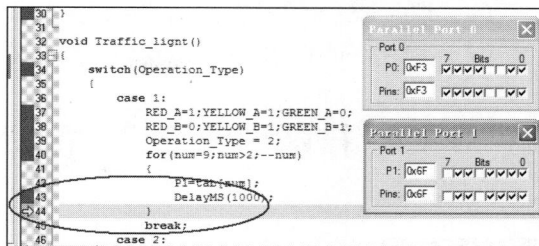

图2.23　P0、P1口输出

同时，num 值和程序执行时间如图 2.24 所示，num=9 的程序执行时间约为 0.97s。

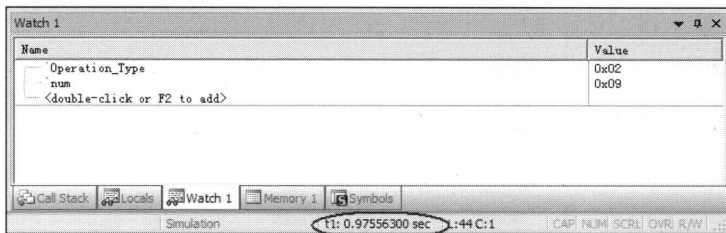

图2.24　num值和程序执行时间

【课后任务】

（1）根据表 2.6 所示的元器件清单，自行设计电路并焊接，完成本任务的实物制作。

表 2.6　元器件清单

元件名称	型号	数量/件	元件名称	型号	数量/件
单片机	STC89C52	1	按键	—	1
晶振	12MHz	1	LED	黄色	4
瓷片电容	30pF	2	电阻	220Ω	12
电解电容	10μF/16V	1	电阻	1kΩ	7
IC 插座	DIP40	1	电阻	10kΩ	1
单排针	2.54mm-4P	1	数码管	共阳极	1
LED	红色	4	电路板	单面万能板	1
LED	绿色	4			

（2）为了提高数码管显示的亮度，增加驱动电路。

（3）采用 2 位数码管分别显示东西、南北向倒计时时间。

（4）请结合表 2.3 和表 2.4 设计字符"H"的字形码，并设计单片机显示系统，采用动态扫描的方式，外接 5 个数码管，显示"HELLO"。

【任务小结】

（1）掌握数码管内部结构及数码管接口电路的设计。

（2）掌握数码管静态显示和动态显示原理并会设计原理图。

（3）掌握数码管静态显示和动态扫描的程序编写，其中动态扫描是利用人眼视觉暂留效应，采用 2ms 左右的时间依次对各数码管进行刷新，初学者暂时采用延时的方法实现。实际应用中，为了减少刷新占用 CPU 的时间，一般在定时器中断程序中进行。

（4）掌握 C51 程序中数组的使用方法。

（5）了解 Keil 中利用 Watch 窗口查看变量值以辅助程序调试的方法。

••• 技能训练 2.2　模拟微波炉启停控制设计 •••

【任务要求】

某微波炉操作面板如图 2.25 所示，按"开始"键加热运转 30s 后停止。要求用 1 位 LED 模拟微波炉加热的运行与停止，用 2 位共阳极数码管（用 7SEG-COM-ANODE 仿真）进行秒倒计时显示，1 个按键作为"开始"按键，启动后 30s，蜂鸣器（用 DC Operated Buzzer 仿真）响 3 次，结束微波炉加热过程。

读者也可以按微波炉操作面板的按键功能进行相关功能设计。

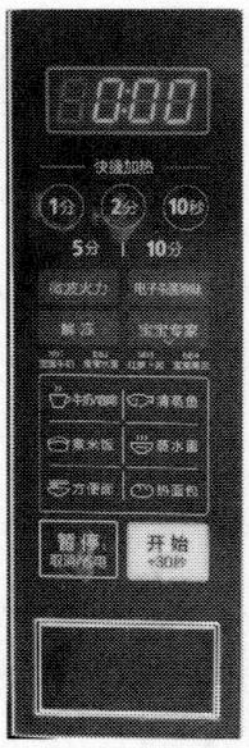

【任务实施】

【功能分析】

本任务涉及数码管的显示、按键的判断、LED 的显示和蜂鸣器的控制。

首先用 if 语句判断按键有无被按下，按下则点亮 LED，数码管显示 30，然后每隔 1s−1 并显示，直到减为 00 为止，此时蜂鸣器响 3 次后 LED 和数码管熄灭。

图2.25　某微波炉操作面板

【参考电路】

参考电路如图 2.26 所示，由 1 个单片机、1 个 LED、1 个蜂鸣器、2 个数码管等构成。

【参考程序】

参考程序如下。

```
#include<reg52.h>
#define uchar unsigned char
#define unit unsigned int
uchar code tab[10]={ 0xC0,0xF9,0xA4,0xB0,0x99,0x92,0x82,0xF8,0x80,0x90};
sbit KZ=P0^1;
sbit Buzzer=P0^0;
sbit K_RUN=P3^7;
void DelayXms(unsigned int x);
uchar x,i,j,k;
void main()
{
while(1)
{ K_RUN=1;
  if (K_RUN==0){
  x=30;
  KZ=0;
  for(k=0;k<31;k++)
  { i=x/10;         //取 x 的十位数字
    j=x % 10;       //取 x 的个位数字
    P1=tab[j];      //输出字形码
    P2=tab[i];
```

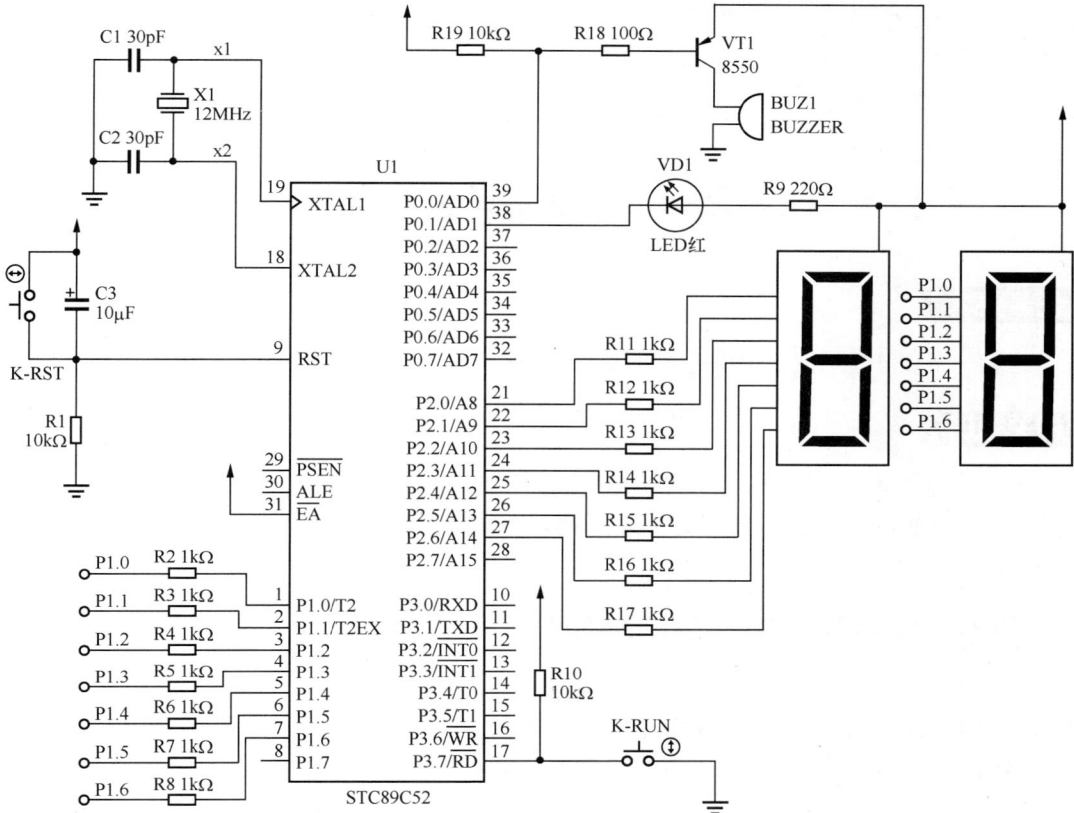

图2.26 参考电路

```
        DelayXms(1000);
        x=x-1; }
      KZ=1;                      //停止运行
      Buzzer=0;                  //蜂鸣器鸣叫 3 次
      DelayXms(1000);
      Buzzer=1;
      DelayXms(1000);
      Buzzer=0;
      DelayXms(1000);
      Buzzer=1;
      DelayXms(1000);
      Buzzer=0;
      DelayXms(1000);
      Buzzer=1;                  //蜂鸣器停止鸣叫
      P1=0xFF;                   //熄显示
      P2=0xFF;
      }
    }
  }

void DelayXms(unit x)
{
   uchar a,b;
   while(x>0)
     {
```

```
for(b=142;b>0;b--)
   for(a=2;a>0;a--);
x--;
}
}
```

••• 任务 2.3   8×8 点阵显示器设计 •••

【任务要求】

组装一个点阵显示器，由单片机外接一个 8×8 点阵，轮流显示 0～9 这 10 个数字。

【相关知识】

数码管显示器不能显示汉字和图形信息。为了显示更为复杂的信息，人们把很多高亮度的发光二极管按矩阵方式排列在一起，形成 LED 点阵显示器。那么 LED 点阵显示器的结构是怎么样的呢？

知识1   点阵显示器的结构与工作原理

常见的 LED 点阵大小有 4×4、4×8、5×7、5×8、8×8、16×16、24×24、40×40 等。LED 点阵显示器单独使用时，既可代替数码管显示数字，也可显示各种中西文字及符号。如 5×7 点阵显示器用于显示西文字母；5×8 点阵显示器用于显示中西文字符；8×8 点阵显示器既可用于显示汉字，也可用于显示图形。将多块点阵显示器组合则可构成大屏幕显示器。

8×8 LED 点阵显示器外观及引脚如图 2.27 所示，内部结构如图 2.28 所示，其中，行线 X0～X7 对应图 2.27（b）中的引脚 0～7；列线 Y0～Y7 对应图 2.27（b）中的引脚 A～H。

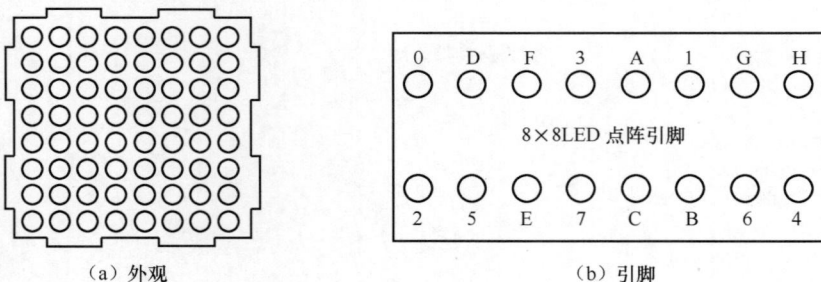

（a）外观   （b）引脚

图2.27   8×8 LED点阵显示器外观及引脚

从图 2.28 中可以看出：8×8LED 点阵显示器由 64 个发光二极管组成，且每个发光二极管放置于行线和列线的交叉点上，当对应的某一列置低电平，某一行置高电平时，对应的发光二极管被点亮。

对点阵的编码就是根据待显示字符在点阵上的显示形状，将每一列对应的 8 个发光二极管状态用两位十六进制代码表示。例如，字符 1 的显示如图 2.29 所示，对照点阵的内部结构，行线信号和列线信号分别如下。

行线信号：0x01, 0x02, 0x04, 0x08, 0x10, 0x20, 0x40, 0x80。

列线信号：0xE7, 0xC7, 0xE7, 0xE7, 0xE7, 0xE7, 0xE7, 0xC3。

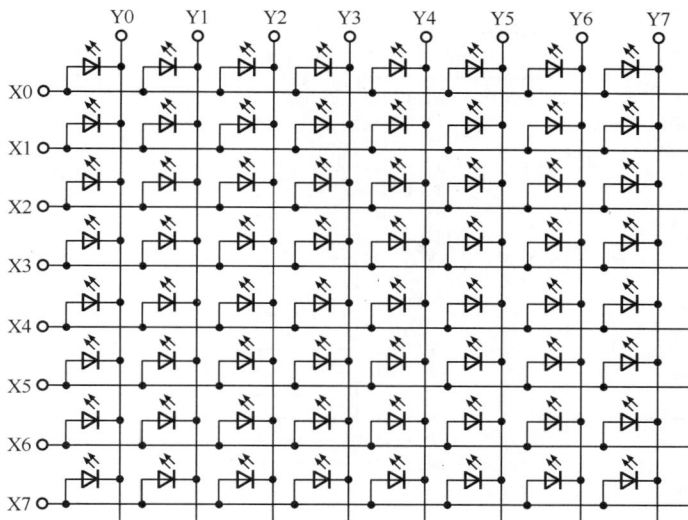

图2.28　8×8 LED点阵显示器的内部结构

用同样的方法可以得到其他待显示图案的点阵编码。

知识2　点阵显示器的显示方式

LED 点阵显示器也可以分为静态显示和动态显示两种方式。静态显示时，每一个 LED 需要一套单独的驱动电路，如果显示器为 $n×m$ 个发光二极管结构，则需要 $n×m$ 套驱动电路，

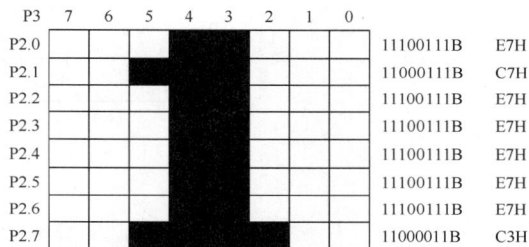

图2.29　字符1的显示

这在实际应用中显然并不实用。动态显示与本项目任务 2.2 中多位数码管动态显示非常相似，点阵的每一行相当于一只共阳极数码管，点阵显示器的行线相当于数码管的位选线，点阵显示器的列线相当于数码管的段码线，两者的逻辑结构是完全一样的。因此，只需要对点阵的行线和列线进行驱动，对于 $n×m$ 的显示器，仅需要$(n+m)$套驱动电路。

在 Proteus 中设计单片机控制 8×8 点阵电路原理图，如图 2.30 所示。

其中，P2 口控制 8 条行线，P3 口控制 8 条列线。列线上串接的电阻为限流电阻，起保护 LED 的作用。为提高 P2 口输出电流，保证 LED 显示亮度，在点阵行引脚和单片机 P2 口之间增加了缓冲驱动器芯片 74LS245，该芯片还起到保护单片机端口引脚的作用。

动态显示的过程是：送行码到行线，选通第一行（高电平选通），同时将第一行要显示的信号编码（低电平点亮）送到列线，延时 2ms 左右；再选通第二行，同时将第二行要显示的信号编码并送到列线，延时 2ms。以此类推，直至最后一行被选通并显示，再从头开始这个过程。

知识3　C51语言中的二维数组

从前文分析可见，对于 8×8 点阵，8 行对应 8 个字形码，可以用一维数组进行存放，但本任务要求轮流显示 10 个数字，如何存储 10 个数字的字形码呢？为了编程方便，使用 C51 语言的二维数组更加合适。

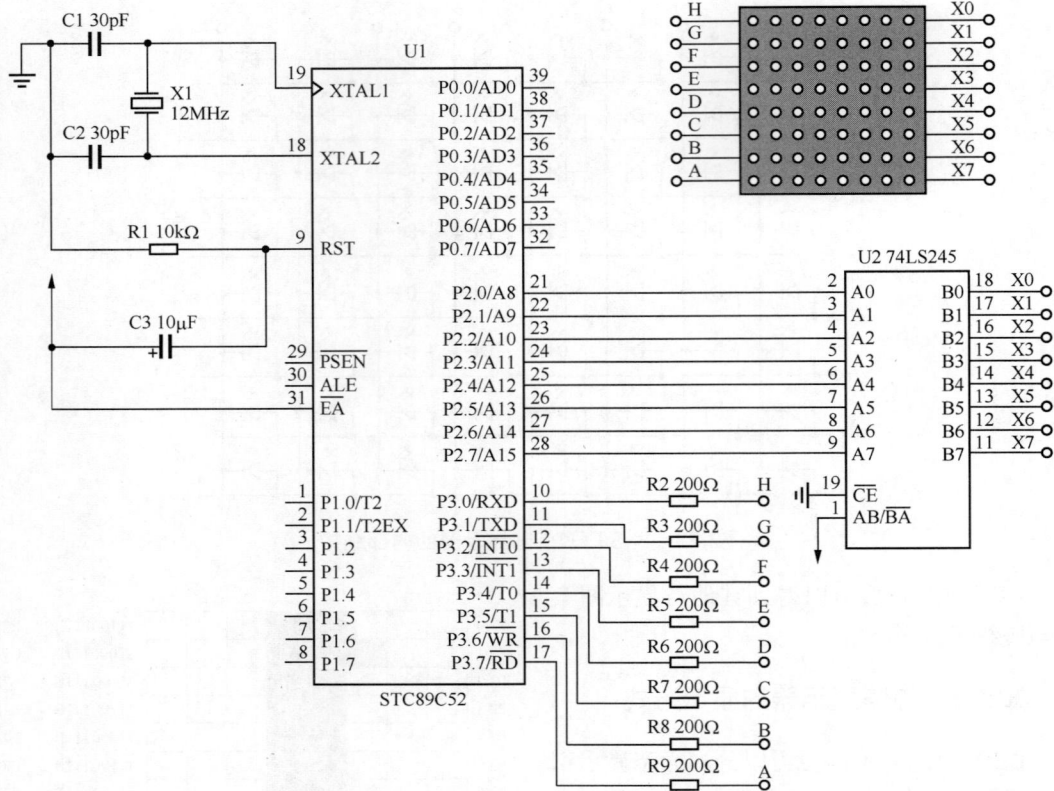

图2.30　单片机控制8×8点阵电路原理图

1. 二维数组的定义

定义格式：

类型说明符　数组名 [整型表达式] [整型表达式]；

例如："unsigned char ch[3][10];"定义了一个无符号字符型二维数组，有 3 个元素，其中每个元素都是一个一维数组，分别是 ch[0][10]、ch[1][10]、ch[2] [10]。

2. 二维数组的初始化

二维数组的初始化与一维数组类似，可在定义数组的时候进行赋值，也可在程序运行期间赋值。可用以下方法对数组的全部元素赋值。

（1）分行给二维数组全部元素赋值。例如：

```
unsigned char ch[3][4]={{1, 2, 3, 4}, {5, 6, 7, 8}, {9, 10, 11, 12}};
```

（2）将所有数据元素写在一个花括号里，按数组的排列顺序对全部元素赋值。例如：

```
unsigned char ch[3][4]={1, 2, 3, 4, 5, 6, 7, 8, 9, 10, 11, 12};
```

（3）对部分元素赋值。例如：

```
unsigned char ch[3][4]={{1}, {5}, {9}};
```

则数组元素如下：

$$\begin{pmatrix} 1 & 0 & 0 & 0 \\ 5 & 0 & 0 & 0 \\ 9 & 0 & 0 & 0 \end{pmatrix}$$

本任务中，轮流显示 10 个数字，其中每个数字对应 8 个代码，因此，用一个 10 行 8 列的二维数组来存储字形码是最合适的。

```
unsigned char tab_lie[10][8]={{0xC3,0x99,0x99,0x99,0x99,0x99,0x99,0xC3},    //0
                             {0xE7,0xC7,0xE7,0xE7,0xE7,0xE7,0xE7,0xC3},    //1
                             {0xC3,0x99,0xF9,0xF3,0xE7,0xCF,0x9D,0x81},    //2
                             {0xC3,0x99,0xF9,0xE3,0xE3,0xF9,0x99,0xC3},    //3
                             {0xF3,0xE3,0xC3,0x93,0x93,0x93,0x81,0xF3},    //4
                             {0x81,0x9F,0x9F,0x83,0xF9,0xF9,0x99,0xC3},    //5
                             {0xE3,0xCF,0x9F,0x83,0x99,0x99,0x99,0xC3},    //6
                             {0x81,0x99,0xF9,0xF3,0xE7,0xE7,0xE7,0xE7},    //7
                             {0xC3,0x99,0x99,0xC3,0x99,0x99,0x99,0xC3},    //8
                             {0xC3,0x99,0x99,0x99,0xC1,0xF9,0xF3,0xC7}};   //9
```

其中，每一个一维数组表示一个字符的全部 8 个列控制码，tab_lie[k][i]表示第 k 个字符的第 i 列的控制码。

【任务实施】

1. 硬件电路设计

直接使用 STC89C52 的 P2 口和 P3 口分别驱动 8×8 LED 点阵显示器的行线和列线，在实际应用时，行线上应加上驱动元件，如 74LS245（双向三态数据缓冲器）。但用 Proteus 仿真时，缺少驱动元件并不影响仿真结果。若使用 P0 口连接，则不能忘记加上拉电阻，阻值可选择 10kΩ。

在 Proteus 中绘制硬件仿真电路原理图，如图 2.31 所示。

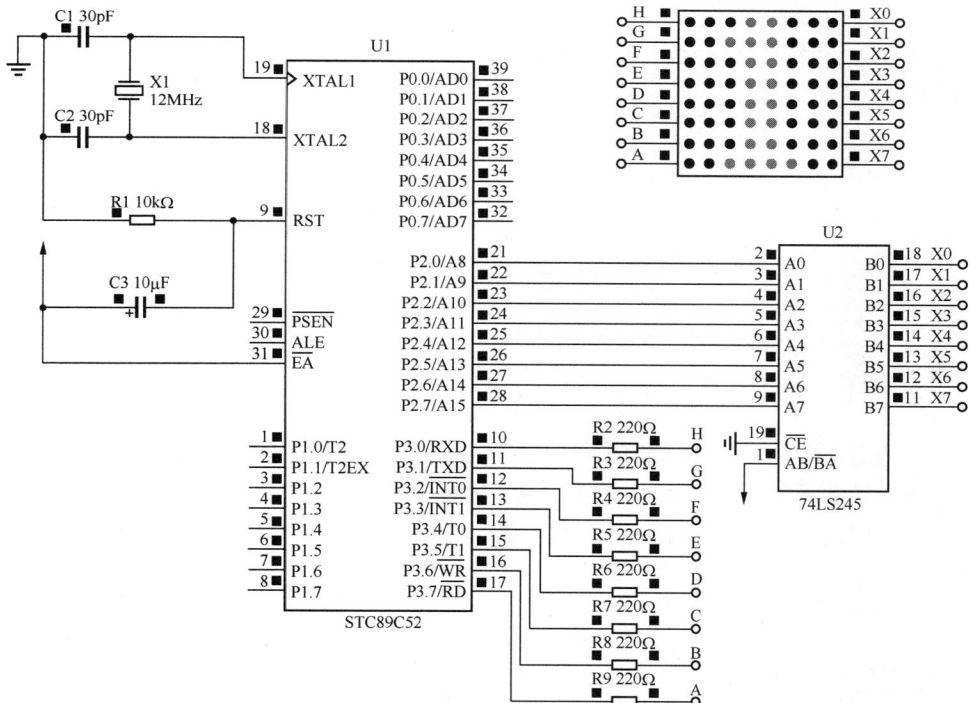

图2.31　原理图及稳定显示字符1的仿真结果

2. 软件设计

（1）前面学习了数码管动态扫描的方式，且 8×8 LED 点阵显示字符类似于 8 个数码管的动态扫描，通过采用动态扫描的方式轮流导通各行，就可稳定显示某字符。

显示字符 1 的程序如下。

```
/*************************************
功能描述：字符 1 的显示
控制信号：P2 行控制线，P3 列控制线
*************************************/
#include<reg52.h>
unsigned char hang[8]={0x01,0x02,0x04,0x08,0x10,0x20,0x40,0x80}; //8 个行选通码
unsigned char tab_lie[8]={0xE7,0xC7,0xE7,0xE7,0xE7,0xE7,0xE7,0xC3};  //字符 1 的列
线控制信号
unsigned char i;
/*************************************
功能描述：延时 1ms*z
入口参数：z
*************************************/
void DelayXms(unsigned char z)
{
    unsigned char k,j;
    for(;z>=1;z--)
        for(k=20;k>0;k--)
            for(j=25;j>0;j--);
}
```

控制流程如图 2.32 所示，根据该流程图完成主程序控制代码的编写，如下所示。

```
/*************************************
主程序
*************************************/
void main(void)
{
    while(1)
    {   for(i=0;i<8;i++)
        {
            P3=0xff;           //列线清零（全高电平）
            P2=hang[i];        //送行选通码至 P2 口
            P3=tab_lie[i];     //送列线控制信号
            DelayXms(2);       //延时
        }
    }
}
```

将 Keil 中生成的 HEX 文件加载到 Proteus 中并运行，仿真结果如图 2.31 所示。

（2）本任务要求循环显示 0～9 等 10 个数字，其控制流程如图 2.33 所示，就是将每个数字依次显示一段时间，然后切换显示另一个数字。

参考代码如下。

```
#include<reg52.h>
unsigned char hang[8]={0x01,0x02,0x04,0x08,0x10,0x20,0x40,0x80}; //8 个行选通码
unsigned char i;
unsigned char tab_lie[10][8]={{0xC3,0x99,0x99,0x99,0x99,0x99,0x99,0xC3},    //0
                              {0xE7,0xC7,0xE7,0xE7,0xE7,0xE7,0xE7,0xC3},    //1
                              {0xC3,0x99,0xF9,0xF3,0xE7,0xCF,0x9d,0x81},    //2
                              {0xC3,0x99,0xF9,0xE3,0xE3,0xF9,0x99,0xC3},    //3
                              {0xF3,0xE3,0xC3,0x93,0x93,0x93,0x81,0xF3},    //4
                              {0x81,0x9F,0x9F,0x83,0xF9,0xF9,0x99,0xC3},    //5
                              {0xE3,0xCF,0x9F,0x83,0x99,0x99,0x99,0xC3},    //6
                              {0x81,0x99,0xF9,0xF3,0xE7,0xE7,0xE7,0xE7},    //7
                              {0xC3,0x99,0x99,0xC3,0x99,0x99,0x99,0xC3},    //8
```

```
                        {0xC3,0x99,0x99,0x99,0xC1,0xF9,0xF3,0xC7}};    //9
/******************************
功能描述：延时 1ms*z
入口参数：z
********************************/
void DelayXms(unsigned char z)
{
    unsigned char  k,j;
    for(;z>=1;z--)
        for(k=20;k>0;k--)
            for(j=25;j>0;j--);
}

/******************************
主程序
********************************/
void main(void)
{
    while(1)
    {
        for(k=0;k<10;k++)          //目的是一次显示 0～9
        {
            for(j=0;j<60;j++)      //目的是显示 60 次控制某数字显示时间，修改该值，可调
                                     整数字的切换速度
            {
                for(i=0;i<8;i++) //行列动态扫描
                {
                    P3=0xff;
                    P2=hang[i];
                    P3=tab_lie[k][i];
                    DelayXms(2);}
                }
            }
        }
    }
}
```

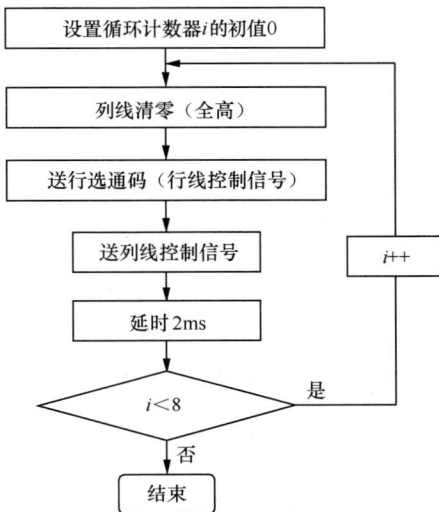

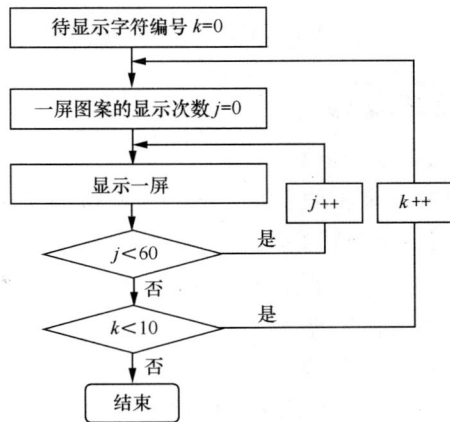

图2.32 稳定显示某个字符的控制流程（显示一屏）　　图2.33 循环显示多个字符的控制流程

3. 仿真调试

将 Keil 中生成的 HEX 文件加载到 Proteus 中并运行，观察仿真结果。

【课后任务】

（1）根据表 2.7 所示的元器件清单，自行设计电路并焊接，完成本任务的实物制作。

表 2.7　元器件清单

元件名称	型号	数量/件	元件名称	型号	数量/件
单片机	STC89C52	1	集成电路	74LS245	1
晶振	12MHz	1	电阻	220Ω	8
瓷片电容	30pF	2	电阻	10 kΩ	1
电解电容	10μF/16V	1	点阵	8×8 点阵	1
IC 插座	DIP40	1	电路板	单面万能板	1

（2）若希望显示内容逐行上移，应如何设计程序？

（3）使用 4 个 8×8 点阵扩展，设计一个 16×16 点阵显示器，并动态显示"我爱祖国"。

提示：采用汉字取模工具生成汉字的字模，存入数组中进行动态扫描。

【任务小结】

本任务采用 for 语句实现 3 重循环嵌套，从内层到外层依次实现一个数字的动态扫描、显示延时、显示的数字切换。

通过对本任务的学习，读者可以掌握以下几点。

（1）点阵显示器的内部结构及接口电路的设计。

（2）利用动态显示编写显示程序的方法。

（3）C51 语言中一维数组、二维数组的使用方法及多重循环的程序结构。

••• 技能训练 2.3　多位点阵显示器设计 •••

【任务要求】

使用两个 8×8 点阵，显示自己学号的后两位。

【任务实施】

【功能分析】

由于要驱动多个点阵，但单片机的口线有限，为此，可以采用 74LS245 进行口线扩展。

【参考电路】

参考电路如图 2.34 所示。通过单片机的口线控制 $\overline{CE}$ 端低电平时对应的点阵亮，高电平时对应的点阵不亮。

【参考程序】

软件中，利用单片机对两个点阵轮流扫描的方式实现，参考程序如下。

```
#include<reg52.h>
```

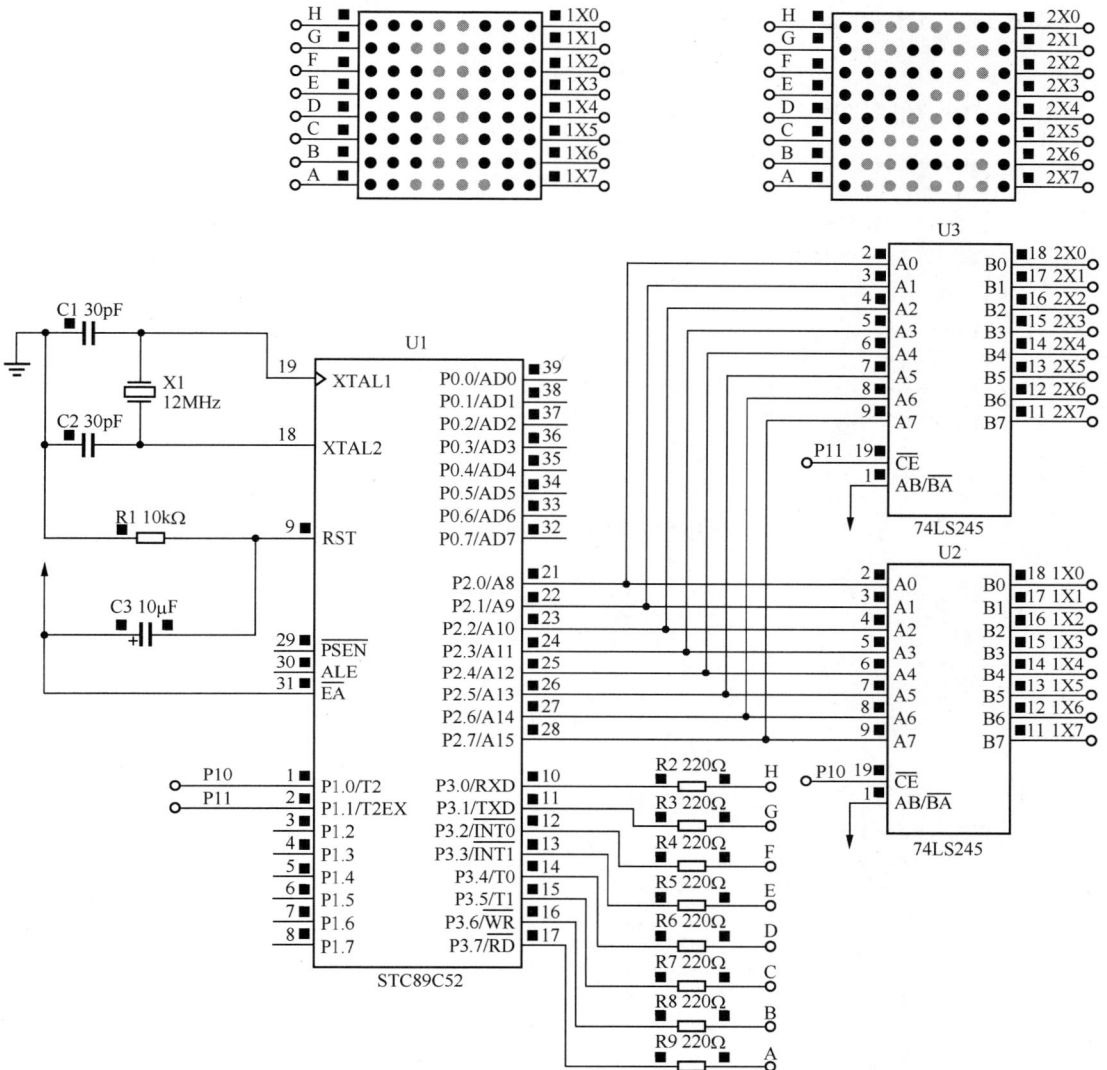

图2.34 参考电路

```c
unsigned char hang[8]={0x01,0x02,0x04,0x08,0x10,0x20,0x40,0x80}; //8个行选通码
unsigned char i,j,k;
unsigned char tab_lie[10][8]={{0xC3,0x99,0x99,0x99,0x99,0x99,0x99,0xC3},  //0
                              {0xE7,0xC7,0xE7,0xE7,0xE7,0xE7,0xE7,0xC3},  //1
                              {0xC3,0x99,0xF9,0xF3,0xE7,0xCF,0x9D,0x81},  //2
                              {0xC3,0x99,0xF9,0xE3,0xE3,0xF9,0x99,0xC3},  //3
                              {0xF3,0xE3,0xC3,0x93,0x93,0x93,0x81,0xF3},  //4
                              {0x81,0x9F,0x9F,0x83,0xF9,0xF9,0x99,0xC3},  //5
                              {0xE3,0xCF,0x9F,0x83,0x99,0x99,0x99,0xC3},  //6
                              {0x81,0x99,0xF9,0xF3,0xE7,0xE7,0xE7,0xE7},  //7
                              {0xC3,0x99,0x99,0xC3,0x99,0x99,0x99,0xC3},  //8
                              {0xC3,0x99,0x99,0x99,0xC1,0xF9,0xF3,0xC7}};//9

sbit KZ1=P1^0;
sbit KZ2=P1^1;
/*********************************
```

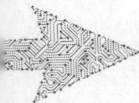

```
功能描述：延时 1ms*z
入口参数：z
********************************/
void DelayXms(unsigned char z)
{
    unsigned char  k,j;
    for(;z>=1;z--)
        for(k=20;k>0;k--)
            for(j=25;j>0;j--);
}


/********************************
主程序
********************************/
void main(void)
{
    while(1)
    {
        k=1;              //学号高位，根据自己的学号进行修改
        KZ1=0;
        KZ2=1;
                    for(i=0;i<8;i++)
                    {
                        P3=0xff;
                        P2=hang[i];
                        P3=tab_lie[k][i];
                        DelayXms(1);}

        k=2;               //学号低位
        KZ1=1;
        KZ2=0;

                    for(i=0;i<8;i++)
                    {
                        P3=0xff;
                        P2=hang[i];
                        P3=tab_lie[k][i];
                        DelayXms(1);}

    }
}
```

若要显示 8 位学号，如何设计？

若要显示汉字，如何设计？（提示：使用 4 个 8×8 点阵拼成一个 16×16 点阵，采用 PCtoLCD2002 获取汉字字模，然后将字模赋给数组，按上述方法进行扫描即可。）

●●● 任务 2.4　液晶显示器设计 ●●●

【任务要求】

组装一个显示系统，由单片机液晶显示器 LCD1602 显示字符串“HELLO！”。

下面先介绍液晶显示器 LCD1602 的内部结构和指令，便于进行硬件设计和软件编程。

液晶显示器设计

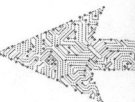

【相关知识】

知识1　液晶显示器及其接口

液晶显示器由于具有功耗低、抗干扰能力强等优点，日渐成为各种便携式产品、仪器仪表及工控产品的理想显示器。LCD 种类繁多，按显示形式及排列形状可分为字段型、点阵字符型和点阵图形型。单片机应用系统中主要使用后两种。

本任务重点介绍 1602 点阵字符型 LCD(Proteus 中的 LM016L，简称 LCD1602)，16 代表每行可显示 16 个字符；02 表示共有 2 行，即这种 LCD 显示器可同时显示 32 个字符。其引脚如图 2.35 所示。

各引脚的功能如下。

V_{SS}：电源，接地。

V_{DD}：电源，接+5V 电源。

V_{EE}：电源，LCD 屏幕亮度调节。电压越低，屏幕越亮。

图2.35　1602点阵字符型LCD的引脚

RS：输入，寄存器选择信号。RS=1（高电平），选择数据寄存器；RS=0（低电平），选择指令寄存器。

R/W：输入，读或写。R/W=1，把 LCD 中的数据读出到单片机上；R/W=0，把单片机中的数据写入 LCD。

E：输入，使能（或片选）。E=1，允许对 LCD 进行读或写操作；E=0，禁止对 LCD 进行读或写操作。

D0～D7：输入或输出，8 位双向数据总线。值得注意的是，LCD 以 8 位或 4 位方式读或写数据，若选用 4 位方式进行数据读或写，则只用 D4～D7。

知识2　LCD1602的内部结构

LCD1602 显示模块由液晶显示面板、I/O 缓冲器、地址计数器、字符发生只读存储器、字符发生随机存储器、数据显示随机存储器、指令寄存器、数据寄存器等组成，主要用于显示数字、字母、图形符号及少量自定义符号。其内部结构如图 2.36 所示。

1. I/O 缓冲器

由 LCD 引脚送入的信号及数据会被存储在此。

2. 指令寄存器

指令寄存器（IR）既可寄存清除显示、光标移位等命令的指令码，也可寄存数据显示随机存储器（DDRAM）和字符发生随机存储器（CGRAM）的地址。IR 只能由单片机写入信息。

3. 数据寄存器

数据寄存器（DR）在 LCD 和单片机交换信息时，用来寄存数据。

当单片机向 LCD 写入数据时，写入的数据先寄存在 DR 中，然后才能自动写入 DDRAM 或 CGRAM 中。数据是写入 DDRAM 还是写入 CGRAM，由当前操作而定。

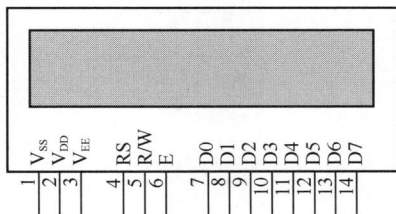

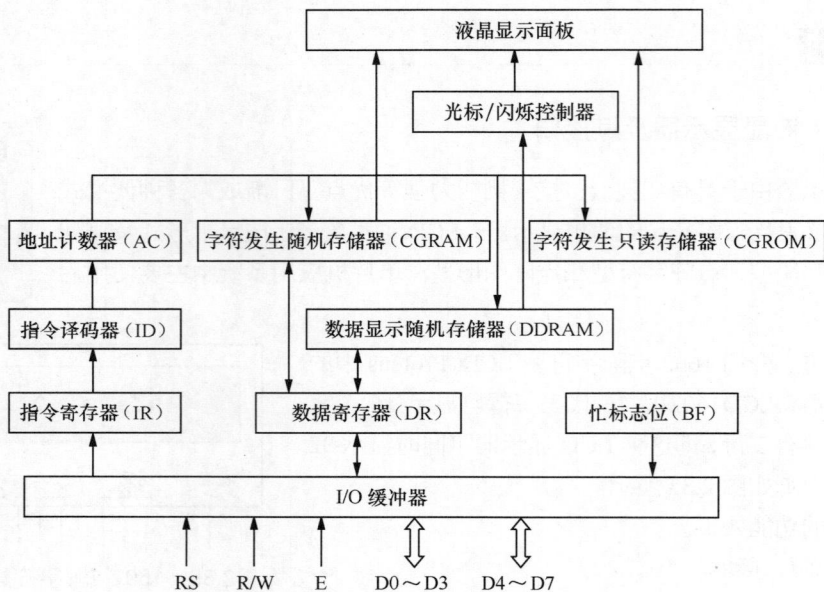

图2.36　LCD1602的内部结构

当从 DDRAM 或 CGRAM 读取数据时，DR 也用来寄存数据。在地址信息写入 IR 后，来自 DDRAM 或 CGRAM 的相应数据移入 DR 中，数据传输在单片机执行读 DR 内容指令后完成。数据传送完成后，来自相应 RAM 的下一个地址单元内的数据被送入 DR，以便单片机进行连续的读操作。

4．忙标志位

当忙标志位 BF=1 时，表示 LCD 正在进行内部操作，不接收任何命令。单片机要写数据或指令到 LCD 之前，必须先查看 BF 是否为 0，当 BF=0 时，LCD 才会执行下一个命令。BF 的状态由数据线 D7 输出。

5．地址计数器

地址计数器（AC）的内容是 DDRAM 或 CGRAM 单元的地址。当确定地址指令写入 IR 后，DDRAM 或 CGRAM 单元的地址就送入 AC，同时存储器是 CGRAM 还是 DDRAM 也被确定下来。当从 DDRAM 或 CGRAM 读出数据或向其写入数据后，AC 自动加 1 或减 1，AC 的内容由数据线 D0～D6 输出。

6．字符发生随机存储器

字符发生随机存储器（CGRAM）的地址空间共有 64 个字节，可存储 8 个自定义的任意 5×7 点阵字符或图形。由于仅提供 8 个编码，因此地址的第 3 位是无关位，编码 00H 和 08H 指向同一个自定义字符或图形。

图 2.37 给出了 5×7 点阵字符"王"的字符编码、CGRAM 地址、字符图样之间的关系，其中"×"表示无关位，可以为 0，也可以为 1。

从图 2.37 中可以看出，字符"王"的图样由 5 列 7 行 0 与 1 的组合数据表示，占用 CGRAM 的 8 个字节。字节地址的 D0～D2 位与各行相对应；D3～D5 位与 DDRAM 中字符编码的 D0～D2 位相同，表示这 8 个 CGRAM 单元用来存放同一字符编码所表示的字符图形数据。一个 DDRAM 字符编码（00H 或 08H）就确定了一个自定义字符"王"的图样。

DDRAM 数据（字符编码）								CGRAM 地址						CGRAM 数据（字符图样）							
D7	D6	D5	D4	D3	D2	D1	D0	D5	D4	D3	D2	D1	D0	D7	D6	D5	D4	D3	D2	D1	D0
								0	0	0				×	×	×	1	1	1	1	1
								0	0	1				×	×	×	0	0	1	0	0
								0	1	0				×	×	×	0	0	1	0	0
0	0	0	0	×	0	0	0	0	0	0	0	1	1	×	×	×	1	1	1	1	1
								1	0	0				×	×	×	0	0	1	0	0
								1	0	1				×	×	×	0	0	1	0	0
								1	1	0				×	×	×	1	1	1	1	1
								1	1	1				×	×	×					

图2.37　CGRAM自定义5×7点阵字符

字符图样第 8 行数据用来确定光标位置，用逻辑或的方式实现光标控制：当第 8 行的数据全为 0 时，显示光标；当第 8 行的数据全为 1 时，不显示光标。

CGRAM 数据的 D0～D4 位对应字符图样的各列数据；D5～D7 位与图形显示无关，对应的存储区可作为一般 RAM 使用。

7. 字符发生只读存储器

字符发生只读存储器（CGROM）中固化存储了 192 个不同的点阵字符图形，包括阿拉伯数字、大小写英文字母、标点符号、日文假名等。点阵的大小有 5×7、5×10 两种。表 2.8 给出了 CGROM 中部分常用的 5×7 点阵字符编码。CGROM 的字形经过内部电路的转换才能传送到显示器上，只能读出，不可写入。字形或字符的排列与标准的 ASCII 码基本相同。

例如：字符码 31H 为字符"1"，字符码 41H 为字符"A"。要在 LCD 中显示"A"，就要将"A"的 ASCII 码即 41H 写入 DDRAM 中，同时通过电路到 CGROM 中将"A"的字形点阵数据找出来显示在 LCD 上。

表 2.8　CGROM 中部分常用的 5×7 点阵字符编码

低 4 位	高 4 位						
	0000（CGRAM）	0010	0011	0100	0101	0110	0111
0000	（1）		0	@	P	`	p
0001	（2）	!	1	A	Q	a	q
0010	（3）	"	2	B	R	b	r
0011	（4）	#	3	C	S	c	s
0100	（5）	$	4	D	T	d	t
0101	（6）	%	5	E	U	e	u
0110	（7）	&	6	F	V	f	v
0111	（8）	'	7	G	W	g	w
1000	（1）	(	8	H	X	h	x
1001	（2）	)	9	I	Y	i	y
1010	（3）	*	:	J	Z	j	z
1011	（4）	+	;	K	[	k	{

续表

低4位	高4位						
	0000（CGRAM）	0010	0011	0100	0101	0110	0111
1100	（5）	,	<	L	¥	l	l
1101	（6）	—	=	M	]	m	)
1110	（7）	.	>	N	^	n	÷
1111	（8）	/	?	O	▬	o	←

8. 数据显示随机存储器

DDRAM 用来存放 LCD 显示的数据（即点阵字符编码）。DDRAM 的容量为 80B，可存储多至 80 个的单字节字符编码作为显示数据。没有用上的 DDRAM 单元可被单片机用作一般存储区。

DDRAM 的地址用十六进制数表示，与显示屏的物理位置是一一对应的，表 2.9 所示为 LCD1602 的显示地址编码。要在某个位置显示数据时，只要将数据写入 DDRAM 的相应地址即可。

表 2.9　LCD1602 的显示地址编码

行号	列号															
	1	2	3	4	5	6	7	8	9	10	11	12	13	14	15	16
1	00H	01H	02H	03H	04H	05H	06H	07H	08H	09H	0AH	0BH	0CH	0DH	0EH	0FH
2	40H	41H	42H	43H	44H	45H	46H	47H	48H	49H	4AH	4BH	4CH	4DH	4EH	4FH

注意：第 1 行的地址（00H～0FH）与第 2 行的地址（40H～4FH）是不连续的。

9. 光标/闪烁控制器

此控制器可产生 1 个光标，或者在 DDRAM 地址对应的显示位置处闪烁。光标/闪烁控制器不能区分 AC 中存放的是 DDRAM 地址还是 CGRAM 地址，总认为 AC 内存放的是 DDRAM 地址，为避免错误，在单片机和 CGRAM 进行数据传送时应禁止使用光标/闪烁功能。

知识3　LCD1602的指令系统

LCD1602 的内部控制器有以下 4 种工作状态。

（1）当 RS=0，R/W=1，E=1 时，从控制器中读出当前的工作状态。

（2）当 RS=0，R/W=0，E 为下降沿时，向控制器写入控制指令。

（3）当 RS=1，R/W=1，E=1 时，从控制器读取数据。

（4）当 RS=1，R/W=0，E 为下降沿时，向控制器写入数据。

使能位 E 对执行 LCD 指令起着关键作用，E 有两个有效状态，高电平和下降沿。当 E 为高电平（E=1）时，如果 R/W 为 0，则单片机向 LCD 写入控制指令或者数据；如果 R/W 为 1，则单片机可以从 LCD 中读出状态字（BF 状态）和地址。E 的下降沿指示 LCD 执行其写入的控制指令或者显示其写入的数据。

LCD1602 内部控制器共有 11 条控制指令，如表 2.10 所示。

各指令详细说明如下。

1. 清屏

指令编码：0x01。

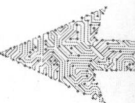

表 2.10　LCD1602 内部控制器指令

序号	指令	RS	R/W	D7	D6	D5	D4	D3	D2	D1	D0
1	清屏	0	0	0	0	0	0	0	0	0	1
2	光标复位	0	0	0	0	0	0	0	0	1	×
3	设置字符/光标移动模式	0	0	0	0	0	0	0	1	I/D	S
4	显示器开关控制	0	0	0	0	0	0	1	D	C	B
5	光标或字符移位	0	0	0	0	0	1	S/C	R/L	×	×
6	设置功能	0	0	0	0	1	DL	N	F	×	×
7	设置 CGRAM 地址	0	0	0	1	CGRAM 地址					
8	设置 DDRAM 地址	0	0	1	DDRAM 地址						
9	读 BF 或 AC 的值	0	1	AC 地址							
10	写数据到 CGRAM 或 DDRAM	1	0	要写的数据							
11	从 CGRAM 或 DDRAM 读数据	1	1	读出的数据							

　　指令功能：将 DDRAM 的内容全部填入空格（ASCII 码值为 0x20），同时将光标移到屏幕的左上角，将 AC 的值设置为 0x00。

　　2．光标复位

　　指令编码：0x02 或 0x03。

　　指令功能：将光标移到屏幕的左上角，同时将 AC 的值清零，DDRAM 的内容不变。

　　3．设置字符/光标移动模式

　　指令编码：0x04～0x07。

　　指令功能：用于设定每次写入一位数据后光标的移位方向，并设定每次写入的字符是否移动，设定情况如表 2.11 所示。

表 2.11　光标/字符移动模式参数设定情况

I/D	S	设定的情况
0	0	光标左移一格且 AC 的值减 1
0	1	显示器字符全部右移一格，但光标不动
1	0	光标右移一格且 AC 的值加 1
1	1	显示器字符全部左移一格，但光标不动

　　4．显示器开关控制

　　指令编码：0x08～0x0F。

　　指令功能如下。

　　① D：显示器开关，D=0，关显示器；D=1，开显示器。

　　② C：光标开关，C=1，有光标；C=0，无光标。

　　③ B：光标闪烁开关，B=1，光标闪烁；B=0，光标不闪烁。

　　5．光标或字符移位

　　指令编码：0x10～0x1F。

　　指令功能：使光标移位或使整个显示屏幕移位。设定情况如表 2.12 所示。

　　6．设置功能

　　指令编码：0x20～0x3F。

表 2.12　光标或字符移位参数设定情况

S/C	R/L	设定的情况
0	0	光标左移一格，且 AC 的值减 1
0	1	光标右移一格，且 AC 的值加 1
1	0	显示器字符全部左移一格，但光标不动
1	1	显示器字符全部右移一格，但光标不动

指令功能如下。

① DL=1，8 位总线；DL=0，4 位总线，使用 D7～D4 位，分两次送入一个完整的字符数据。

② N=1，双行显示；N=0，单行显示。

③ F=1，采用 5×10 点阵字符；F=0，采用 5×7 点阵字符。

7. 设置 CGRAM 地址

指令编码：0x40+ "CGRAM 地址"。

指令功能：设定下一个要读/写数据的 CGRAM 地址，可设定为 0x00～0x3F，共 64 个地址。

8. 设置 DDRAM 地址

指令编码：0x80+ "DDRAM 地址"。

指令功能：设定下一个要读/写数据的 DDRAM 地址，第一行的地址范围为 0x00～0x0F；第二行的地址范围为 0x40～0x4F，如表 2.9 所示。

因此，希望在 LCD 的某个特殊位置显示特定字符时，一般遵循"先指定地址，后写入内容"的原则。

9. 读 BF 或 AC 的值

BF 用来指示 LCD 目前的工作情况，当 BF=1 时，表示正在进行内部数据的处理，不接收单片机送来的指令或数据；当 BF=0 时，则表示已准备接收命令或数据。

当程序读取此数据的内容时，D7 的值表示 BF，D6～D0 的值表示 CGRAM 或 DDRAM 中的地址。至于指向哪一个地址，则根据最后写入的地址设定指令而定。

10. 写数据到 CGRAM 或 DDRAM

先设定 CGRAM 或 DDRAM 地址，再将数据写入 D7～D0 中，以使 LCD 显示出字形，也可使用户自定义的字符图形存入 CGRAM 中。

11. 从 CGRAM 或 DDRAM 读数据

先设定 CGRAM 或 DDRAM 地址，再读取其中的数据。

【任务实施】

1. 硬件电路设计

LCD1602 的双向数据线直接与 P0 口相连，用于数据的传递。需要注意的是，P0 口需要外接上拉电阻，为了连线方便，采用排阻。LCD1602 的控制端 RS、R/W 和 E 分别连接 P2.0、P2.1 和 P2.2。LCD1602 的液晶显示偏压信号通过电位器对+5V 电源分压获得。根据以上要求在 Proteus 中绘制硬件电路，如图 2.38 所示。

任务实施 02-4

2. 软件设计

根据硬件连接，完成如下程序首部。

```
#include <reg52.h>
#include <stdio.h>
```

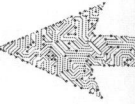

```
#include <intrins.h>
sbit RSPIN = P2^0;                    //RS 对应的单片机引脚
sbit RWPIN = P2^1;                    //R/W 对应的单片机引脚
sbit EPIN = P2^2;                     //E 对应的单片机引脚
#define  LCD_Data  P0                 //给数据口 P0 命名
```

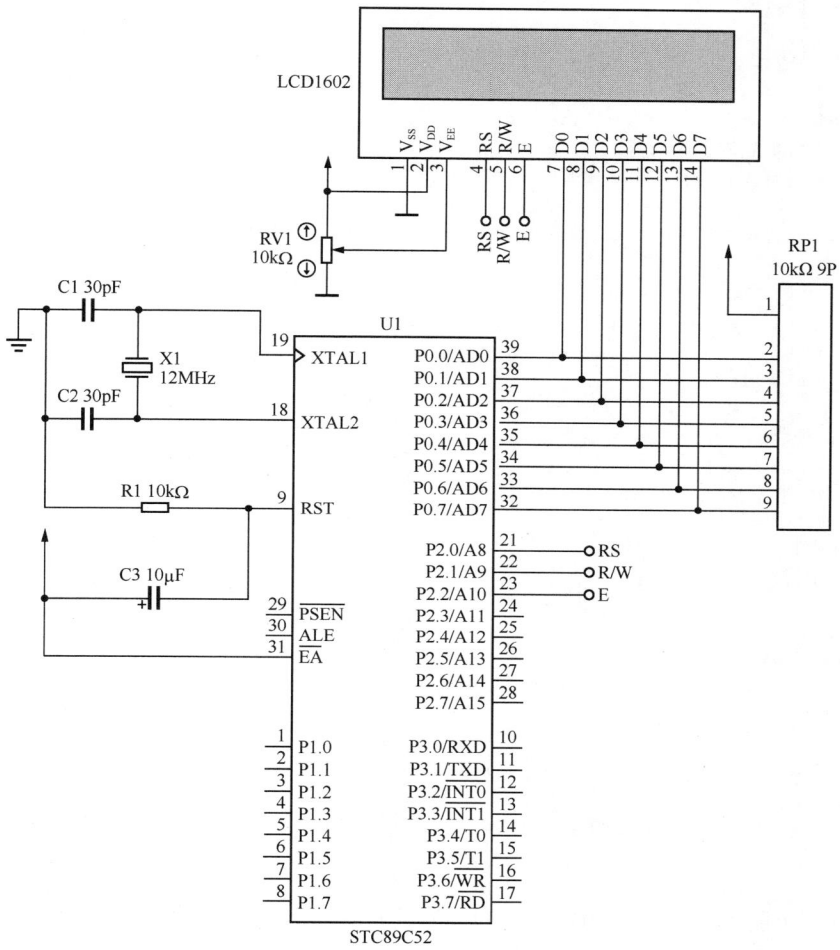

图2.38 单片机驱动LCD1602显示器的硬件电路

对 LCD1602 的编程分下面两步完成。

（1）初始化，包括设置液晶控制模块的工作方式，如显示模式控制、光标位置控制等。

（2）显示控制，包括对 LCD1602 写入待显示的地址、对 LCD1602 写入待显示的字符数据。因此，应将"写指令""写数据"和"忙检测程序"这 3 个相对独立的操作以子程序的形式写出，便于主程序中频繁地调用。参照 LCD1602 的数据手册编写的 3 个子程序如下。

```
//----------------------------------------------------------------
//子程序名称：void lcdwc(unsigned char c)
//功能：送控制指令到液晶显示器
//入口参数：控制指令或显示地址
//----------------------------------------------------------------
void lcdwc(unsigned char c)                   //送控制指令到液晶显示器子程序
{
```

```
    lcdwaitidle();                                   //液晶显示器忙检测
    RSPIN=0;                                          //RS=0、R/W=0、E=1
    RWPIN=0;
    LCD_Data=c;
    EPIN=1;
    _nop_();
    EPIN=0;
}
//--------------------------------------------------------------------
//子程序名称：void lcdwd(unsigned char d)
//功能：送数据到液晶显示器
//入口参数：待显示字符（ASCII）
//--------------------------------------------------------------------
void lcdwd(unsigned char d)                          //送数据到液晶显示器子程序
{
    lcdwaitidle();                                   //液晶显示器忙检测
    RSPIN=1;                                          //RS=1、R/W=0、E=1
    RWPIN=0;
    LCD_Data=d;
    EPIN=1;
    _nop_();
    EPIN=0;
}
//--------------------------------------------------------------------
//子程序名称：void lcdwaitidle(void)
//功能：忙检测
//--------------------------------------------------------------------
void lcdwaitidle(void)                               //忙检测子程序
{   unsigned char i;
    LCD_Data=0xFF;
    RSPIN=0;                                          //RS=0、R/W=1、E=1
    RWPIN=1;
    EPIN=1;
    for(i=0;i<20;i++)
        if((LCD_Data&0x80)== 0)break;                //D7=0 表示液晶显示器空闲，退出检测
    EPIN=0;
}
```

参照数据手册，对 LCD1602 进行的初始化操作，就是将表 2.10 对应的控制指令写入 LCD1602 的过程。本任务中初始化程序如下。

```
/****************************************************
子程序名称：void lcdreset(void)
功能：液晶显示器初始化
****************************************************/
void lcdreset(void)                                  //LCD1602 系列液晶显示器初始化子程序
{                                                    //1602 的显示模式字为 0x38
    lcdwc(0x38);                                      //显示模式设置（写指令 0x38）第一次
    delay3ms();                                       //延时 3ms
    lcdwc(0x38);                                      //显示模式设置第二次
    delay3ms();                                       //延时 3ms
    lcdwc(0x38);                                      //显示模式设置第三次
    delay3ms();                                       //延时 3ms
    lcdwc(0x38);                                      //显示模式设置第四次
    delay3ms();                                       //延时 3ms
    lcdwc(0x08);                                      //显示关闭
    lcdwc(0x01);                                      //清屏
```

```
        delay3ms();                        //延时 3ms
        lcdwc(0x06);                       //显示光标移动设置
        lcdwc(0x0c);                       //打开显示模式及光标设置
}
void delay3ms( )                           //延时 3ms 子程序@12MHz
 {unsigned char i,j;                       //6×250×2μs
   for(i=6;i>0;i--)
     for(j=250;j>0;j--);
}
```

下面，先测试在 LCD1602 上显示字符 H 的功能。

```
/*******************************************************
主程序：显示字符 H
*******************************************************/
void main(void)
{    unsigned char i;
     lcdreset();                           //初始化
     while(1)
     {
         lcdwc(0x00|0x80);                 //显示位置为第 1 行第 1 位
         lcdwd('H');
     }
}
```

在 Keil 中编译、链接，生成 HEX 文件，并将其加载到 Proteus 中运行，得到图 2.39 所示仿真结果。请读者尝试修改显示位置，分别在第 1 行和第 2 行居中显示该字符。

下面尝试在液晶显示器上显示字符串，假设要求的显示效果为：第 1 行显示"HELLO!"，第 2 行显示"Welcome To ZHCPT"，均居中显示。

利用 C 语言中的字符串数组功能完成，因此，先定义两个字符串数组：

```
unsigned char str1[]="HELLO!";
unsigned char str2[]="Welcome To ZHCPT";
```

由于在初始化程序中写入了控制指令 0x06（光标自动右移，AC 自动加 1 的方式），因此，在每行显示字符串时，只需对 LCD1602 写入显示的初始位置，后续循环写入待显示字符即可。主程序设计如下。

```
/*******************************************************
主程序：显示字符串
*******************************************************/
void main(void)
{    unsigned char i;
     lcdreset();                           //初始化
     while(1)
     {
         lcdwc(0x05|0x80);                 //设置第 1 行显示字符串的初始位置
         for(i=0;i<6;i++)                  //显示字符串 1
         {
             lcdwd(str1[i]);
         }

         lcdwc(0x40|0x80);                 //设置第 2 行显示字符串的初始位置
         for(i=0;i<16;i++)                 //显示字符串 2
         {
             lcdwd(str2[i]);
         }
     }
}
```

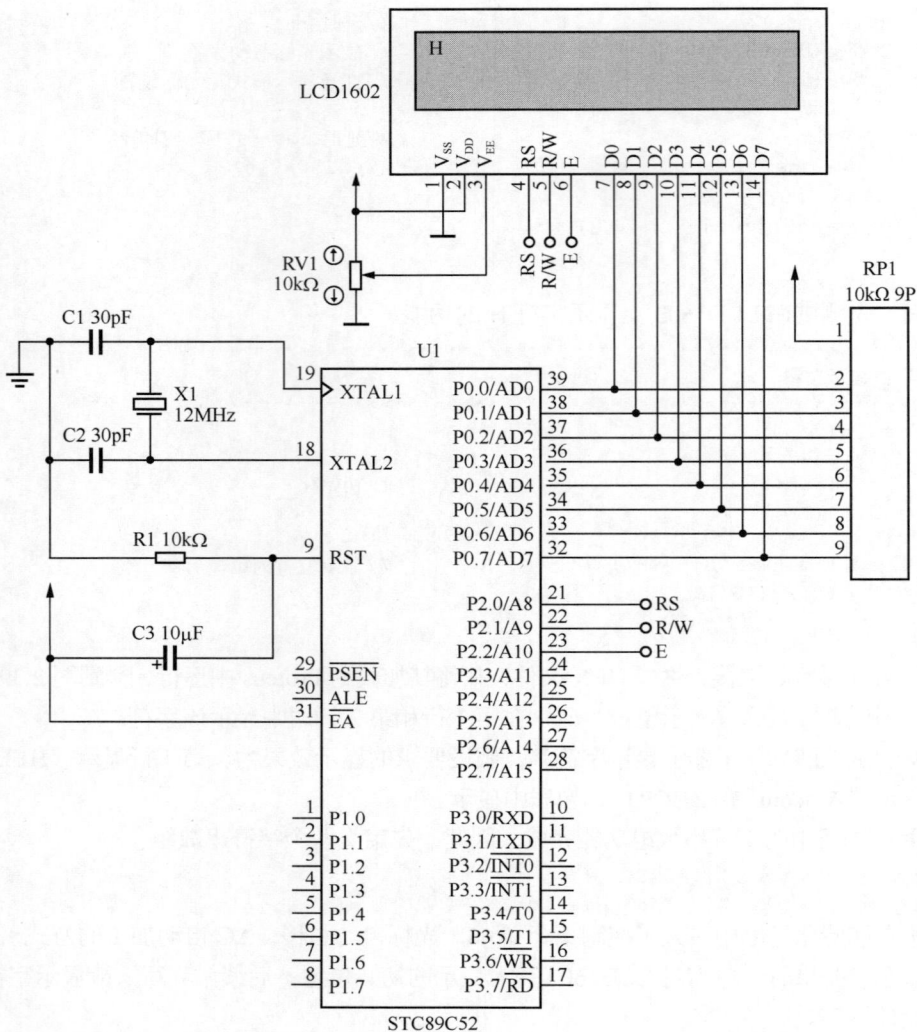

图2.39　Proteus仿真结果

3. 仿真调试

在 Keil 中编译、链接，生成 HEX 文件，并将其加载到 Proteus 中运行，得到图 2.40 所示仿真结果。

【课后任务】

（1）根据表 2.13 所示的元器件清单，自行设计电路并焊接，完成本任务的实物制作。

（2）用单片机外接 LCD1602 和两个按键，要求实现对变量 K 进行+1、−1 操作并显示，假设取值范围为 0～9。

【任务小结】

（1）掌握液晶显示器 LCD1602 的内部结构及接口电路的设计。

（2）了解 LCD1602 的写指令和写数据程序内容，并能结合硬件口线进行修改。

（3）掌握 LCD1602 初始化程序的编写，学会调用写指令和写数据函数编写相关显示程序。

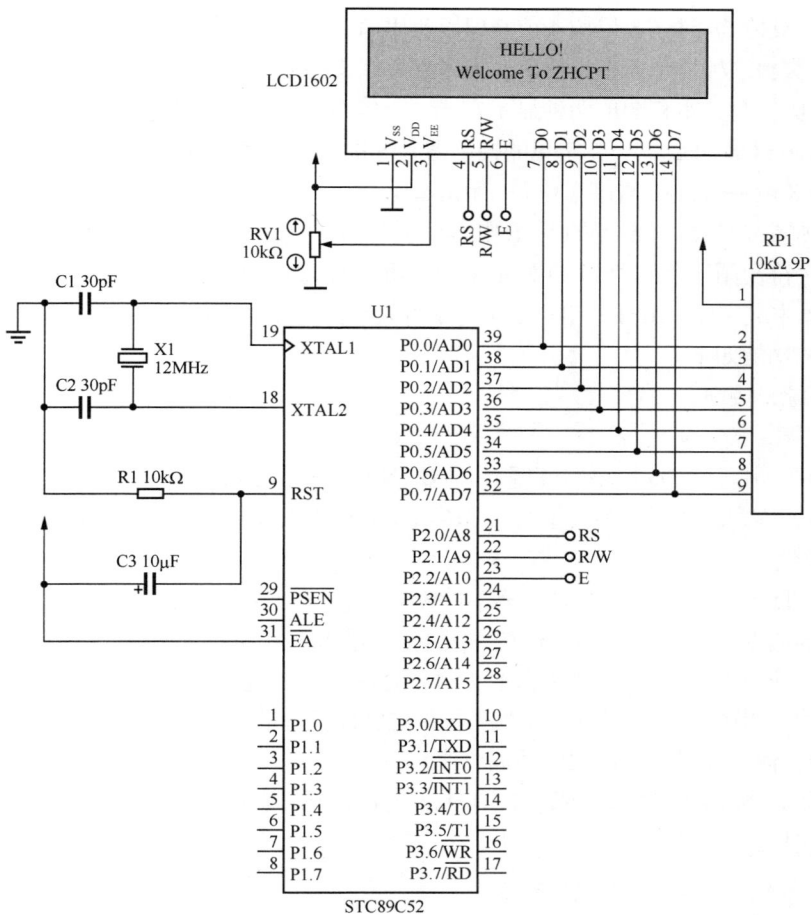

图2.40　Proteus仿真结果

表 2.13　元器件清单

元件名称	型号	数量/件	元件名称	型号	数量/件
单片机	STC89C52RC	1	液晶显示器	LCD1602	1
晶振	12MHz	1	排阻	10 kΩ9P	1
瓷片电容	30pF	2	电阻	10 kΩ	1
电解电容	10μF/16V	1	电位器	10 kΩ	1
IC 插座	DIP40	1	电路板	单面万能板	1

【任务扩展】

　　LCD1602 不能显示汉字和图形，不适宜用于设计复杂的人机交互界面。为此下面介绍常用的图形型 LCD12864 液晶显示器，便于在实际应用中使用。

知识4　图形型LCD12864

LCD12864 按控制器不同，分为以下 4 类。

ST7920 类：这种显示器带中文字库，为用户免除了编制字库的麻烦，该类型的 LCD 还支

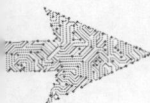

持画图方式，支持 68 时序 8 位和 4 位并口以及串口。

KS0108 类：这种显示器指令简单，不带字库，支持 68 时序 8 位并口。

T6963C 类：有文本和图形两种显示方式，支持 80 时序 8 位并口。

COG（Chip On Glass）类：常见的控制器有 S6B0724 和 ST7565，这两个显示器指令兼容，支持 68 时序 8 位并口，80 时序 8 位并口和串口。

下面以内置 ST7920 控制器的 LCD12864 为例，介绍单片机对其的控制方法。该类 LCD 具有标准中文字符及图形点阵型 LCD 显示模块，可显示 128×64 点阵或 4 行每行 8 个汉字，内带 GB 2312 简体中文字库（16×16 点阵），可与单片机直接连接，具有 8 位并行及串行的连接方式。

各引脚的功能如下。

V_{SS}：电源，接地。

V_{DD}：电源，接+5V 电源。

V0：电源，用于 LCD 屏幕亮度调节。电压越低，屏幕越亮。

RS（CS）：输入，数据/命令选择端。RS=1（高电平），选择数据寄存器；RS=0（低电平），选择指令寄存器。

R/W（STD）：输入，读/写控制信号。R/W=1，把 LCD 中的数据读出到单片机上；R/W=0，把单片机中的数据写入 LCD。串行连接方式下，作为串行数据输入端。

E（SCLK）：输入，使能（或片选）。E=1，允许对 LCD 进行读/写操作；E=0，禁止对 LCD 进行读/写操作。串行连接方式下，作为串行移位脉冲输入端。

D0～D7：输入/输出，8 位双向数据总线。

PSB：输入，数据传输模式选择。PSB=1，选择并行数据模式；PSB=0，选择串行数据模式。

NC：空引脚。

$\overline{RST}$：输入，复位端，低电平有效。

BLA、BLK：背光源正极、负极。

LCD12864 的内部控制器有以下 4 种工作状态。

当 RS=0，R/W=1，E=1 时，从控制器中读出当前的工作状态。

当 RS=0，R/W=0，E 为下降沿时，向控制器写入控制指令。

当 RS=1，R/W=1，E=1 时，从控制器读取数据。

当 RS=1，R/W=0，E 为下降沿时，向控制器写入数据。

LCD12864 的内部结构与 LCD1602 的基本相同，请读者结合本任务知识 2、知识 3 学习。下面介绍 LCD12864 的具体使用。

1. LCD12864 的控制指令

LCD12864 内部控制器共有 11 条基本控制指令，与 LCD1602 的类似，如表 2.14 所示。

表 2.14　LCD12864 基本控制指令集

序号	指令	RS	R/W	D7	D6	D5	D4	D3	D2	D1	D0
1	清屏	0	0	0	0	0	0	0	0	0	1
2	光标复位	0	0	0	0	0	0	0	0	1	×
3	设置字符/光标移动模式	0	0	0	0	0	0	0	1	I/D	S
4	显示器开关控制	0	0	0	0	0	0	1	D	C	B
5	光标或字符移位	0	0	0	0	0	1	S/C	R/L	×	×

续表

序号	指令	RS	R/W	D7	D6	D5	D4	D3	D2	D1	D0
6	设置功能	0	0	0	0	1	DL	×	RE	×	×
7	设置 CGRAM 地址	0	0	0	1		CGRAM 地址				
8	设置 DDRAM 地址	0	0	1			DDRAM 地址				
9	读 BF 或 AC 的值	0	1	BF			AC 地址				
10	写数据到 CGRAM 或 DDRAM	1	0				要写的数据				
11	从 CGRAM 或 DDRAM 读数据	1	1				读出的数据				

各指令详细说明如下。

（1）清屏。

指令编码：0x01。

指令功能：与 LCD1602 的相同。

（2）光标复位。

指令编码：0x02 或 0x03。

指令功能：与 LCD1602 的相同。

（3）设置字符/光标移动模式。

指令编码：0x04～0x07。

指令功能：与 LCD1602 的相同。

（4）显示器开关控制。

指令编码：0x08～0x0F。

指令功能：与 LCD1602 的相同。

（5）光标或字符移位。

指令编码：0x10～0x1F。

指令功能：使光标移位或使整个显示屏幕移位，与 LCD1602 的类似。光标或字符移位参数设置情况如表 2.15 所示。

表 2.15　光标或字符移位参数设置情况

S/C	R/L	设置情况
0	0	光标左移一格，且 AC 的值减 1
0	1	光标右移一格，且 AC 的值加 1
1	0	显示器字符全部左移一格，光标跟随移动，AC 的值不变
1	1	显示器字符全部右移一格，光标跟随移动，AC 的值不变

（6）设置功能。

指令编码：0x30～0x3F。

指令功能如下。

① DL=1（必须设为 1，与 LCD1602 不同）。

② RE=1，采用扩充指令集动作；RE=0，采用基本指令集动作（与 LCD1602 不同）。变更 RE 值后，程序中使用的指令集将维持在最后的状态，除非再次变更 RE 值，否则使用相同指令集时，不必每次重设 RE 值。

（7）设置 CGRAM 地址。

指令编码：0x40+"CGRAM 地址"。

指令功能：设定下一个要读/写数据的 CGRAM 地址，可设定为 00～3FH，共 64 个地址。

（8）设置 DDRAM 地址。

指令编码：0x80+"DDRAM 地址"。

指令功能：设定下一个要读/写数据的 DDRAM 地址，在汉字显示模式下，每行显示 8 个汉字，则第 1 行的地址范围为 0x00～0x07；第 2 行的地址范围为 0x10～0x17；第 3 行的地址范围是 0x08～0x0F；第 4 行的地址范围是 0x18～0x1F，如表 2.16 所示。

因此，希望在 LCD 的某个特殊位置显示特定字符时，一般遵循"先指定地址，后写入内容"的原则。

表 2.16　LCD12864 汉字显示坐标与地址

行	地址							
第 1 行	0x00	0x01	0x02	0x03	0x04	0x05	0x06	0x07
第 2 行	0x10	0x11	0x12	0x13	0x14	0x15	0x16	0x17
第 3 行	0x08	0x09	0x0A	0x0B	0x0C	0x0D	0x0E	0x0F
第 4 行	0x18	0x19	0x1A	0x1B	0x1C	0x1D	0x1E	0x1F

（9）读 BF 或 AC 的值。BF 用来指示 LCD 目前的工作情况，当 BF=1 时，表示正在进行内部数据的处理，不接收单片机送来的指令或数据；当 BF=0 时，则表示已准备接收命令或数据。

当程序读取此数据的内容时，D7 的值表示 BF，D6～D0 的值表示 CGRAM 或 DDRAM 中的地址。至于指向哪一个地址，则根据最后写入的地址设定指令而定。

（10）写数据到 CGRAM 或 DDRAM。先设定 CGRAM 或 DDRAM 地址，再将数据写入 D7～D0 中，使 LCD 显示字形，也可使用户自定义的字符图形存入 CGRAM 中。

（11）从 CGRAM 或 DDRAM 中读数据。先设定 CGRAM 或 DDRAM 地址，再读取其中的数据。

LCD12864 的扩充指令集如表 2.17 所示。

表 2.17　LCD12864 的扩充指令集

序号	指令	RS	R/W	D7	D6	D5	D4	D3	D2	D1	D0
1	待命模式	0	0	0	0	0	0	0	0	0	1
2	卷动地址或 IRAM 地址选择	0	0	0	0	0	0	0	0	1	SR
3	反白选择	0	0	0	0	0	0	0	1	R1	R0
4	睡眠模式	0	0	0	0	0	0	1	SL	×	×
5	扩充功能设定	0	0	0	0	1	1	×	RE	G	0
6	设定 IRAM 地址或卷动地址	0	0	0	1	地址					
7	设定绘图 RAM 地址	0	0	1	设定 CGRAM 地址到 AC						

对扩充指令集的简要说明如下。

（1）待命模式。

指令编码：0x01。

指令功能：在待命模式下，执行其他任何指令均可终止待命模式。

（2）卷动地址或 IRAM 地址选择。

指令编码：0x02～0x03。

指令功能：SR=1（即指令 0x03），允许输入卷动地址；SR=0（即指令 0x02），允许输入 IRAM 地址。

（3）反白选择。

指令编码：0x04～0x05。

指令功能：选择第 1、3 行同时反白显示，或者第 2、4 行反白显示。

（4）睡眠模式。

指令编码：0x08、0x0C。

指令功能：SL=1（即指令 0x0C），脱离睡眠模式；SL=0（即指令 0x08），进入睡眠模式。

（5）扩充功能设定。

指令编码：0x36、0x30、0x34。

指令功能：RE=0（即指令 0x30），使用基本指令集动作；RE=1，G=1（即指令 0x36），扩充指令集动作，打开绘图显示功能；RE=1，G=0（即指令 0x34），关闭绘图显示功能。

2．LCD12864 与单片机的接口

由于 Proteus 中的 LCD12864 的仿真模型均不带字库，因此使用并不方便，读者可利用前面项目中的最小系统，按照图 2.41 所示的电路连接实物，直接完成 LCD12864 的设计。提示：元件选择 SMG12864ZK。

根据硬件连接，完成如下程序首部。

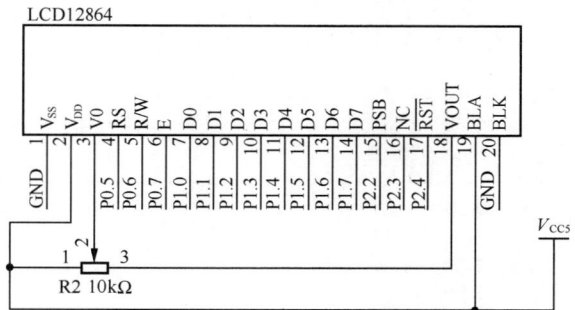

图2.41 LCD12864与51单片机的接口电路

```
#include <reg52.h>
#include <stdio.h>
#include <intrins.h>
sbit    RSPIN =P0^5;                  //RS 对应的单片机引脚
sbit    RWPIN=P0^6;                   //R/W 对应的单片机引脚
sbit    EPIN = P0^7;                  //E 对应的单片机引脚
sbit    PSB=P2^2;
sbit    RES=P2^4;
#define LCD_Data  P1                  //给数据口 P1 命名
```

与 LCD1602 的编程步骤类似，LCD12864 的控制也分下面两步完成。

（1）初始化：包括设置液晶控制模块的工作方式，如显示模式控制、光标位置控制等。

（2）显示控制：包括对 LCD12864 写入待显示的地址、对 LCD12864 写入待显示字符数据。因此，应将写指令和写数据这两个相对独立的操作以子程序的形式写出，便于主程序频繁地调用。参照 LCD12864 的数据手册编写的两个子程序如下。

```
//-------------------------------------------------------------------
//子程序名称: void lcdwc(unsigned char c)
//功能: 送控制指令到液晶显示器
//入口参数: 控制指令或显示地址
//-------------------------------------------------------------------
void lcdwc(unsigned char c)                  //向液晶显示器发送指令
```

```
{   lcdwaitidle();                                //液晶显示器忙检测
    LCD_Data=c;
    RSPIN=0;                                       //RS=0、R/W=0、E=1
    RWPIN=0;
    EPIN=1;
    _nop_();
    EPIN=0;
}
//-----------------------------------------------------------------
//子程序名称: void lcdwd(unsigned char d)
//功能: 送数据到液晶显示器
//入口参数: 待显示字符（ASCII）
//-----------------------------------------------------------------
void lcdwd(unsigned char d)                        //送数据到液晶显示器子程序
{
    lcdwaitidle();                                //液晶显示器忙检测
    RSPIN=1;                                       //RS=1、R/W=0、E=1
    RWPIN=0;
    LCD_Data=d;
    EPIN=1;
    _nop_();
    EPIN=0;
}
//-----------------------------------------------------------------
//子程序名称: void lcdwaitidle(void)
//功能: 忙检测
//-----------------------------------------------------------------
void lcdwaitidle(void)                             //忙检测子程序
{   unsigned char i;
    LCD_Data=0xff;
    RSPIN=0;                                       //RS=0、R/W=1、E=1
    RWPIN=1;
    EPIN=1;
    for(i=0;i<20;i++)
        if((LCD_Data&0x80)== 0)break;              //D7=0 表示 LCD 控制器空闲，退出检测
    EPIN=0;
}
```

参照数据手册对 LCD12864 进行的初始化操作，就是将对应控制指令写入 LCD12864 的过程。本任务的初始化程序如下。

```
/***************************************************
子程序名称:void lcdreset(void)
功能:液晶显示器初始化
***************************************************/
void lcdreset( )                     //液晶显示器初始化子程序
{
    RES=1;                           //复位端置1
    PSB=1;                           //选择并行数据传输模式
    lcdwc(0x33);                     //接口模式设置
    delay3ms();                      //延时 3ms
    lcdwc(0x30);                     //基本指令集
    delay3ms();                      //延时 3ms
    lcdwc(0x30);                     //重复发送基本指令集
    delay3ms();                      //延时 3ms
    lcdwc(0x01);                     //清屏
    delay3ms();                      //延时 3ms
```

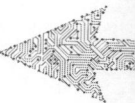

```
        lcdwc(0x0c);                    //打开显示模式及光标设置
}
void delay3ms( )                        //延时 3ms 子程序@12MHz
{ unsigned char i,j;                    //(6×250×2μs)
    for(i=6;i>0;i--)
        for(j=250;j>0;j--);
}
```

根据项目要求，首先定义下面待显示的字符串数组：

```
unsigned char str1[]="HELLO!";
unsigned char str2[]="Welcome To China ";
unsigned char str3[]="我爱单片机";
```

控制过程与 LCD1602 的类似，主程序设计如下。

```
/**********************************************
主程序:显示字符串
**********************************************/
void main(void)
{   unsigned char i;
    lcdreset();                         //初始化
    while(1)
    {
        lcdwc(0x02|0x80);               //设置第 1 行显示的初始位置
        for(i=0;i<6;i++)                //显示字符串 1
        {
            lcdwd(str1[i]);
        }

        lcdwc(0x00|0x90);               //设置第 2 行显示的初始位置
        for(i=0;i<16;i++)               //显示字符串 2
        {
            lcdwd(str2[i]);
        }

        lcdwc(0x09|0x80);               //设置第 3 行显示的初始位置
        for(i=0;i<10;i++)               //显示字符串 3
        {
            lcdwd(str3[i]);
        }
    }
}
```

读者可自行设计显示其他字符的效果，学有余力的读者可尝试图形显示方式。

●●● 任务 2.5 4×4 键盘系统设计 ●●●

【任务要求】

4×4 键盘系统设计

组装一个小型单片机系统，外接 16 个按键（代表 0～F），以及 1 位数码管显示器（或点阵显示器、液晶显示器等其他显示器）。要求实时显示当前按下的按键值。

按键在人机交互中起到重要的作用，可以通过按键设定某些参数，发送控制指令等，那么按键和单片机是如何进行连接，并让单片机识别到的呢？下面就该问题进行讨论。

【相关知识】

知识1　非编码键盘概述

键盘是单片机应用系统中常用的输入设备，通过键盘输入数据或命令，可以实现简单的人机对话。键盘有编码键盘和非编码键盘之分。编码键盘除了需要键开关外，还需要消抖电路、防串键保护电路，以及专门的、用于识别闭合键并产生键代码的集成电路（如 8255、8279 等）。编码键盘的优点是所需代码简短；缺点是硬件电路比较复杂，成本较高。非编码键盘仅由键开关组成，按键识别、键代码的产生以及消抖等功能均由单片机软件编程完成。非编码键盘的优点是电路简单、成本低；缺点是软件编程较复杂。目前，单片机应用系统中普遍采用非编码键盘。

按照键开关的排列形式，非编码键盘又分为线性非编码键盘和矩阵非编码键盘两种。

1.　线性非编码键盘

线性非编码键盘（即独立式按键）的键开关（K1、K2、K3、K4）通常排成一行或一列，一端连接在单片机 I/O 口的引脚上，同时经上拉电阻接至+5V 电源，另一端则串接在一起作为公共接地端，如图 2.42 所示。线性非编码键盘电路配置灵活，软件结构简单，但每个按键必须占用一个 I/O 口，故这种形式适用于按键数量较少的场合。

2.　矩阵非编码键盘

矩阵非编码键盘又称行列式非编码键盘，I/O 口分为行线和列线接入端，按键跨接在行线和列线上。按下按键时，行线与列线相通。图 2.43 所示为一个 4×3 的矩阵非编码键盘，共有 4 根行线和 3 根列线，可连接 12 个按键（按键数=行数×列数）。与线性非编码键盘相比，12 个按键只占用 7 个 I/O 口，显然在按键数量较多时，矩阵非编码键盘较线性非编码键盘可以节省很多 I/O 口。

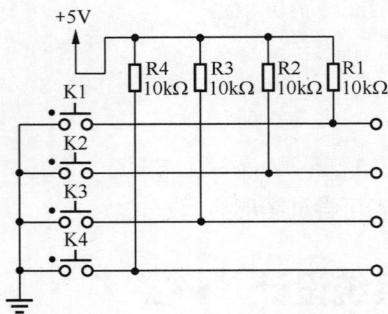

图2.42　线性非编码键盘

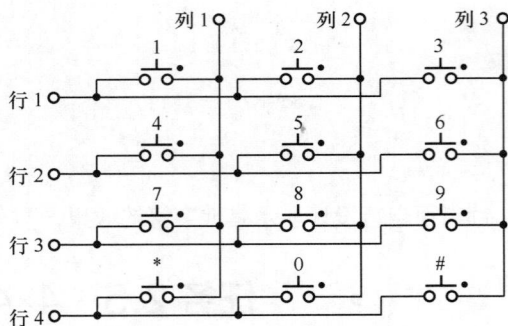

图2.43　矩阵非编码键盘

知识2　按键抖动与消抖

按键是控制系统中最常见的输入设备之一，根据按键硬件电路的连接，按键的闭合和断开是在单片机的输入引脚上分别加入高、低电平，这样 CPU 就可以根据读入的引脚信号来判断按键的状态。

但在实际状况下，按键的闭合、断开都存在一个抖动的暂态过程，如图 2.44 所示。这种抖动的过程仅持续 5～10ms，人的肉眼是觉察不到的，但对高速运行的 CPU 来说，可

能产生误处理。为了保证每按一次键仅做一次处理，必须采取措施来消除键的抖动（简称消抖）。

消抖的措施有两种：硬件消抖和软件消抖。

1. 硬件消抖

硬件消抖电路可以由简单的 R-S 触发器或单稳电路构成，如图 2.45 所示，但其硬件复杂，故在单片机控制系统中并不常用。

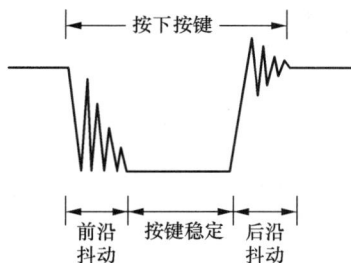

图2.44　按键闭合、断开时的抖动　　　　图2.45　硬件消抖电路

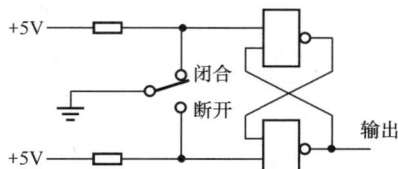

2. 软件消抖

软件消抖即用延时来躲避暂态抖动过程，由于按键抖动过程仅持续 5～10ms，因此在控制软件中执行一段大约 5ms 的延时程序后再读入按键的状态即可，其不需要硬件开销，故在单片机系统设计中经常被采用。

具体方法为：首先读取 I/O 口状态并第 1 次判断有无按键被按下，若有按键被按下则等待 5ms，再读取 I/O 口状态，并第 2 次判断有无按键被按下，若仍然有按键被按下则说明某个按键处于稳定的闭合状态；若第 2 次判断时无按键被按下，则认为第 1 次是按键抖动引起的无效闭合。

知识3　线性非编码键盘的识别与处理

线性非编码键盘每个按键的一端接到单片机的 I/O 口，另一端接地。当无按键被按下时，I/O 口引脚为高电平；当按下某个按键时，对应的 I/O 口引脚为低电平。单片机只要采用不断查询 I/O 口引脚状态的方法，即可检测是否有按键闭合，如有按键闭合，则消除键抖动，判断键号并转入相应的键处理。具有 4 个按键的线性非编码键盘的状态扫描及按键处理流程如图 2.46 所示。

知识4　矩阵非编码键盘的识别与处理

矩阵非编码键盘显然比线性非编码键盘要复杂一些，识别也要复杂一些。在使用矩阵非编码键盘时，连接行线和列线的 I/O 口引脚不能全部用来作为输出或全部用来作为输入，必须一个作为输出，另一个作为输入。常用方法有两种：一种是行扫描法，另一种是线反转法。

1. 行扫描法

通过行线发出低电平信号，如果该行线所连接的按键没有被按下，则列线所接的端口得到的是全"1"信号，如果有按键被按下，则得到非全"1"信号。

为了防止双按键或多按键被同时按下，往往从第 0 行一直扫描到最后 1 行，若只发现 1 个闭合按键，则为有效按键，否则全部作废。

```
                              开始

                           读I/O口状态

                          有按键闭合    ──否──┐
                              │是          │
                           延时10ms        │
                              │            │
                          读I/O口状态       │
                              │            │
                          有按键闭合  ──否── │
                              │是          │
        K1键处理程序 ──是── K1键闭合        │
                              │否          │
        K2键处理程序 ──是── K2键闭合        │
                              │否          │
        K3键处理程序 ──是── K3键闭合        │
                              │否          │
        K4键处理程序 ──是── K4键闭合        │
                              │否          │
                              结束 ────────┘
```

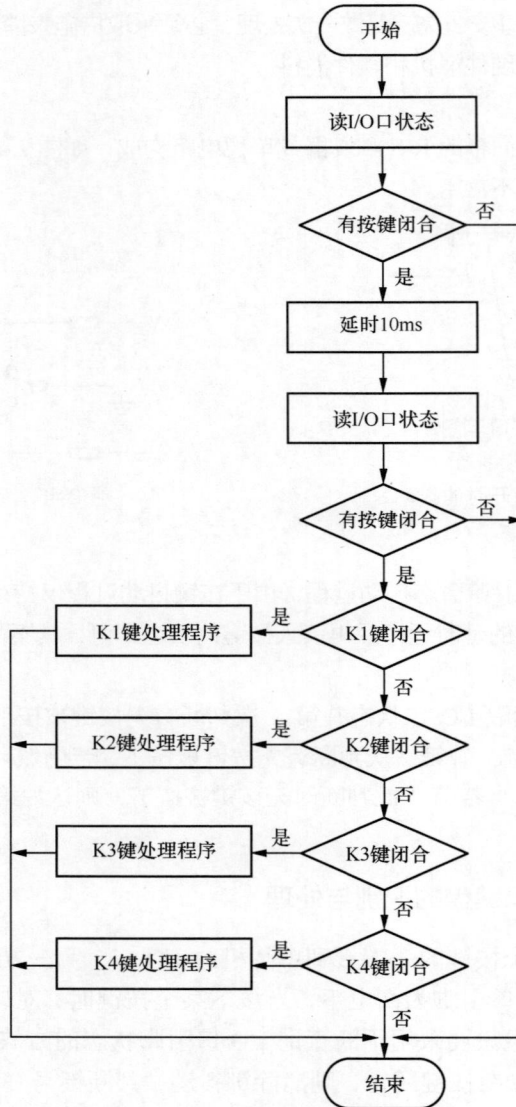

图2.46　状态扫描及按键处理流程

　　找到闭合按键后，读入相应的键值，再转至相应的键处理程序。

　　例如 4×4 矩阵非编码键盘，其接口连接如图 2.47 所示，P1.0～P1.3 为行线，P1.4～P1.7 为列线。假设按键 9 被按下，则行扫描法的流程如下。

　　P1.3～P1.0 行线输出为 1110（P1.0 为低，选通第 1 行），第 1 行无按键被按下，故 P1.7～P1.4 输入为 1111。

　　行线输出为 1101（P1.1 为低，选通第 2 行），第 2 行无按键被按下，故 P1.7～P1.4 输入为 1111。

　　行线输出为 1011（P1.2 为低，选通第 3 行），按键 9 被按下，行列导通，其对应的列线 P1.5 的输入为 0，其余列线为 1，故 P1.7～P1.4 输入为 1101。将此时的行输出信号与列输入信号组合，得到编码 1101 1011B（0xDB），称为键值。键值和键名是一一对应的关系，当行扫描结束，得到键值后，查阅键值表，即可获得键名，从而转向对应的键处理程序。

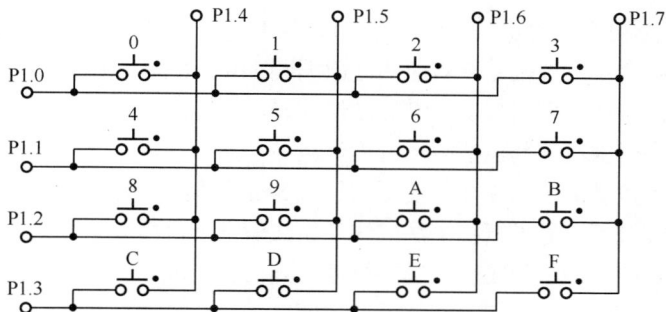

图2.47　4×4矩阵非编码键盘接口连接

行扫描法的缺陷在于：无按键被按下时，CPU 仍在不停地扫描检测，这样必然增大程序运行开销。为此，行扫描前，先将所有行线置 0，读入列线，若无按键被按下，则列信号为全 1，此时无须进行逐行扫描。处理流程如图 2.48 所示。

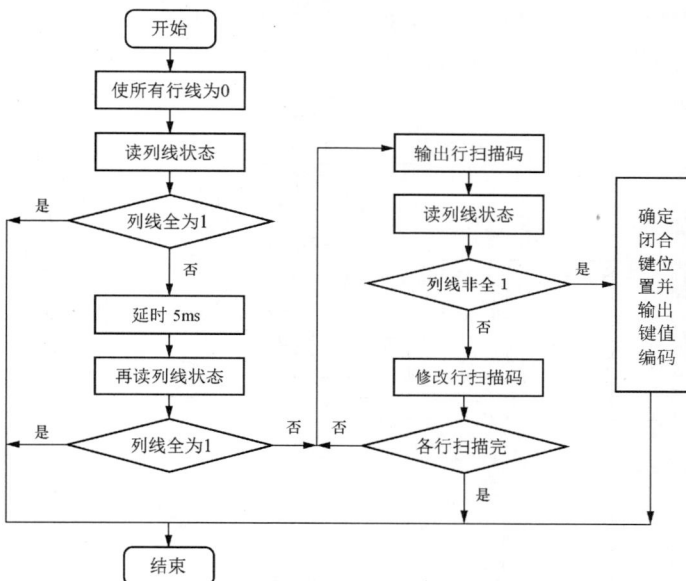

图2.48　矩阵非编码键盘行扫描法处理流程

2．线反转法

线反转法也是识别闭合按键的一种常用方法，该方法比行扫描法的速度快。

先将行线作为输出线，列线作为输入线，行线输出全"0"信号，读入列线的值，然后将行线和列线的输入/输出关系互换，并且将刚才读到的列线值从列线所接的端口输出，再读取行线的输入值。那么在闭合按键所在的行线上的值必为 0。这样，当一个按键被按下时，必定可读到一对唯一的行列值。

仍然以前文示例中的按键 9 被按下为例，线反转法的处理流程如下。

P1.3～P1.0 行线输出为 0000（全选通），按键 9 被按下，行列导通，因此其对应的列线 P1.5 的输入为 0，其余列线为 1，故 P1.7～P1.4 输入为 1101。

此时，CPU 仅能确定 P1.5 对应的第 2 列有按键被按下。于是，信号反转，将列线作为输出线，输出 1101（选中 P1.5 对应的第 2 列），将行线作为输入线，按键 9 被按下，行列导通，因此其对应的行线 P1.2 的输入为 0，其余列线为 1，故 P1.3～P1.0 输入为 1011。

将行码和列码组合，形成按键 9 对应的键值编码 11011011B（0xDB）。

读者可根据上述方法，列出其他按键的键值编码。

综上，矩阵非编码键盘编程包括以下过程。

（1）判断是否有按键被按下（注意要调用延时 5ms 子程序判断，以消除抖动的影响）。

（2）若有按键被按下，通过行扫描法或线反转法识别闭合按键的行值和列值。

（3）采用计算法或查表法将闭合按键的行值和列值转换成定义的键值。

（4）根据得到的不同键值采用不同的处理程序。

【任务实施】

任务实施 02-5

1．硬件电路设计

设计 4×4 矩阵非编码键盘，单片机的 P1.0～P1.3 口连接矩阵的行线，P1.4～ P1.7 口连接矩阵的列线。单片机的 P0 口和 P2 口分别外接 2 位数码管，用于显示键名。16 个按键分别代表 0～F。在 Proteus 中绘制电路原理图，如图 2.49 所示。

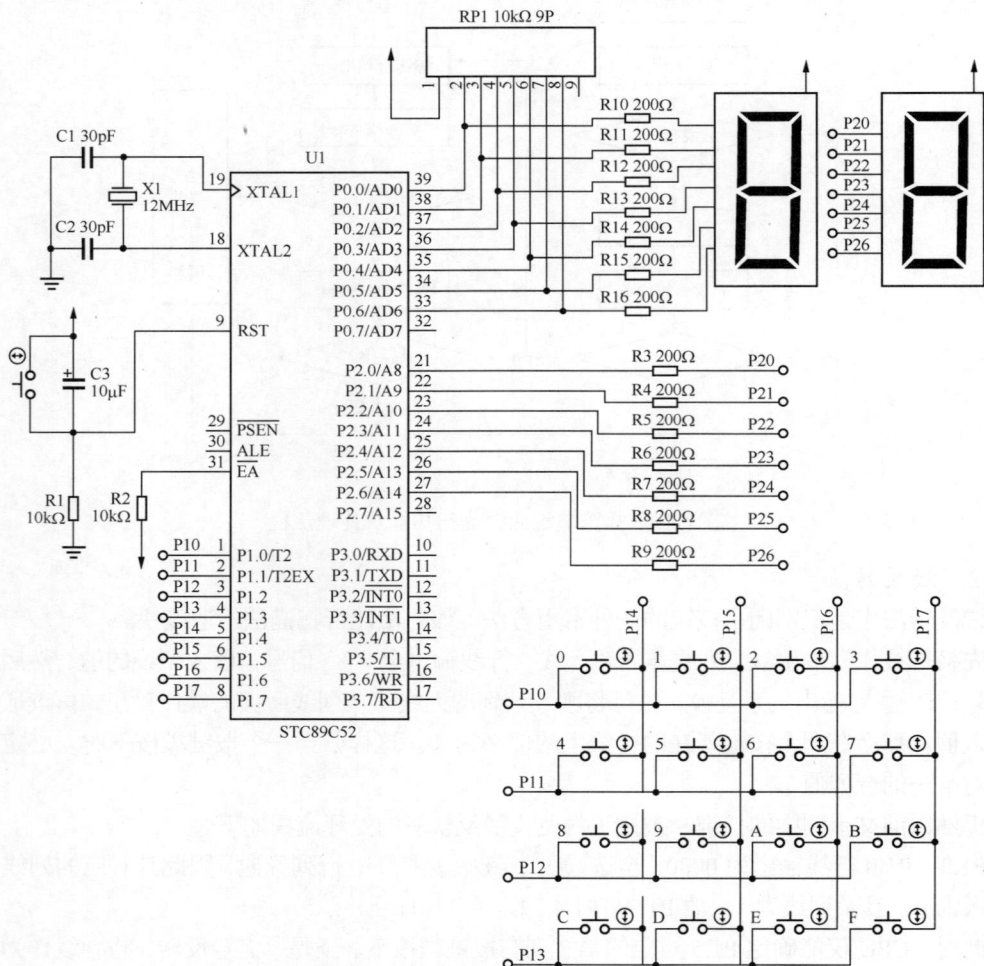

图2.49　4×4矩阵非编码键盘控制系统电路原理图

2. 软件设计

根据电路连接，列出 16 个按键的键值，如表 2.18 所示。

表 2.18　4×4 矩阵非编码键盘键值

键名	键值	键名	键值
0	0XEE	8	0XEB
1	0XDE	9	0XDB
2	0XBE	A	0XBB
3	0X7E	B	0X7B
4	0XED	C	0XE7
5	0XDD	D	0XD7
6	0XBD	E	0XB7
7	0X7D	F	0X77

按照行扫描法的思想，编写键盘检测程序，在按键处理程序中根据键值"译出"键名，并送给显示器显示。按键处理程序中，用 switch 语句是较为合适的。参考程序如下。

```
/****************************************************/
/*            矩阵非编码键盘控制程序               */
/*       P1.0～P1.3 连接行线，P1.4～P1.7 连接列线   */
/*                   行扫描法                      */
/****************************************************/
#include <reg51.h>
unsigned char disp[10]={0xC0,0xF9,0xA4,0xB0,0x99,0x92,0x82,0xF8,0x80,0x90};
//共阳极码字表
unsigned char scanh[4]={0xFE,0xFD,0xFB,0xF7};          //4 位行扫描
void delay1ms(unsigned char x);

unsigned char keyscan( )
{unsigned char i,temp,keyvalue,kv=0xFF;
    for(i=0;i<4;i++)
      {
          P1=scanh[i];
          keyvalue=P1&0xF0;
          if(keyvalue!=0xF0)
          {
              delay1ms(5);
              keyvalue=P1&0xF0;
                if(keyvalue!=0xF0)
                {
                    temp=scanh[i]&0x0F;
                    keyvalue|=temp;
                    kv=keyvalue;
                }
          }
      }
    switch(kv)
        { case 0xEE:kv=0;break;               //转变成键值 00～15
          case 0xDE:kv=1;break;
          case 0xBE:kv=2;break;
          case 0x7E:kv=3;break;
          case 0xED:kv=4;break;
```

```
                case 0xDD:kv=5;break;
                case 0xBD:kv=6;break;
                case 0x7D:kv=7;break;
                case 0xEB:kv=8;break;
                case 0xDB:kv=9;break;
                case 0xBB:kv=10;break;
                case 0x7B:kv=11;break;
                case 0xE7:kv=12;break;
                case 0xD7:kv=13;break;
                case 0xB7:kv=14;break;
                case 0x77:kv=15;break;
            }
    return      kv;
}

void delay1ms(unsigned char x)
{
    unsigned char i,j;
    for(;x>=1;x--)
       for(i=2;i>0;i--)
          for(j=250;j>0;j--);
}

void main()
 {unsigned char keyvalue1;
  P0=0;
  P2=0;
   while(1)
     { keyvalue1= keyscan();                  //调用读按键子程序
       if (keyvalue1!=0xFF )
       {P0=disp[keyvalue1/10];                //显示，/表示整除，获得十位数字
       P2=disp[keyvalue1%10];}                //%表示取余，获得个位数字
       while(keyvalue1!=0xFF )
           keyvalue1= keyscan();              //等按键释放
     }
}
```

采用线反转法编写按键检测部分，代码如下，请读者自行完成控制代码的编写并进行硬件仿真。

```
/*********************************************/
/*线反转法键盘扫描程序                        */
/*********************************************/
unsigned char keyscan()
  { unsigned char temp,keyvalue,kv=0xFF;
    P1=0xF0;                                  //选通所有行
    keyvalue=P1&0xF0;                         //读取列值
    if(keyvalue!=0xF0)
    {
        delay1ms(5);                          //消抖延时
        keyvalue=P1&0xF0;
        if(keyvalue!=0xF0)
        {
          temp=keyvalue;                      //暂存列值
          P1=0xF;                             //行列反转或 P1=keyvalue
          keyvalue=P1&0xF;
          if(keyvalue!=0xF)
```

```
            {
                delay1ms(5);
                keyvalue=P1&0xF;                //读取行值
                if(keyvalue!=0xF)
                keyvalue|=temp;                 //合成键值
                kv=keyvalue;
                }
            }
        }
    switch(kv)
        {   case 0xEE:kv=0;break;               //转变成键值00~15
            case 0xDE:kv=1;break;
            case 0xBE:kv=2;break;
            case 0x7E:kv=3;break;
            case 0xED:kv=4;break;
            case 0xDD:kv=5;break;
            case 0xBD:kv=6;break;
            case 0x7D:kv=7;break;
            case 0xEB:kv=8;break;
            case 0xDB:kv=9;break;
            case 0xBB:kv=10;break;
            case 0x7B:kv=11;break;
            case 0xE7:kv=12;break;
            case 0xD7:kv=13;break;
            case 0xB7:kv=14;break;
            case 0x77:kv=15;break;
        }
    return kv;
}
```

3. 仿真调试

在 Keil 中编译并生成 HEX 文件，将其装载到 Proteus 中，仿真运行，观察运行结果。

【课后任务】

（1）根据表 2.19 所示的元器件清单，自行设计电路并焊接，完成本任务的实物制作。

表 2.19　元器件清单

元件名称	型号	数量/件	元件名称	型号	数量/件
单片机	STC89C52RC	1	数码管	共阳极	2
晶振	12MHz	1	排阻	10kΩ9P	1
瓷片电容	30pF	2	电阻	10kΩ	2
电解电容	10μF/16V	1	电阻	200Ω	14
IC 插座	DIP40	1	按键	—	17
电路板	单面万能板	1			

（2）在本项目任务 2.1 的流水灯电路中，增加 4 个独立按键，每个按键对应一种流水形式。设计程序，每按一个按键，就按照对应的流水形式显示。

【任务小结】

（1）在用到的按键较少且单片机的口线够用时，可以采用独立式按键进行设计，注意编程时要对按键进行消抖，避免误操作。请读者在前面的任务的程序中添加消抖程序，方法是延时

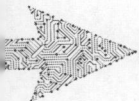

5~10ms，再判断按键是否被按下。

（2）当用到的按键较多时，一般采用矩阵非编码键盘，请掌握相应的硬件电路设计和软件编程方法。

••• 【项目总结】 •••

（1）常见的 7 段数码管显示器按内部结构划分，可分为共阴极和共阳极两种，根据电路连接和显示器的内部结构，列出字形码，待显示的字符经过显示译码后送到输出口。显示译码在 C51 中通常使用数组来实现。

显示方式分为静态和动态两种。静态显示常用于显示位数少于 2 的情况。动态显示则利用人眼的视觉暂留效应，实现多位数码管"同时"显示，延时时间常用 2ms。

（2）点阵显示器是由 LED 按矩阵方式排列而成的，常见的点阵大小有 5×7、8×8，显示控制常用动态扫描法。

（3）液晶显示器由于具有功耗低、抗干扰能力强等优点，日渐成为各种便携式产品、仪器仪表以及工控产品的理想显示器。单片机中常用点阵字符型、点阵图形型液晶显示器，常用器件有 LCD1602 和 LCD12864。

（4）键盘是单片机应用系统中最常用的输入设备之一，通过键盘输入数据或命令，可以实现简单的人机对话。非编码键盘是单片机系统中常用的输入设备，仅由键开关组成，按键识别、键代码的产生以及消抖等功能均由软件编程完成。

按照键开关的排列形式，非编码键盘又分为线性非编码键盘和矩阵非编码键盘两种。矩阵非编码键盘的识别方法有行扫描法和线反转法两种。

••• 【习　题】 •••

1．填空题

（1）51 系列单片机共有两个程序存储器：片内程序存储器和（　　　　）程序存储器。

（2）51 系列单片机共有两个数据存储器：（　　　　）数据存储器和片外数据存储器。

（3）数据存储器用于暂存（　　　　）和运算结果。

（4）while 语句的特点是：先（　　　　），后执行。

（5）do-while 语句的特点是：先（　　　　），后判断。

（6）for（　；　；　）　D0= !D0;中 3 个表达式均被省略，因缺少条件判断，循环将会无限制地执行，形成无限循环，通常称为（　　　　）循环。

（7）在编写程序时，嵌套循环的书写要采用（　　　　）形式，使程序层次分明。

（8）数码管由 8 个 LED（a、b、c、d、e、f、g 和小数点 dp）构成，按结构分为共（　　　　）和共阳极两种。

（9）LCD1602 中 1602 的含义是每行显示（　　　　）个字符，共可显示 2 行。

（10）按键消除抖动的措施有两种：硬件消抖和（　　　　）消抖。

2．问答题

（1）STC89C52 单片机有哪些存储空间？它们是如何分布的？

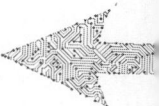

（2）STC89C52 内部 RAM 分为哪几个存储区域？它们对应的地址范围是多少？

（3）Keil C51 编译器将数据存储区域分为哪 6 种？

（4）Keil C51 编译器提供了哪 3 种存储模式？

（5）简述 C51 语言中的两种辅助控制语句 break 和 continue 的作用。

（6）简述数码管动态扫描的原理。

（7）简述矩阵非编码键盘行扫描法的原理，并编写对应的按键扫描函数。

3. 设计题

（1）设计一个用于十字路口的模拟交通信号灯，要求红灯亮 28s，绿灯亮 25s，黄灯闪烁 3s，在 4 个方向上各用两位共阳极数码管进行倒计时显示，请设计硬件电路，并编写控制程序。

（2）设计汽车模拟转向灯，要求用 3 个按键、两个 LED 模拟左转、右转、双跳灯闪烁功能。

（3）在温度控制中，常要求设定温度控制的目标值，要求用按键、LCD 等设计一个电路，要求输入两位温度设定值，并在 LCD 上显示。

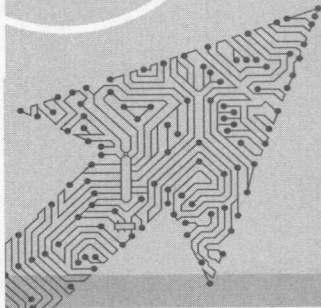

【项目导读】

在我们的生产和生活中，经常用到定时器、计数器及时钟，图 3.1 所示为常见的定时器、计数器及时钟的应用。图 3.1（a）所示是带时间显示的交通信号灯；图 3.1（b）所示是工业上常用的产品计数器，通过对接近开关高低电平的检测，实现对产品个数或长度的计数；图 3.1（c）所示是带温湿度检测功能的电子钟。

在前面的项目中我们学习了用延时来实现图 3.1（a）所示的交通信号灯的设计。采用延时方法虽然能实现交通指挥功能，但单片机需花大量时间在延时上，严重影响了单片机去处理其他事情，执行效率低。

那么应采取哪种高效的方法来实现定时、计数功能呢？其实单片机本身就具有定时器/计数器，另外芯片厂家也提供了各自的时钟芯片，通过单片机的定时器/计数器以及时钟芯片很容易实现定时、计数及时钟方面的应用，下面我们来一起学习吧！

（a）交通信号灯　　　（b）产品计数器　　　　　（c）电子钟

图3.1　常见的定时器、计数器及时间的应用

很多测控系统中都带有具有时钟功能的模块，或按一定的时间间隔对某个参数进行定时检测及控制，或对某种事件进行计数。若通过用户编写功能程序完成该功能，必然会消耗 CPU 和存储器资源，影响效率。因此，几乎所有的单片机内部都提供了可编程的定时器/计数器，独立实现定时或计数功能，不占用 CPU，这无疑简化了测量和控制系统（简称测控系统）的设计。本项目将练习利用单片机的定时器/计数器实现测控系统中的时钟模块设计，并掌握时钟芯片的应用。

学海领航	[古老漏刻 现代应用]从古人最早尝试用漏刻、日晷测量时间，到现在用原子钟准确地计时，人类一直在为测量时间而奋斗。人们对科学技术的追求是无穷无尽的，它是人类社会不断发展的重要动力
素养目标	树立文化自信，培养精益求精的工匠精神，激发学习热情，培养科技报国的家国情怀
知识目标	（1）了解 51 单片机定时器/计数器的结构、工作原理。 （2）学会用查询的方法处理定时器/计数器溢出的情况。

知识目标	（3）了解 51 单片机中断系统的结构、工作原理。 （4）学会用中断的方法对定时器/计数器以及外部中断进行编程。 （5）了解专用时钟芯片 DS1302 的结构、工作原理，掌握单片机与 DS1302 的接口电路设计以及程序编写。 （6）巩固数码管、按键、液晶显示器的使用
技能目标	（1）掌握用单片机控制、输出不同音调的方法。 （2）学会并掌握在 Proteus 中利用虚拟示波器辅助硬件调试的方法。 （3）熟练掌握子程序设计技巧
学习重点	（1）学会用中断的方法对定时器/计数器以及外部中断进行编程。 （2）掌握单片机与 DS1302 的接口电路设计以及程序编写。
学习难点	（1）学会用中断的方法对定时器/计数器以及外部中断进行编程。 （2）掌握单片机与 DS1302 的接口电路设计以及程序编写
建议学时	20 学时
推荐教学方法	任务 3.1 讲解单片机定时器/计数器的结构、工作原理，并重点讲解如何用查询的方法处理定时器/计数器溢出的情况；任务 3.2 讲解 51 单片机中断系统的结构、工作原理，重点讲解用中断的方法对定时器/计数器以及外部中断进行编程；任务 3.3 重点讲解 DS1302 的程序编写。在教学过程中，以任务实施为切入点，引导学生边做边学，将"相关知识"融入"任务实施"中
推荐学习方法	读者可以先了解"相关知识"的内容，然后按"任务实施"进行动手操作，在操作的过程中，再返回阅读"相关知识"的内容，巩固理论知识。并通过相关硬件的焊接制作，进一步熟悉单片机定时器/计数器及时钟芯片的应用

••• 任务 3.1　报警声发生器设计 •••

【任务要求】

　　组装一个报警声发生器，由单片机外接蜂鸣器控制发声，上电后发出"滴——嘟——滴——嘟——"高低音交错的报警声。

【相关知识】

　　报警声"滴——嘟——"其实就是对应不同频率的声音，只需将单片机结合这些频率输出相应的脉冲信号控制蜂鸣器即可，而用单片机产生这些脉冲信号，可以通过定时器/计数器实现，下面来具体了解下单片机的定时器/计数器的相关知识。

知识1　定时器/计数器的结构及工作原理

1. 定时器/计数器的结构

STC89C52 单片机内有两个 16 位二进制定时器/计数器 T0 和 T1，其逻辑结构如图 3.2 所示。

　　两个 16 位定时器/计数器分别由两个 8 位特殊功能寄存器组成，即 T0 由 TH0 和 TL0 组成，T1 由 TH1 和 TL1 组成。TH0、TL0 和 TH1、TL1 用于存放定时器或计数器初始设定值。每个定时器/计数器都可由软件设置成定时器模式或计数器模式，在这两种模式下，又可单独设定为方式 0、方式 1、方式 2 和方式 3，共 4 种工作方式。定时器/计数器的启停由软件通过控制寄存

器来控制。

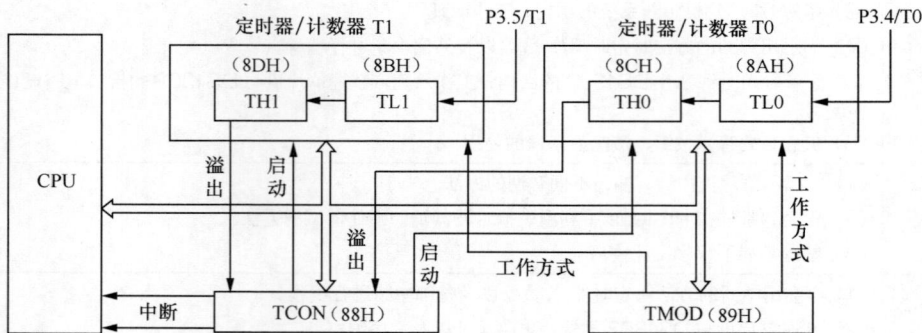

图3.2　STC89C52定时器/计数器逻辑结构

2. 定时器/计数器的工作原理

定时器/计数器是一个二进制的加1寄存器，启动后就开始从设定的计数初值开始加1计数，寄存器计满回零时能自动产生溢出中断请求。但定时器与计数器两种模式下的计数方式不相同。

在定时器模式下，这个加1信号来自振荡器的12分频信号，即每个机器周期计数器加1，直到计满溢出。因此定时时间就是计数的个数×1个机器周期的时间。这种模式可以产生定时中断信号，实现定时功能以及设计出不同频率的信号源。

在计数器模式下，该寄存器在相应的外部输入脚P3.4/T0和P3.5/T1上出现从1到0的变化时加1计数。这种模式适合对外部脉冲信号进行计数，比如通过传感器对产品个数进行计数等。

由于单片机在每个机器周期采样一次外部输入信号，故需要两个机器周期辨认一次1到0的变化。因此对外部输入信号，最大的计数频率是时钟频率的1/24，且外部输入信号的高低电平保持时间均需大于一个机器周期。

定时器/计数器是单片机中工作相对独立的器件，当将其设定为某种工作方式并启动后，它就会独立进行计数，不再占用CPU，直到计满溢出才向CPU申请中断处理。此时，用户又可以重新设置定时器/计数器的工作方式，由此可见，它是一个工作效率高且工作灵活的器件。

那么如何来确定定时器/计数器的工作方式呢？

知识2　定时器/计数器的控制寄存器

STC89C52的定时器/计数器是独立可编程器件，主要是由几个专用寄存器构成的。可编程就是能通过软件读/写这些专用寄存器，达到控制定时器/计数器实现不同功能的目的。使用时需先通过初始化程序确定其工作模式和工作方式，然后才能在程序的适当位置控制其工作。

STC89C52对内部定时器/计数器的控制主要是通过对定时器工作方式寄存器（TMOD）和定时器控制寄存器（TCON）两个特殊功能寄存器的编程来实现的。

1. TMOD

TMOD为特殊功能寄存器，其地址为89H，用于控制T0和T1的工作方式，低4位用于控制T0，高4位用于控制T1，TMOD各位的定义如图3.3所示。由于寄存器TMOD不能进行位寻址，因此它的各位状态只能通过CPU对其进行字节赋值来设定，而不能对其中的位进行赋值，复位时各位状态为0。

TMOD各位的控制功能说明如下。

	D7	D6	D5	D4	D3	D2	D1	D0	
TMOD	GATE	C/T̄	M1	M0	GATE	C/T̄	M1	M0	(89H)

定时器 T1 方式字段 ←————→ 定时器 T0 方式字段

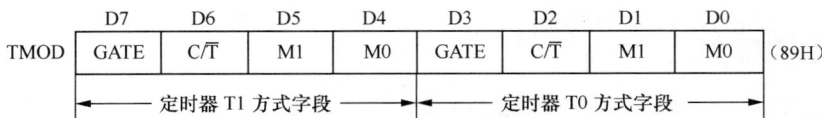

图3.3　TMOD各位的定义

（1）M0、M1：工作方式控制位。两位可形成 4 种二进制编码，可控制产生 4 种工作方式，如表 3.1 所示。

表 3.1　T0、T1 工作方式选择

M1	M0	工作方式	计数器功能
0	0	方式 0	13 位计数器
0	1	方式 1	16 位计数器
1	0	方式 2	自动重装初值的 8 位计数器
1	1	方式 3	T0 分为两个 8 位独立计数器；T1 用于停止计数

（2）C/T̄：模式控制选择位。C/T̄=0 为定时器模式，C/T̄=1 为计数器模式。

（3）GATE：门选通位。当 GATE=0 时，只要使 TCON 中的 TR0（或 TR1）置 1，就可启动定时器 T0（或 T1）工作。当 GATE=1 时，只有 $\overline{INT0}$（或 $\overline{INT1}$）引脚为高电平且 TR0（或 TR1）置 1 时，定时器才能启动工作。

在确定了定时器的工作方式后，就可以用 TCON 启动定时器了。

2. TCON

TCON 是一个 8 位特殊功能寄存器，其地址为 88H，用于控制定时器的启动与停止以及标志定时器溢出中断申请。TCON 既可进行字节寻址又可进行位寻址。TCON 复位时所有位被清零。TCON 各位的定义如图 3.4 所示。

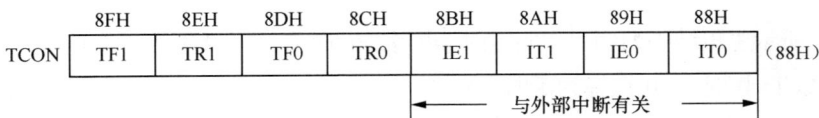

	8FH	8EH	8DH	8CH	8BH	8AH	89H	88H	
TCON	TF1	TR1	TF0	TR0	IE1	IT1	IE0	IT0	(88H)

与外部中断有关

图3.4　TCON各位的定义

（1）TR0 和 TR1 分别用于控制 T0 和 T1 的启动与停止。

（2）TF0：定时器 T0 溢出中断请求。当定时器 T0 产生溢出时，T0 中断请求标志位 TF0 置 1，请求中断处理。

（3）TF1：定时器 T1 溢出中断请求。当定时器 T1 产生溢出时，T1 中断请求标志位 TF1 置 1，请求中断处理。

在实际应用中，如何判断定时器是否产生溢出？可以对标志位 TF0、TF1 进行查询，也可以利用中断的方法进行处理。

定时器/计数器 T0 和 T1 是在 TMOD 和 TCON 的联合控制下进行定时或计数工作的，其输入时钟与控制逻辑可用图 3.5 表示。

前面介绍了通过 TMOD 可以设置定时器/计数器的工作方式，通过 TCON 的 TR0/TR1 位可以启动、停止定时器/计数器。那么又如何确定其定时时间呢？这就涉及定时器/计数器的几种工作方式的选择，下面来具体介绍。

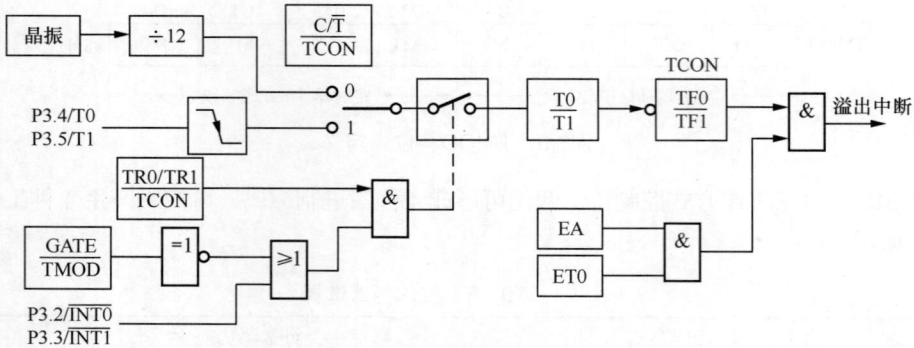

图3.5　T0和T1输入时钟与控制逻辑

知识3　定时器/计数器的工作方式

定时器/计数器 T0 和 T1 通过 C/$\overline{T}$ 可设置成定时、计数两种工作模式。在每种模式下通过对 M1、M0 的设置又有 4 种不同的工作方式，T0 和 T1 在方式 0、方式 1、方式 2 下的工作情况是相同的，只在方式 3 工作时情况不同。

下面详细介绍 4 种工作方式下的定时器/计数器的逻辑结构及工作情况。

1. 方式 0

方式 0 时，定时器/计数器被设置为一个 13 位的计数器，由 TH0 的高 8 位和 TL0 的低 5 位组成，其中 TL0 的高 3 位不用。当 TL0 的低 5 位计满溢出时，向 TH0 进位，当计数器的值为全 1 时，下次的加 1 计数将使计数器复位为全 0，此时 TH0 溢出使中断标志位 TF0 置为 1，并申请中断。当中断被禁止时（ET0=0），可通过查询 TF0 位是否置位来判断 T0 是否结束计数。若要使 T0 再次计数，则 CPU 必须在中断服务程序或程序的其他位置重新装入初值。

以图 3.6 所示逻辑结构为例，说明定时器/计数器 T0 在方式 0 下的工作情况。

（1）当 C/$\overline{T}$=0 时，T0 选择为定时器模式，从图 3.6 中可见，计数频率为系统时钟频率的 1/12，即一个机器周期。如晶振频率是 12MHz，则机器周期为 1μs。

这个模式下，定时时间 T=（2^{13}−T0 初值）×机器周期。

（2）当 C/$\overline{T}$=1 时，T0 选择为计数器模式，对输入脚 P3.4/T0 输入的外部电平信号由 1 到 0 的负跳变进行加 1 计数。

（3）当 GATE=0 时，或门的另一个输入信号 $\overline{INT0}$ 不起作用，仅用 TR0 来控制 T0 的启动与停止。

（4）当 GATE=1 时，$\overline{INT0}$ 和 TR0 同时控制 T0 的启动和停止。只有当两者都为 1 时，定时器 T0 才能启动计数。

定时器/计数器 T1 在方式 0 下工作时的逻辑结构与 T0 类似。

2. 方式 1

方式 1 时，定时器/计数器被设置为一个 16 位加 1 的计数器，该计数器由高 8 位 TH1 和低 8 位 TL1 组成。定时器/计数器在方式 1 下的工作情况与在方式 0 下的基本相同，最大的区别是方式 1 的计数器位数是 16 位。

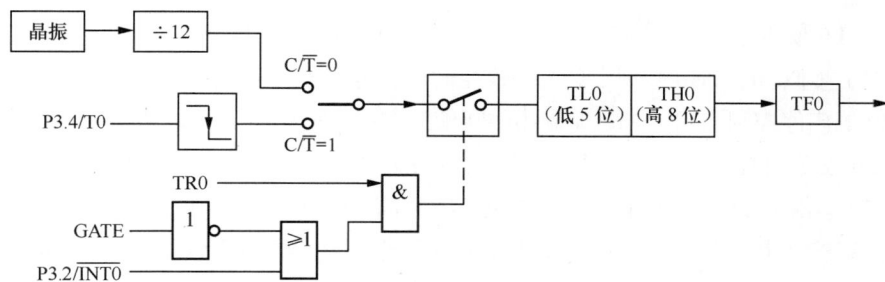

图3.6 定时器/计数器T0在方式0下工作的逻辑结构

定时器模式下的定时时间 $T=(2^{16}-T0$ 初值$)\times$机器周期。

3. 方式 2

方式 2 时,定时器/计数器被设置成一个 8 位计数器 TL0(或 TL1)和一个具有计数初值重装功能的 8 位寄存器 TH0(或 TH1)。定时器/计数器 T0 在方式 2 下工作的逻辑结构如图 3.7 所示。

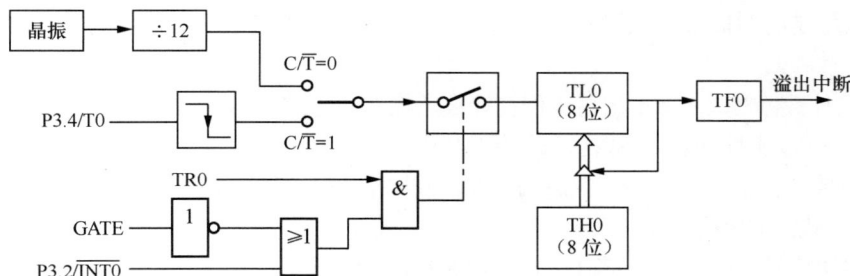

图3.7 定时器/计数器T0在方式2下工作的逻辑结构

当计数器 TL0(或 TL1)从计数初值加 1 计数并溢出时,除了把相应的溢出标志位 TF0(或 TF1)置1外,同时还将 TH0(或 TH1)中的计数初值重新装入 TL0(或 TL1)中,使 TL0(或 TL1)重新开始计数。在重装过程中,TH0(或 TH1)中的数值保持不变。如果在 TH0(或 TH1)中由软件改为新的计数初值,则下次重装时向 TL0(或 TL1)中将装入新的计数初值。

定时器模式下的定时时间 $T=(2^8-TH0$ 初值$)\times$机器周期。

4. 方式 3

定时器/计数器 T0 和 T1 在前 3 种工作方式下的功能是完全相同的,但在方式 3 下 T0 与 T1 的功能相差很大。当 T1 设置为方式 3 时,它将保持初值不变,并停止计数,其状态相当于将启停控制位设置成 TR1=0,因而 T1 不能工作在方式 3 下。而当 T0 设置为方式 3 时,T0 的两个寄存器 TH0 和 TL0 被分成两个互相独立的 8 位计数器,其逻辑结构如图 3.8 所示。

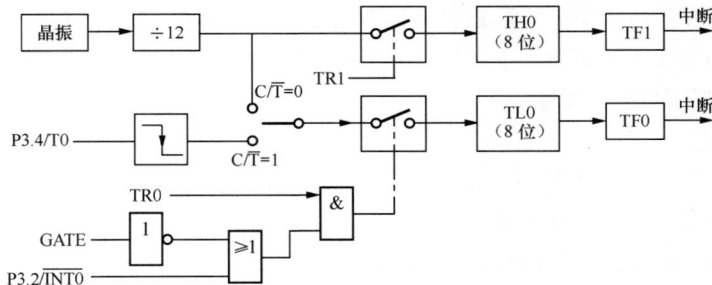

图3.8 定时器/计数器T0在方式3下工作的逻辑结构

其中，TL0 使用了 T0 的所有控制位：$C/\overline{T}$、GATE、TR0、$\overline{INT0}$ 和 TF0。其工作情况与方式 0 和方式 1 类似。而 TH0 被规定只能用作定时器，对机器周期计数，而不能对外部事件脉冲计数，TH0 的启停控制借用了 TR1，溢出中断使标志位 TF1 置位，并申请中断。

当把 T0 设置为方式 3 时，T1 虽然不能工作在方式 3 下，但可设置为在方式 0、方式 1 和方式 2 下工作。由于 TR1 和 TF1 已被 TH0 占用，因而 T1 只能由控制位 $C/\overline{T}$ 的模式切换来控制运行，而且不能产生溢出中断申请，这时 T1 适合用在不需要中断控制的定时器场合，比如用于作串口的波特率发生器等。

知识4　定时器/计数器的初始化

单片机上电复位后，TMOD、TCON 等特殊功能寄存器都处于清零状态，因而要想使定时器/计数器正确工作，必须先进行初始化，具体步骤如下。

（1）确定定时器/计数器的工作方式，将相应的控制字写入 TMOD 中。

（2）根据定时时间或计数次数，计算定时初值或计数初值，并写入 TH0、TL0 或 TH1、TL1 中。

定时器/计数器 T0、T1 不论是工作在计数器模式还是定时器模式，都是加 1 计数器，不同的工作方式下，定时初值和计数初值的计算方法如表 3.2 所示。

（3）根据需要开放定时器/计数器的中断，并设置中断优先级寄存器 IP 和中断允许寄存器 IE。若采用查询方式，本步骤可省。

（4）启动定时器/计数器，将 TCON 的 TR0 或 TR1 置 1。

表 3.2　定时初值和计数初值的计算方法

工作方式	计数位数	最大计数值	计数初值计算公式	最大定时时间	定时初值计算公式
方式 0	13	$2^{13}=8192$	$X=2^{13}-$ 计数值	$2^{13}\times T_机$	$X=2^{13}-T/T_机$
方式 1	16	$2^{16}=65536$	$X=2^{16}-$ 计数值	$2^{16}\times T_机$	$X=2^{16}-T/T_机$
方式 2	8	$2^8=256$	$X=2^8-$ 计数值	$2^8\times T_机$	$X=2^8-T/T_机$
方式 3	8	$2^8=256$	$X=2^8-$ 计数值	$2^8\times T_机$	$X=2^8-T/T_机$

其中：X 表示初值，T 表示定时时间，$T_机$ 表示机器周期，即 12 个时钟周期。

【任务实施】

1. 硬件电路设计

本任务的仿真电路如图 3.9 所示，在单片机最小系统的基础上，选择单片机的 P1.0 口作为输出口线，通过控制 PNP 型晶体管驱动一个蜂鸣器，在 Proteus 的工具栏中的虚拟仪器模式中选出示波器（OSCILLOSCOPE），如图 3.10 所示，将单片机的 P1.0 口连接到虚拟示波器的 A 输入通道，用于观察脉冲的周期。

2. 软件设计

设报警声高音调为 1kHz 信号，低音调为 500Hz 信号，因此问题就转变为用单片机的 P1.0 口交替输出 1kHz 和 500Hz 的方波信号。

首先考虑输出 500Hz 方波的问题。欲产生 500Hz 的等宽方波脉冲，只需在 P1.0 口以 2ms 为周期交替输出高低电平即可，也就是每 1ms 控制 P1.0 口输出电平的一次反转，此 1ms 便可采用定时来实现。本任务选用 T0 工作于方式 1，用查询方式完成。

（1）确定工作方式。使用 T0 工作于方式 1 的定时功能，GATE=0，则 TMOD 取 0x1。

（2）计算定时初值 X 并写入 TH0、TL0 中。

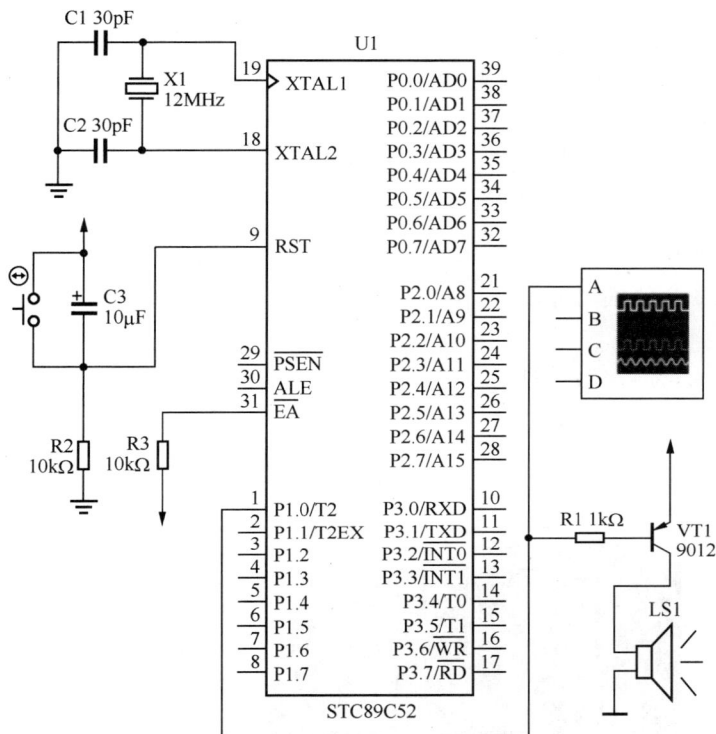

图3.9 报警声发生器Proteus仿真电路

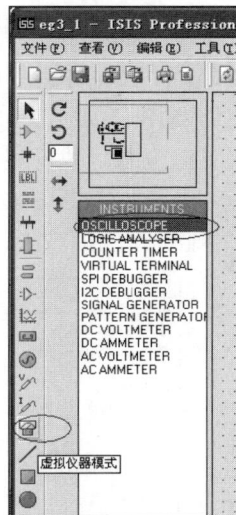

图3.10 选择虚拟示波器

本任务的定时时间 T 为 1ms，参考表 3.2，定时初值的计算公式为 $X=2^{16}-T/T_机$。本任务电路使用 12MHz 晶振，则一个机器周期为 1μs，代入公式并转换为 4 位十六进制数，得到

$$X=2^{16}-T/T_机=2^{16}-1ms/1μs=65536-1000=64536=0xFC18$$

则 T0 的初值 TH0=0xFC（即 X 的高 2 位十六进制数），TL0=0x18（即 X 的低 2 位十六进制数）。

（3）由 TCON 中的 TR0 控制 T0 的启停。

（4）根据上述分析，参考代码如下。

```
/*************************************************/
/*函数名称：main()函数                          */
/*函数功能：P1.0 口输出 500Hz 方波，晶振频率为 12MHz    */
/*************************************************/
#include <reg51.h>
sbit SPEAKER=P1^0;              //定义口线，不同的口线直接在此处修改即可
#define ValueH 0xFC;            //定义初值高位，不同的应用直接修改此处数据即可
#define ValueL 0x18;            //定义初值低位
void main()
{
    TMOD=0x1;                  //设定为工作方式 1
    TH0= ValueH;               //设定初始值
    TL0= ValueL;
    TR0=1;                     //启动定时
```

```
    while(1)
    {
        if(TF0)
        {
            TH0 = ValueH;              //重新设定初始值，因为此时的 TH0、TL0 已加到 0000
            TL0 = ValueL;
            SPEAKER =~ SPEAKER;        //取反，产生音调
            TF0=0;                     //软件将 TF0 清零
        }
    }
}
```

3. 仿真调试

在 Proteus 中双击单片机，将 Keil 中生成的 HEX 文件下载到单片机中，并设置当前时钟频率为 12MHz，如图 3.11 所示。

启动仿真，执行菜单命令 Debug→ 4.Digital Oscilloscope，如图 3.12 所示，在虚拟示波器窗口中观测 A 通道波形，如图 3.13 所示。

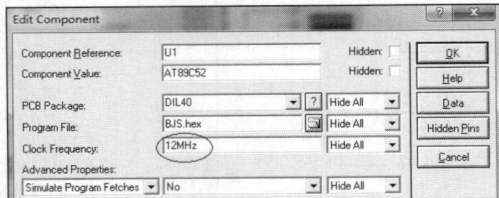

图3.11　下载目标文件并设置时钟频率

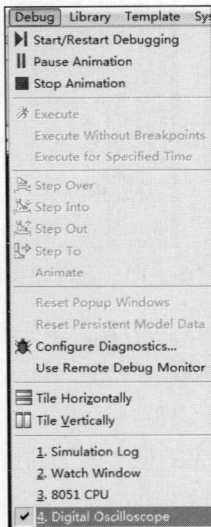

图3.12　执行菜单命令Debug→
4.Digital Oscilloscope

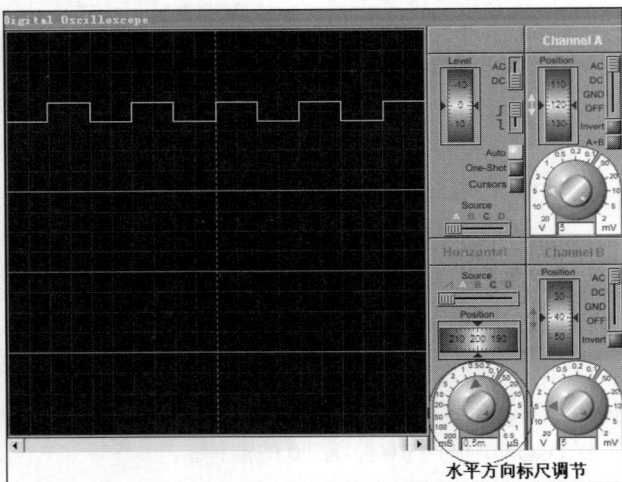

图3.13　在虚拟示波器窗口中观测波形

在图 3.13 中可清晰观测到，当前水平方向标尺为 0.5ms/div，A 通道波形周期为 2ms。

同理，若要改变蜂鸣器发声音调，只需要调整方波的频率即可。本任务中高音频率为 1kHz，对应上述程序，只需修改定时器的定时初值即可。此时，方波周期为 1ms，定时时间为 500μs。

代入公式

$$X=2^{16}-T/T_{机}=2^{16}-500μs/1μs=65036=0xFE0C$$

则 T0 的初值 TH0=0xFE，TL0=0x0C。

借鉴前面的程序，只需将定义初值的两条语句修改为：

```
#define ValueH 0xFE;
#define ValueL 0x0C;
```

此时，在 Proteus 中仿真时，会带动计算机的声卡发声，读者在调试时可借助音响或耳机监听。

本任务的要求是让单片机控制高低音轮流发声，设报警声高低音的切换周期为 1s，即高音 0.5s，低音 0.5s。只需将发出高音的程序循环 1000 次，发出低音的程序循环 500 次就可达到要求。

参考代码如下。

```
/*************************************************/
/*函数名称：main()函数                            */
/*函数功能：P1.0 口输出报警声，晶振频率为 12MHz    */
/*************************************************/
#include <reg51.h>
#define HighH 0xFE;            //高音初值
#define HighL 0x0C;
#define LowH 0xFC;             //低音初值
#define LowL 0x18;
sbit SPEAKER=P1^0;
unsigned int i;               //用于次数计数
void main()
{
    TMOD=0x1;                 //设定为工作方式 1
    TH0=HighH;                //设定初值
    TL0=HighL;
    TR0=1;                    //启动定时
    while(1)
    {
        for(i=1000;i>0;i--)   //高音，循环 1000 次，定时时间为 500μs，共 0.5s
        {
            while(!TF0);
            TH0=HighH;        //重新设定初值
            TL0=HighL;
            SPEAKER=~ SPEAKER;
            TF0=0;            //软件将 TF0 清零
        }
        for(i=500;i>0;i--)    //低音，循环 500 次，定时时间为 1ms，共 0.5s
        {
            while(!TF0);
            TH0=LowH;
            TL0=LowL;
            SPEAKER=~ SPEAKER;
            TF0=0;
        }
    }
}
```

在 Keil 中编译后生成 HEX 文件，并将其加载到 Proteus 中，启动硬件仿真，可听到报警声。

【课后任务】

（1）根据表 3.3 所示的元器件清单，自行设计电路并焊接，完成本任务的实物制作。

表 3.3 元器件清单

元件名称	型号/参数	数量/件	元件名称	型号/参数	数量/件
单片机	STC89C52RC	1	蜂鸣器	—	1
晶振	12MHz	1	晶体管	9012	1

续表

元件名称	型号/参数	数量/件	元件名称	型号/参数	数量/件
瓷片电容	30pF	2	电阻	1kΩ	1
电解电容	10μF/16V	1	电阻	10kΩ	2
IC 插座	DIP40	1	电路板	单面万能板	1
按键	—	1			

（2）若单片机晶振 f_{osc}=6MHz，利用定时器/计数器 T1 产生周期为 4ms 的方波，并由 P1.0口输出。请设计电路并编写程序。

（3）出租车计价器常采用霍尔式传感器对里程进行计量，方法是，在车轮上安装一个磁钢，霍尔式传感器固定在车轮附近，车轮每转一圈，霍尔式传感器靠近磁钢产生一个脉冲信号，通过对该脉冲信号进行计数，便可得到公式：行驶的里程=计数值×车轮的周长。请用定时器/计数器的计数功能，实现对里程的计量。

【任务小结】

（1）了解 51 单片机定时器/计数器的结构、工作原理。

（2）掌握定时器/计数器初始化的方法，包括 TMOD、TCON、TH0、TL0、TH1、TL1 的设置，并会用查询的方法处理定时器/计数器溢出的情况。

（3）掌握单片机控制输出不同音调、实现方波的方法。

（4）掌握在 Proteus 中利用虚拟示波器辅助硬件调试的方法。

【任务扩展】

知识5　门控位GATE的应用

在实际应用中，可以利用定时器/计数器 TMOD 中的 GATE 位，实现脉冲宽度的测量。待测量的脉冲从 P3.2（$\overline{INT0}$）或 P3.3（$\overline{INT1}$）口输入，设置 GATE=1，定时器/计数器工作于定时器模式并启动。但此时定时器并没有真正开始工作，需等到待测量脉冲到达（即 P3.2=1 或P3.3=1）才开始工作，待脉冲结束时，定时结束。

例 3.1　利用 T0 门控位测试 $\overline{INT0}$ 引脚上出现的正脉冲宽度（设该正脉冲宽度小于65536μs），如图 3.14 所示。已知时钟频率为 12MHz，将所测得值的高位存入片内 71H，低位存入片内 70H。

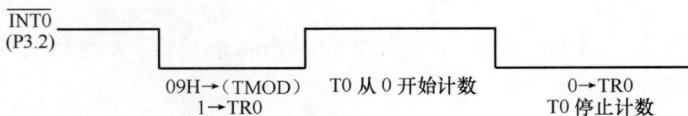

图3.14　正脉冲宽度示意

参考程序如下。

```
#include <reg51.h>
sbit P3_2=P3^2;
unsigned char data numh _at_ 0x71;     //定义变量，用于存储测得值的高位，绝对地址位于
```

片内 71H
```
  unsigned char data num1 _at_ 0x70;        //定义变量，用于存储测得值的低位，绝对地址位于
```
片内 70H
```
  void main()
  {
      TMOD=0x09;                            //设定为工作方式 1，带门控位
      TH0=0x0;                              //设定初始值
      TL0=0x0;
      while(P3_2);                          //等待信号变低
      TR0=1;                                //启动定时，准备工作
      while(!P3_2);                         //等待信号变高，进入定时工作
      while(P3_2);                          //等待信号变低，结束定时工作
      TR0=0;
      numh=TH0;                             //保存测量结果
      num1=TL0;
      while(1);
  }
```

注意：关键字 _at_ 用于定义变量的绝对地址，格式如下：

数据类型[存储区域]变量名_at_地址常数

读者也可采用存储器指针的方法指定变量的绝对地址，方法是：先定义一个存储器指针，然后将该指针变量赋值为指定存储区域的绝对地址值。例 3.1 中相应位置改为：

```
unsigned char data *p_numh;              //定义存储器指针
unsigned char data *p_num1;
…
p_numh = 0x71;                           //将指针变量赋值为具体的绝对地址
p_num1 = 0x70;
…
*p_numh = TH0;                           //对该绝对地址进行数据存储
*p_num1 = TL0;
```

请读者补全程序。

••• 技能训练 3.1　模拟电子琴的设计 •••

【任务要求】

设计一个简易电子琴，外接 7 个独立按键，分别代表 1234567（Do-Re-Mi-Fa-Sol-La-Si）的一个音阶，按下一个按键，蜂鸣器发出对应的声音。

【任务实施】

【功能分析】

不同音调的声音信号对应不同频率的音频脉冲（方波信号），例如，中音 Do 的频率是 523Hz，周期 $T=1/(523\text{Hz})≈1912\mu s$，半周期为 956μs，即每 956μs 输出电平取反。该时间就是定时时间，若选用定时器 T0 工作方式 1，代入公式 $X=2^{16}-T/T_机$，即可得到定时器的初值 TH0、TL0。若单片机的晶振频率为 12MHz，机器周期为 1μs，则初值的计算如下。

$$X=2^{16}-956\mu s/1\mu s =65536-956=64580=0xFC44$$

以此类推，7 个音调对应的频率、计数值和计数初值如表 3.4 所示。

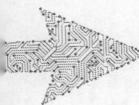

表 3.4　音调对应的频率、计数值和计数初值

音调	频率/Hz	计数值	计数初值
Do	523	956	0xfc44
Re	587	851	0xfcad
Mi	659	758	0xfd0a
Fa	698	716	0xfd34
Sol	784	637	0xfd83
La	880	568	0xfdc8
Si	988	506	0xfe06

高音对应的频率约是中音的两倍，计数值和计数初值请读者自行计算。

【参考电路】

参考电路可参考图 3.9，在单片机的口线上外接 7 个按键。

【参考程序】

参考任务 3.1 任务实施中的程序，增加对按键的判断后再播放声音信号。

••• 任务 3.2　秒表设计 •••

【任务要求】

用单片机制作一个简易秒表，外接两位数码管显示，可用两个按键分别控制秒表的启停。

【相关知识】

任务 3.1 中采用的是查询的方式对定时器/计数器 T0 进行处理，由于主程序中 while(!TF0) 语句一直等待 TF0 标志位置 1，这同样影响单片机的执行效率，有没有一种方法能进一步提高单片机的效率呢？答案是肯定的，那就是利用中断技术。那么什么是中断呢？STC89C52 的中断源有哪些呢？

知识1　中断的相关概念

中断系统是单片机的重要组成部分，在实际应用中，单片机的中断功能被广泛采用。首先了解几个相关概念。

1. 中断

中断是指计算机在执行某一程序（一般称为主程序）的过程中，当计算机系统有外部设备或内部器件要求 CPU 为其服务时，必须中断源程序的执行，转去执行相应的处理程序（即执行中断服务程序），待处理结束之后，再返回继续执行被中断的源程序。

CPU 通过中断功能可以分时操作启动多个外部设备同时工作、统一管理，并能迅速响应外部设备的中断请求，实时采集数据或故障信息，对系统进行相应处理，从而使 CPU 的工作效率得到很大的提高。

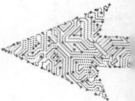

2. 中断源

中断源是指在单片机系统中向 CPU 发出中断请求的来源，中断源可以人为设定，也可以为响应突发性随机事件而设置。

单片机系统的中断源一般有外部设备中断源、控制对象中断源、定时器/计数器中断源、故障中断源等。

3. 中断优先级

一个单片机系统可能有多个中断源，且中断申请是随机的，有时可能会有多个中断源同时提出中断申请，而单片机 CPU 在某一时刻只能响应一个中断源的中断请求，当多个中断源同时向 CPU 发出中断请求时，必须按照优先级进行排队，CPU 先选定其中中断优先级高的中断源为其服务，然后按排队顺序逐一服务，完毕后返回断点地址，继续执行主程序。这就是"中断优先级"的概念。中断源的优先级是单片机硬件规定好的或软件事先设置好的。我们可以根据中断源在系统中的地位安排其优先级。

当单片机系统已经响应了某一中断请求，正在执行其中断服务，系统中的其他中断源又发出中断请求时，单片机是否响应呢？一般地，优先级同等或较低的中断请求不能中断正在执行的优先级高的中断服务程序，而优先级高的中断请求可以中断 CPU 正在处理的优先级低的中断服务程序，转而执行高级别的中断服务程序，这种情况称为中断嵌套。执行完后，先返回被中断的低级别的中断服务程序继续执行，执行完后再返回主程序。具有二级中断服务程序嵌套的响应示意如图 3.15 所示。

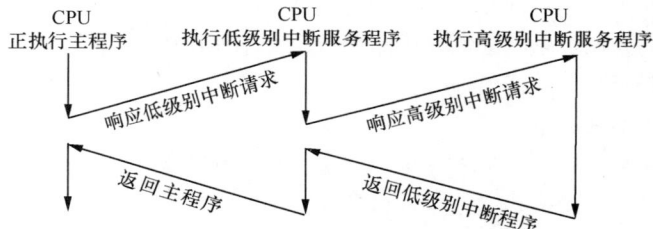

图3.15 具有二级中断服务程序嵌套的响应示意

单片机系统中有一个专门用于管理中断源的机构，就是中断控制寄存器，我们可以通过对它的编程来设置中断源的优先级以及是否允许某中断源的中断请求等。

知识2 中断源与中断函数

51 单片机具有 5 个中断源：两个外部中断源、两个定时器/计数器中断源及一个串口中断源。相对于外部中断源，定时器/计数器中断源和串口中断源为内部中断源。下面将进行详细介绍。

1. 外部中断源

外部中断源有两个：外部中断 0、外部中断 1（$\overline{INT0}$、$\overline{INT1}$），通常由外部设备发出中断请求信号，从 $\overline{INT0}$、$\overline{INT1}$ 引脚输入单片机。

外部中断请求有两种信号方式：电平方式和边沿触发方式。电平方式的中断请求是低电平有效，只要在外部中断输入引脚上出现有效低电平，就激活外部中断标志。边沿触发方式的中断请求是脉冲的负跳变有效。在这种方式下，两个相邻的机器周期内，外部中断输入引脚电平发生变化，即在第 1 个机器周期内为高电平，第 2 个机器周期内变为低电平，就激活外部中断

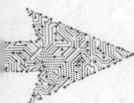

标志。由此可见，在边沿触发方式下，中断请求信号的高电平和低电平状态都应至少维持 1 个机器周期，以使 CPU 采样到电平状态的变化。

2. 定时器/计数器中断源

51 单片机内部定时器/计数器 T0 和 T1，在计数器发生溢出时，单片机内硬件自动设置一个溢出标志位，申请中断。

3. 串口中断源

串口中断源是为满足串行通信的需要设定的。串口每发送或接收完一帧数据后自动向中断系统提出中断。

4. 中断入口地址与中断服务程序

中断源发出中断请求，CPU 响应中断后便转向中断服务程序。中断源引起的中断服务程序的入口地址（中断向量地址）是固定的，不能更改。中断服务程序入口地址与编号如表 3.5 所示。

表 3.5　中断服务程序入口地址与编号

中断源	中断程序入口地址	中断编号
外部中断 0	0003H	0
定时器 T0	000BH	1
外部中断 1	0013H	2
定时器 T1	001BH	3
串口	0023H	4

为了方便用户使用，在 C51 语言中，对上述的 5 个中断源进行了编号，这样编写中断函数时就无须记忆具体的入口地址，只需在中断函数定义中使用中断编号，编译器就能自动根据中断源转向对应的中断函数并执行处理。

中断函数的定义格式如下：

```
void 函数名(void)interrupt 中断编号   [using 工作寄存器组编号]
{
可执行语句
}
```

下列程序片段定时器/计数器 T0 的中断服务程序，指定使用第 2 组工作寄存器。

```
unsigned int CNT1;
unsigned char CNT2;
…
void Timer()interrupt 1 using 2
{
    if(++CNT1==1000)                // CNT1 计数到 1000
    {
        CNT2++;                     // CNT2 开始计数
        CNT1=0;                     // CNT1 清零
    }
}
```

在编写 51 系列单片机中断函数时，应特别注意下列事项。

① 中断函数为无参函数，即中断函数的形参列表为空，同时也不能在中断函数中定义任何变量，否则将导致编译错误。中断函数内部使用的参数均应为全局变量。

② 中断函数没有返回值，即应将中断函数定义为 void 类型。

③ 中断函数不能直接被调用，否则将导致编译错误。

④ 中断函数进行浮点运算时要保存浮点寄存器的状态。

⑤ 如果在中断函数中调用了其他函数，则被调用函数所使用的寄存器组必须与中断函数的寄存器组相同。

⑥ 由于中断的产生不可预测，因此中断函数对其他函数的调用可能形成递归调用，编程时需注意。

知识3 中断标志与控制

51 系列单片机在每一个机器周期对所有中断源都顺序检查一遍，找到所有已激活的中断请求后，先使相应的中断标志位置位，然后在下一个机器周期的第 1 个状态周期检测这些中断标志位状态，只要不受阻断就开始响应其中最高优先级的中断请求。51 系列单片机中断标志位集中安排在定时器控制寄存器（TCON）和串口控制寄存器（SCON）中，下面进行详细介绍。

1. TCON

TCON 集中安排了两个定时器中断和两个外部中断的中断标志位，以及相关的几个控制位。表 3.6 所示为 TCON 各位的定义。

表 3.6　TCON 各位的定义

位名称	TF1	TR1	TF0	TR0	IE1	IT1	IE0	IT0
位地址	8FH	8EH	8DH	8CH	8BH	8AH	89H	88H

各位的作用如下。

（1）TF1（TCON.7）：定时器 T1 溢出中断标志位，位地址为 8FH。当定时器 T1 产生溢出时，由硬件自动置位，申请中断。待中断响应进入中断服务程序后由硬件自动清除。

（2）TR1（TCON.6）：定时器 T1 的启停控制位，位地址为 8EH。TR1 状态靠软件置位或清除。置位时，定时器 T1 启动，开始计数工作，清除时 T1 停止工作。

（3）TF0（TCON.5）：定时器 T0 溢出中断标志位，位地址为 8DH。作用与 TF1 类似。

（4）TR0（TCON.4）：定时器 T0 的启停控制位，位地址为 8CH，其他操作与 TR1 类似。

（5）IE1（TCON.3）：外部中断 1 边沿触发中断请求标志位，位地址为 8BH。当 CPU 检测到 $\overline{INT1}$（P3.3 口）上有外部中断请求信号时，IE1 由硬件自动置位，请求中断；当 CPU 响应中断进入中断服务程序后，IE1 被硬件自动清除。

（6）IT1（TCON.2）：外部中断 1 触发类型选择位，位地址为 8AH。IT1 状态可由软件置位或清除，当 IT1=1 时，设定的是后边沿（即由高变低的下降沿）触发请求中断方式；当 IT1=0 时，设定的是低电平触发请求中断方式。

（7）IE0（TCON.1）：外部中断 0 边沿触发中断请求标志位，位地址为 89H。其功能与 IE1 类似。

（8）IT0（TCON.0）：外部中断 0 触发类型选择位，位地址为 88H。其功能与 IT1 类似。

2. SCON

表 3.7 所示为 SCON 各位的定义。其中只有 TI 和 RI 两位用来表示串口中断标志位，其余各位用于串口的其他控制（将在项目 4 中详细介绍）。

（1）TI：串口发送中断标志位，位地址为 99H。在串口发送完一帧数据时，TI 由硬件自动置位（TI=1），请求中断；当 CPU 响应中断进入中断服务程序后，TI 状态不能被硬件自动清除，必须在中断程序中由软件来清除。

表 3.7　SCON 各位的定义

位名称	SM0	SM1	SM2	REN	TB8	RB8	TI	RI
位地址	9FH	9EH	9DH	9CH	9BH	9AH	99H	98H

（2）RI：串口接收中断标志位，位地址为 98H。在串口接收完一帧数据时，RI 由硬件自动置位（RI=1），请求中断，当 CPU 响应中断进入中断服务程序后，也必须由软件来清除 RI 标志位。

通过前文介绍可以看出，中断源申请中断时要先置位相应的中断标志位，CPU 检测到中断标志位之后才决定是否响应。一旦 CPU 响应了中断请求，相应的标志位就要被清除。如果不清除，CPU 退出本次中断服务程序后还要再次响应该中断请求，则会造成混乱，因此像串口中断这种需要软件来清除中断标志位的中断源，在软件编程中应加以注意。

各中断源的中断标志位被置位后，CPU 能否响应还要受到控制寄存器的控制，这种控制寄存器在 51 系列单片机中有两个，即中断允许控制寄存器 IE 和中断优先级控制寄存器 IP。下面分别进行详细介绍。

3. 中断允许控制寄存器 IE

51 系列单片机设有专门的开中断和关中断指令，中断的开放和关闭是通过中断允许控制寄存器 IE 各位的状态进行两级控制的。两级控制是指所有中断允许的总控制位和各中断源允许的单独控制位，每个状态位靠软件来设定。表 3.8 所示为中断允许控制寄存器 IE 各位的定义。

表 3.8　中断允许控制寄存器 IE 各位的定义

位名称	EA	—	ET2	ES	ET1	EX1	ET0	EX0
位地址	AFH	—	ADH	ACH	ABH	AAH	A9H	A8H

（1）EA（IE.7）：总允许控制位，位地址为 AFH。EA 状态可由软件设定，若 EA=0，则禁止所有中断源的中断请求；若 EA=1，则总控制被开放，但每个中断源是允许还是被禁止 CPU 响应，还受控于中断源的各中断允许控制位的状态。

（2）ET2（IE.5）：定时器 T2 溢出中断允许控制位，位地址是 ADH。若 ET2=0，则禁止 T2 溢出中断；若 ET2=1，则允许 T2 溢出中断。T2 定时器只有 89C52、8032 等芯片才有，89C51 没有这一定时器。

（3）ES（IE.4）：串口中断允许控制位，位地址是 ACH。若 ES=0，则串口中断被禁止；若 ES=1，则串口中断被允许。

（4）ET1（IE.3）：定时器 T1 的溢出中断允许控制位，位地址为 ABH。若 ET1=0，则禁止定时器 T1 的溢出中断请求；若 ET1=1，则允许定时器 T1 的溢出中断请求。

（5）EX1（IE.2）：外部中断 1 的中断请求允许控制位，位地址是 AAH。若 EX1=0，则禁止外部中断 1 请求；若 EX1=1，则允许外部中断 1 请求。

（6）ET0（IE.1）：定时器 T0 的溢出中断允许控制位，位地址是 A9H。其功能类似于 ET1。

（7）EX0（IE.0）：外部中断 0 的中断请求允许控制位，位地址是 A8H。其功能类似于 EX1。

51 系列单片机在上电时或复位时，IE 寄存器的各位都被复位成 0 状态，因此 CPU 处于所有中断关闭的状态，要想开放所需的中断请求，则必须在主程序中用软件指令来实现。IE 寄存器既有单元地址（A8H），各控制位又有各自的位地址（A8H～AFH），因而改变 IE 寄存器各位的状态，既可以改变整个字节，又可以通过位寻址方式直接改变某一位。

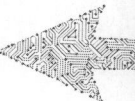

例如，若要开放外部中断 0 的中断请求，则改变整个字节，可用以下指令实现：

```
IE=0x81;
```

而对位赋值可用

```
EA=1;
EX0=1;
```

从中可看出，若要开放外部中断 0 的中断请求，仅使 EX0=1 不够，还必须使 EA=1。如果 EA=0，则所有中断源都将被关闭。

4. 中断优先级控制寄存器 IP

51 系列单片机的中断源优先级是由中断优先级控制寄存器 IP 进行控制的。5 个中断源总共可分为两个优先级，每一个中断源都可以通过寄存器 IP 中的相应位设置成高优先级中断或低优先级中断。因此，CPU 对所有中断请求只能实现两级中断嵌套。中断优先级控制寄存器 IP 各位的定义如表 3.9 所示。

表 3.9 中断优先级控制寄存器 IP 各位的定义

位名称	—	—	PT2	PS	PT1	PX1	PT0	PX0
位地址	—	—	BDH	BCH	BBH	BAH	B9H	B8H

（1）—（IP.7，IP.6）：保留位。

（2）PT2（IP.5）：定时器 T2 中断优先级控制位，位地址是 BDH。PT2=1 为高优先级，PT2=0 为低优先级。89C51 中没有定时器 T2。

（3）PS（IP.4）：串口中断优先级设定位，位地址是 BCH。PS=1 为高优先级，PS=0 为低优先级。

（4）PT1（IP.3）：定时器 T1 中断优先级控制位，位地址是 BBH。PT1=1 为高优先级，PT1=0 为低优先级。

（5）PX1（IP.2）：外部中断 1 优先级控制位，位地址为 BAH。PX1=1 为高优先级，PX1=0 为低优先级。

（6）PT0（IP.1）：定时器 T0 中断优先级控制位，位地址为 B9H，其功能与 PT1 类似。

（7）PX0（IP.0）：外部中断 0 优先级控制位，位地址为 B8H，其功能与 PX1 类似。

51 系列单片机的 5 个中断源通过中断优先级控制寄存器 IP 的设置，可分为高优先级中断和低优先级中断，一个正在响应的低优先级中断会由于高优先级中断请求而自动被中断，但不会由于另一个低优先级中断请求而中断；一个高优先级中断不会被任何其他的中断请求所中断。

如果同时收到两个不同优先级的请求，则较高优先级的请求先被响应。如果同一优先级的请求同时接收到，则由内部对中断源的查询次序决定先接收哪一个请求，表 3.10 所示为同一优先级中断源的内部查询次序。

表 3.10 同一优先级中断源的内部查询次序

中断源	中断标志	优先级
外部中断 0	IE0	高
定时器 T0 中断	TF0	
外部中断 1	IE1	↓
定时器 T1 中断	TF1	
串口中断	RI+TI	低

这个查询次序决定了同一优先级内的第二优先结构，是一个辅助优先结构，但不能实现中断嵌套。

知识4　中断系统结构

从前文的分析可以看出，51 系列单片机的中断系统主要由中断标志、中断允许控制寄存器 IE、中断优先级控制寄存器 IP 和相应的逻辑电路组成，结构如图 3.16 所示。

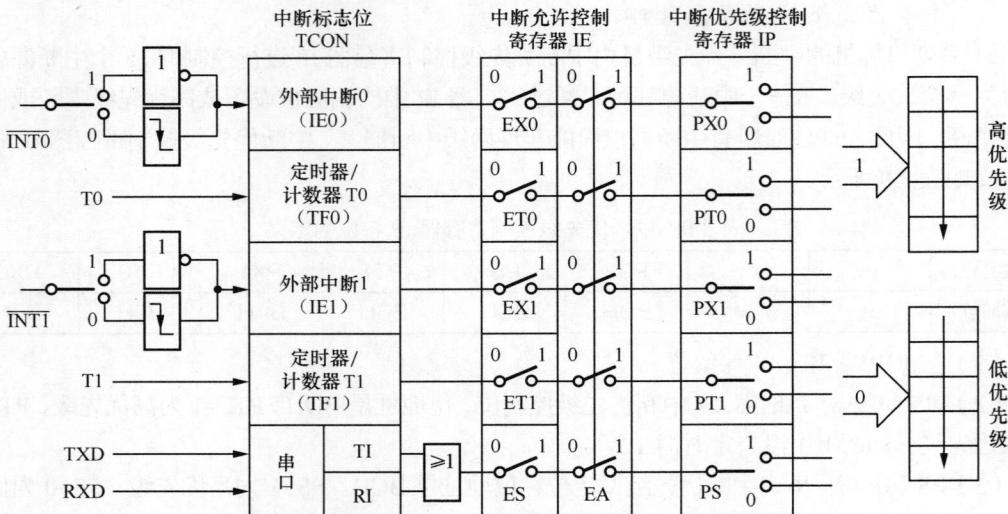

图3.16　51系列单片机中断系统的结构

知识5　中断请求的响应、撤除及返回

1. 中断的响应

从前文介绍的中断允许控制寄存器 IE 中可以看出，一个中断源发出请求后被 CPU 响应前，必须先得到 IE 寄存器的允许。如果不置位 IE 寄存器中的相应允许控制位，则所有中断请求都不能得到 CPU 的响应。

（1）在中断请求被允许的情况下，某中断请求被 CPU 响应时还受下列条件的影响。

① 当前 CPU 没有响应其他任何中断请求，则单片机在执行完现行指令后就会自动响应该中断。

② CPU 正在响应某中断请求时，如果新来的中断请求优先级更高，则单片机会立即响应新的中断请求，从而实现中断嵌套；如果新来的中断请求与正在响应的中断优先级相同或更低，则 CPU 必须等到现有中断服务完成以后，才会自动响应新的中断请求。

③ 在 CPU 执行中断函数返回、访问 IE 或 IP 寄存器指令时，CPU 必须等到这些指令执行完之后才能响应中断请求。

（2）单片机响应某一中断请求后要进行如下操作。

① 完成当前指令的操作。

② 保护断点地址，将程序计数器（PC）内容压入堆栈。这个过程又称现场保护。

③ 屏蔽同级的中断请求。

④ 将对应的中断服务程序入口地址送入 PC 寄存器，根据中断向量地址自动转入中断服务程序。

⑤ 执行中断服务程序。

⑥ 结束中断，从堆栈中自动弹出断点地址到 PC 寄存器，返回到先前断点处继续执行源程序。这个过程称为现场恢复。

2. 中断请求的撤除

中断源发出中断请求后，CPU 首先使相应的中断标志位置位，然后通过对中断标志位进行检测决定是否响应。一旦 CPU 响应某中断请求，在该中断程序结束前，必须把它的相应的中断标志位复位，否则 CPU 在返回主程序后将再次响应同一中断请求。

51 系列单片机的中断标志位的撤除（复位）有两种方法，即硬件自动撤除（复位）和软件撤除（复位）。

（1）定时器溢出中断的自动撤除。对于定时器 T0 和定时器 T1 的中断请求，CPU 响应后，自动由芯片内部硬件直接撤除相应的中断标志位 TF0、TF1，使用者无须采取其他任何措施。

（2）串口中断的软件撤除。对于串口中断请求，CPU 响应后，没有用硬件直接撤除其中断标志位 TI（SCON.1，发送中断标志位）、RI（SCON.0，接收中断标志位）的功能，必须靠软件复位撤除。因此在响应串口中断请求后，必须在中断服务程序中的相应位置通过指令将其撤除，例如可使用如下代码：

```
TI=0;
RI=0;
```

（3）负边沿请求方式外部中断的自动撤除。外部中断请求的中断标志位 IEi 的激活方式有两种：负边沿激活和电平激活。CPU 响应中断后，由 CPU 内部硬件自动撤除相应的中断标志位。但由于 CPU 没有对 $\overline{INT0}$、$\overline{INT1}$ 引脚的外来信号的控制功能，因而被撤除的中断标志位有可能再次被激活，从而重复引起中断请求，必须采用其他措施来避免这种情况。

对于负边沿激活方式，如果 CPU 在一个周期中对 $\overline{INT0}$、$\overline{INT1}$ 口的采样值为高电平，而下一个周期的采样值为低电平，则将 IE0、IE1 置位。CPU 响应中断后自动将 IE0、IE1 复位，因外部中断源在 CPU 执行中断服务程序时不可能再在 $\overline{INT0}$、$\overline{INT1}$ 上产生一个负边沿而使 IEi 重新置位，所以不会再次引起中断请求。

（4）电平请求方式外部中断的强制撤除。对于电平激活方式，如果 CPU 检测到 $\overline{INT0}$、$\overline{INT1}$ 上为低电平而将 IE0、IE1 置位，申请中断，则 CPU 响应后自动复位中断标志位 IE0、IE1。但如果外部中断源的低电平不能及时撤除，在 CPU 执行中断服务程序时，检测到 $\overline{INT0}$、$\overline{INT1}$ 上的低电平时又会使 IE0、IE1 置位，中断结束后又会引起中断请求，因此一般情况下不要选用这种工作方式。

为了使中断请求彻底撤除，一般可借助外部电路在中断响应后把中断请求输入端从低电平强制改为高电平，电路如图 3.17 所示。

外部中断请求信号不直接加在 $\overline{INT0}$ 口，而是加在 D 触发器的 CP 口。当外部中断源产生正脉冲中断请求时，由于 D 口接地，Q 口被复位成 0 状态，使 $\overline{INT0}$

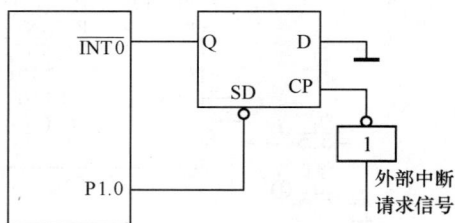

图3.17 撤除外部中断请求电路

121

口出现低电平，激活中断标志位 IE0（置 1）。单片机响应中断后，在中断服务程序中可采用下列指令在 P1.0 口输出一个负脉冲来撤除 $\overline{INT0}$ 上的低电平中断请求。

```
P1^0=0;
P1^0=1;
IE0=0;
```

上述代码中的第 1 句、第 3 句是十分必要的，第 2 句不但使 $\overline{INT0}$ 上的低电平变成高电平，撤除了中断，还使 D 触发器可以再次接收中断请求正脉冲信号。第 3 句用于撤除可能已被重复置位的中断标志位 IE0，使本次中断请求被彻底撤除。

3. 中断请求的返回

单片机响应中断后，自动执行中断函数，执行完毕，单片机就结束本次中断服务，返回源程序。

【任务实施】

1. 硬件设计

本任务中设计的简易秒表，要求两位显示，并利用按键控制启停。利用单片机的 P0 口和 P2 口外接两位数码管静态显示计时结果，利用单片机的 P1.6、P1.7 口外接两个按键作为秒表的启停按键，其电路原理图如图 3.18 所示。

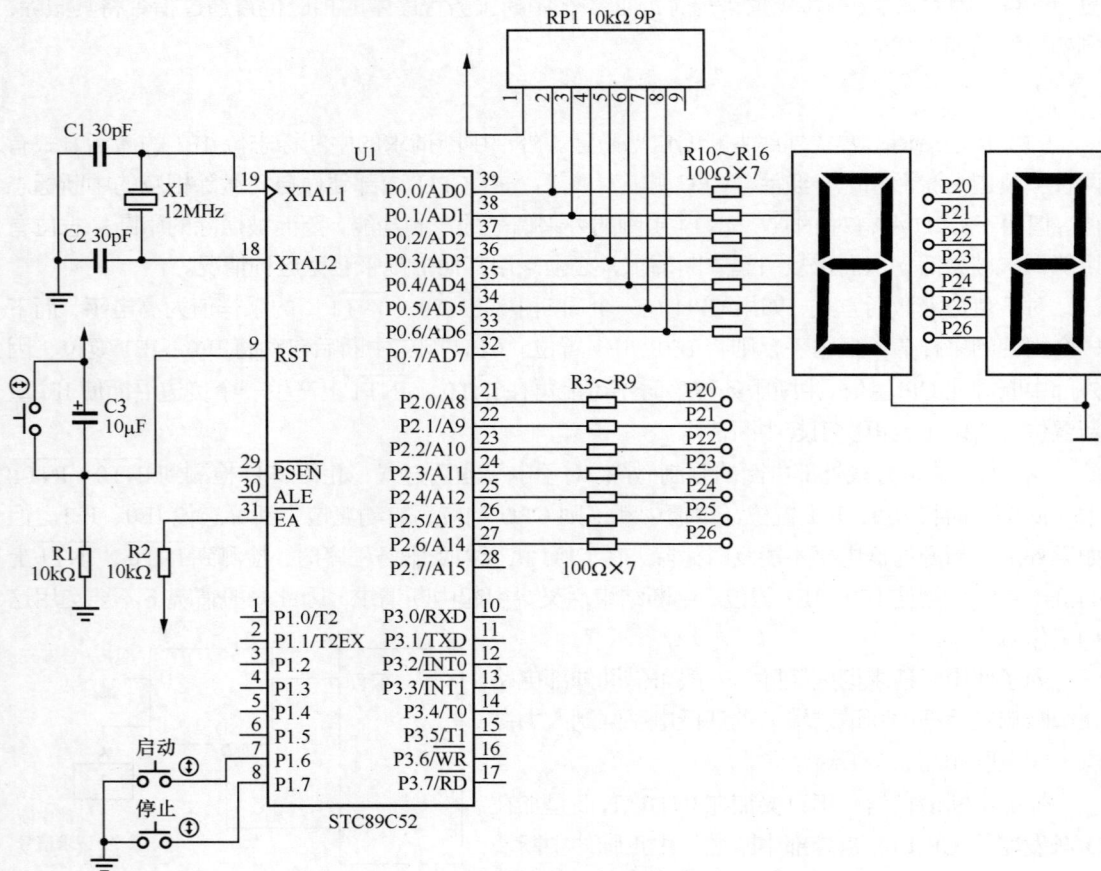

任务实施 03-2

图 3.18　简易秒表电路原理图

2. 软件设计

按启动键后，显示结果每秒递增 1，因此采用定时器 T0 中断方式实现秒定时。选择方式 1 定时功能，定时 50ms，晶振频率为 12MHz，时钟周期为 1μs，T0 初始值为：

$$X=65536-50ms/1μs=15536=0x3CB0$$

每 50ms 定时结束一次，在中断函数中还需使用软件计数器，计满 20 次表明为 1s，秒表显示结果加 1。为此，应在主程序中定义一个全局变量 i 用作软件计数器。

秒计时工作交由定时器负责后，主程序中只需进行按键检测，根据启停按键情况控制定时器/计数器的启停；同时负责将秒表的计数结果显示出来，控制程序流程如图 3.19 所示。

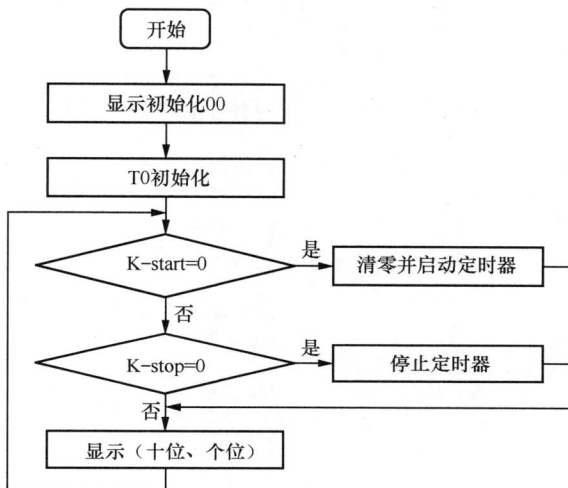

图3.19 控制程序流程

参考代码如下。

```
#include <reg52.h>
#define uchar unsigned char
uchar code tab[10]={0x3F,0x06,0x5B,0x4F,0x66,0x6D,0x7D,0x07,0x7F,0x6F};//共阴极
数码管
sbit K_start=P1^6;              //定义按键
sbit K_stop=P1^7;
#define  ValueH 0x3c;           //定义时间常数
#define  ValueL 0xB0;
uchar second;                   //秒变量
uchar i;                        //50ms 计数器
void InitTimer0(void);
void main()
{
  second=0;
  P0=tab[0];
  P2=tab[0];
  InitTimer0();
  while(1)
  {
     if(!K_start)               //启动按键按下
     {   while(!K_start);       //等按键释放
         second=0;
         TR0=1;                 //启动定时器
```

```
        }
        if(!K_stop)                    //停止按键按下
        {    while(!K_stop);           //等按键释放
             TR0=0;                    //关闭定时器
        }
        P0=tab[second/10];
        P2=tab[second%10];
    }
  }
void InitTimer0(void)                  //定时器初始化
{
   TMOD=0x01;                          //定时器T0工作方式1
   TH0=ValueH;                         //时间常数
   TL0=ValueL;
   EA=1;                               //打开总中断
   ET0=1;                              //打开定时器T0中断
}
void Timer0 Interrupt() interrupt 1    //定时器中断程序
{
   TH0=ValueH;                         //重赋初值
   TL0=ValueL;
   i++;
   if(i==20)                           //i计数20次为1s
   {
      i=0;second++;second%=100;
   }
}
```

3．仿真调试

将 Keil 中生成的 HEX 文件加载至 Proteus 中，观察运行结果。

【课后任务】

（1）根据表 3.11 所示的元器件清单，自行设计电路并焊接，完成本任务的实物制作。

表 3.11　元器件清单

元件名称	型号	数量/件	元件名称	型号	数量/件
单片机	STC89C52RC	1	数码管	共阴极	2
晶振	12MHz	1	排阻	10 kΩ9P	1
瓷片电容	30pF	2	电阻	100Ω	14
电解电容	10μF/16V	1	电阻	10kΩ	2
IC 插座	DIP40	1	电路板	单面万能板	1
按键	—	3			

（2）采用 STC89C52，外接按键、液晶显示器 LCD1602，实现时分秒计时。请设计电路，并编写程序。

【任务小结】

（1）定时器/计数器 T0 的初始化中除了要给 TH0、TL0 赋初始值外，还要开中断。

（2）主程序启动定时器/计数器 T0 后，定时器/计数器 T0 就独立工作了，直到定时器/计数器溢出，产生中断。

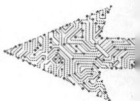

（3）本任务采用的是定时器/计数器的工作方式 1，不能自动重装初值，因此在中断程序中要给 TH0、TL0 重新赋初值。

【任务扩展】

由于普通 51 单片机的中断引脚较少，不够使用时，可以选用 STC15 单片机，如 STC15W4K32S4 具有 5 个外部中断，包括外部中断 0、外部中断 1、外部中断 2、外部中断 3、外部中断 4，但外部中断的触发方式有所调整，具体参考 STC15 单片机的数据手册。

如果实际应用中待处理的事件比较多，外部中断源如何扩展呢？下面介绍几种方法。

知识6　外部中断源的扩展

1. 利用定时器/计数器扩展外部中断源

如果在应用中不使用某些定时器，则可以将其作为外部中断使用，此时将定时器/计数器设置为计算方式，计数初值设置为满值。

例如：采用定时器/计数器 T0 实现外部中断扩展，将外部信号接入引脚 P3.4（T0），当引脚 P3.4 输入一个脉冲时，就引起计数器溢出中断。这样，计数器的功能就类似外部中断的脉冲触发方式，从而达到扩展外部中断源的目的。

例如，可用下面的程序段来初始化定时器/计数器 T0，以便将其用作外部中断源。

```
TMOD = 0x06;        // 设置定时器/计数器 T0 为计数器模式且与外部中断 0 无关，计数初值自动重装
TL0 = 0xff;         // 设置计数初值
TH0 = 0xff;
EA = 1;             // 打开中断总开关
ET0 = 1;            // 允许定时器/计数器 T0 申请中断
TR0 = 1;            // 启动定时器/计数器 T0
```

2. 采用中断和查询结合的方法扩展外部中断源

将外部中断的中断请求和查询方式相结合，可以将一根中断请求输入线扩展为多根外部中断源的中断请求线。具体方法是：将多个外部中断源的中断请求信号通过与门（中断源信号为低电平）或者或非门（中断源信号为高电平）接入单片机的外部中断口线，同时将各中断请求信号接单片机的 I/O 口。当外部中断口线有中断请求时，再通过查询 I/O 口的状态，判断是哪一个中断申请。

例如：利用外部中断处理 4 个按键 K1～K4，分别单独控制发光二极管 VD1～VD4 的发光与熄灭。按一次 K1 键 VD1 发光，再按一次 K1 键 VD1 熄灭，同时要保证其他发光二极管的状态不变。其实质是用一个中断口扩展 4 个中断源的问题。原理图如图 3.20 所示。

参考代码如下，请读者自行调试仿真。

```
/***************************************************************/
/*程序功能：通过外部中断 0，用 K1～K4 分别单独控制 VD1～VD4 的发光、熄灭 */
/*调用函数：Xint0(void)                                        */
/***************************************************************/
# include <reg51.h>
sbit K1 = P1^0;                    //定义 4 个按键 K1～K4，用于外部中断扩展
sbit K2 = P1^1;
sbit K3 = P1^2;
sbit K4 = P1^3;

sbit D1 = P2^0;                    //定义 4 个发光二极管 VD1～VD4
```

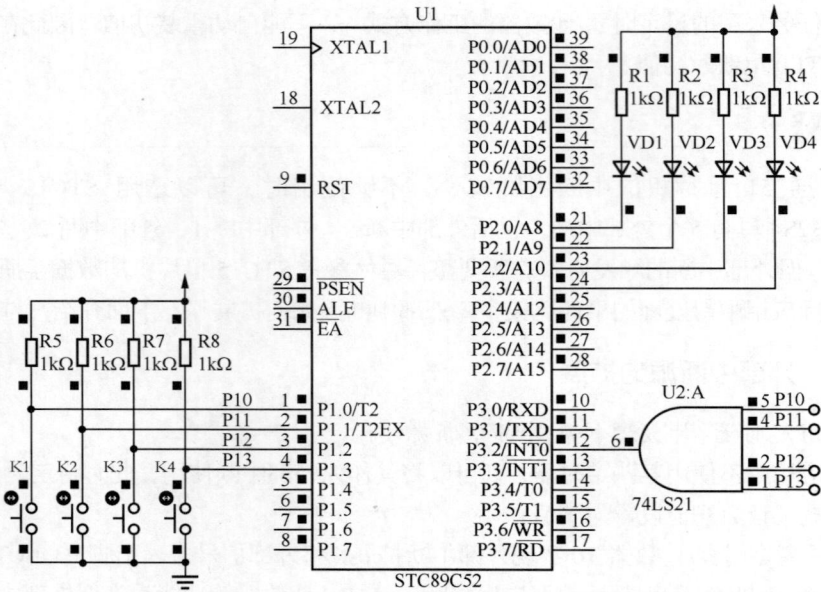

图3.20　利用外部中断0扩展中断源电路原理图

```
sbit D2 = P2^1;
sbit D3 = P2^2;
sbit D4 = P2^3;

void Xint0(void);                          //外部中断 0 中断函数声明
//******************************
//*功能描述：main()函数，初始化 CPU
//******************************
void main( void )
{
    EA = 1;                                //打开总中断
    EX0 = 1;                               //允许外部中断 0 中断
    IT0 = 1;                               //外部中断 0 为下降沿触发方式
    while(1);
}
//***********************************************
//*函数名称：void Xint0(void)Interrupt 0 using 1
//*功能描述：用外部中断 0 控制发光二极管的发光与熄灭
//***********************************************
void Xint0( void ) interrupt 0 using 1
{
    if( K1==0 )  D1 = !D1;                 //按一次 K1 键，VD1 发光；再按一次 K1 键，VD1 熄灭
    if( K2==0 )  D2 = !D2;                 //按一次 K2 键，VD2 发光；再按一次 K2 键，VD2 熄灭
    if( K3==0 )  D3 = !D3;                 //按一次 K3 键，VD3 发光；再按一次 K3 键，VD3 熄灭
    if( K4==0 )  D4 = !D4;                 //按一次 K4 键，VD4 发光；再按一次 K4 键，VD4 熄灭
}
```

　　在实际应用中，我们也可以选择中断源比较多的单片机，比如 STC15W4K32S4 系列的单片机，该系列单片机所提供的中断源如知识 7 所示，供参考。

知识7　STC15W4K32S4系列单片机的中断源

　　STC15W4K32S4 系列单片机的中断系统有 21 个中断源，分别是外部中断 0、定时器 T0 中

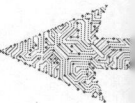

断、外部中断 1、定时器 T1 中断、串口 1 中断、模数转换中断、低压检测（LVD）中断、CCP/PWM/PCA 中断、串口 2 中断、SPI 中断、外部中断 2、外部中断 3、定时器 T2 中断、外部中断 4、串口 3 中断、串口 4 中断、定时器 T3 中断、定时器 T4 中断、比较器中断、PWM 中断及 PWM 异常检测中断。除外部中断 2、外部中断 3、定时器 T2 中断、串口 3 中断、串口 4 中断、定时器 T3 中断、定时器 T4 中断及比较器中断固定是最低优先级中断外，其他的中断都具有两个优先级，可实现二级中断服务嵌套。具体应用在相关任务中进行介绍，读者也可参考 STC15 单片机的相关资料。

STC15W4K32S4 系列单片机中断入口地址与中断号如表 3.12 所示。

表 3.12　STC15W4K32S4 系列单片机中断入口地址与中断号

中断源	入口地址（中断向量）	中断号
外部中断 0	0003H	0
定时器 T0 中断	000BH	1
外部中断 1	0013H	2
定时器 T1 中断	001BH	3
串口 1 中断	0023H	4
模数转换中断	002BH	5
低压检测中断	0033H	6
CCP/PWM/PCA 中断	003BH	7
串口 2 中断	0043H	8
SPI 中断	004BH	9
外部中断 2	0053H	10
外部中断 3	005BH	11
定时器 T2 中断	0063H	12
外部中断 4	0083H	16
串口 3 中断	008BH	17
串口 4 中断	0093H	18
定时器 T3 中断	009BH	19
定时器 T4 中断	00A3H	20
比较器中断	00ABH	21
PWM 中断	00B3H	22
PWM 异常检测中断	00BBH	23

●●● 技能训练 3.2　数码管的动态扫描设计 ●●●

【任务要求】

数码管的动态扫描常采用定时器中断实现，请结合图 3.21 所示的原理图设计程序，显示数字 8952。

【任务实施】

【功能分析】

针对图 3.21，可以利用定时器/计数器的定时功能，在 2ms 定时中断中，依次输出 8952 等 4 个数字的字形码和位选信号。

编程时，把握以下两点。

（1）主程序中要对定时器/计数器进行初始化，包括赋初始值、开中断等。

（2）中断程序中，首先进行熄显示，避免出现重影，然后轮流控制 4 个数字的字形码和位选信号输出。

（3）为了编程方便，字形码和位选信号分别用数组保存。

【参考电路】

参考电路原理如图 3.21 所示。

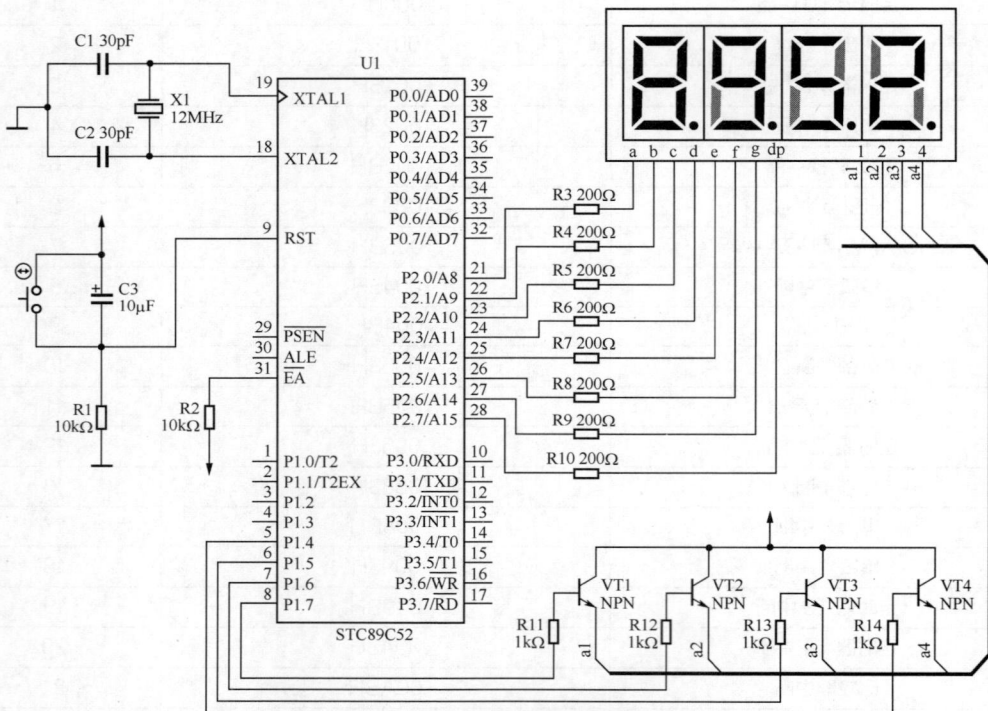

图3.21 电路原理图

【参考程序】

参考程序如下。

```c
#include<reg51.h>
#define uchar unsigned char
uchar code SEG7[10]={0xC0,0xF9,0xA4,0xB0,0x99,0x92,0x82,0xf8,0x80,0x90};
uchar code ScanBit[4]={0x80,0x40,0x20,0x10};   //位选码
void InitTimer0(void);
uchar i,led0,led1,led2,led3;
#define    valueH   0xf8;         //时间常数
#define    valueL   0x30;
void main()
```

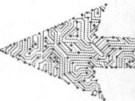

```
{   i=0;
    InitTimer0();
    led0=8;              //在此将要显示的数字赋给变量 led0~led3
    led1=9;              //若要显示其他内容，只需修改 led0~led3 的值，无须修改定时器中断程序
    led2=5;
    led3=2;
    while(1);
}
void InitTimer0( )
{
    TMOD=0x01;
    TH0=valueH;
    TL0=valueL;
    TR0=1;
    EA=1;
    ET0=1;
}
void Timer0Interrupt()interrupt 1
{   TH0=valueH;
    TL0=valueL;
    P1=0;                          //熄显示
    switch(i)                      //轮流显示 led0~led3 的值
        {   case 0:
            P2= SEG7 [led0];       //段
            P1= ScanBit [0];       //位
            break;
        case 1:
            P2= SEG7 [led1];
            P1= ScanBit [1];
            break;
        case 2:
            P2= SEG7 [led2];
            P1= ScanBit [2];
            break;
        case 3:
            P2= SEG7 [led3];
            P1= ScanBit [3];
            break;
        }
    i++;
    i%=4;
}
```

●●● 技能训练 3.3　外部中断控制简易信号灯的设计 ●●●

【任务要求】

外部中断的应用：要求采用中断方式实现简易信号灯的设计。

【任务实施】

【功能分析】

STC89C52 单片机具有两个外部中断，即外部中断 0 和外部中断 1，由 P3.2 和 P3.3（即 $\overline{\text{INT0}}$

和 $\overline{\text{INT1}}$ ）引脚将信号输入单片机。

在使用外部中断 0、外部中断 1 时，除了要设置中断允许位和中断优先级外，还要通过 IT0、IT1 设置中断请求信号的触发方式。

当 IT0、IT1=0 时，STC89C52 单片机的外部中断 0、外部中断 1 是低电平触发。

当 IT0、IT1=1 时，STC89C52 单片机的外部中断 0、外部中断 1 是下降沿触发。

一般应用中，采用下降沿触发。

本任务中，将按键和单片机的两个外部中断引脚相连接，然后设置外部中断为下降沿触发，开外部中断。

当按键被按下时，会在对应的外部中断 0 或外部中断 1 引脚上出现下降沿信号，单片机便进入中断，在中断程序中，实现信号灯的显示即可。

【参考电路】

（1）硬件设计。将按键 K1 和外部中断 0 引脚 P3.2 连接，按键 K2 和外部中断 1 引脚 P3.3 连接，参考电路如图 3.22 所示。

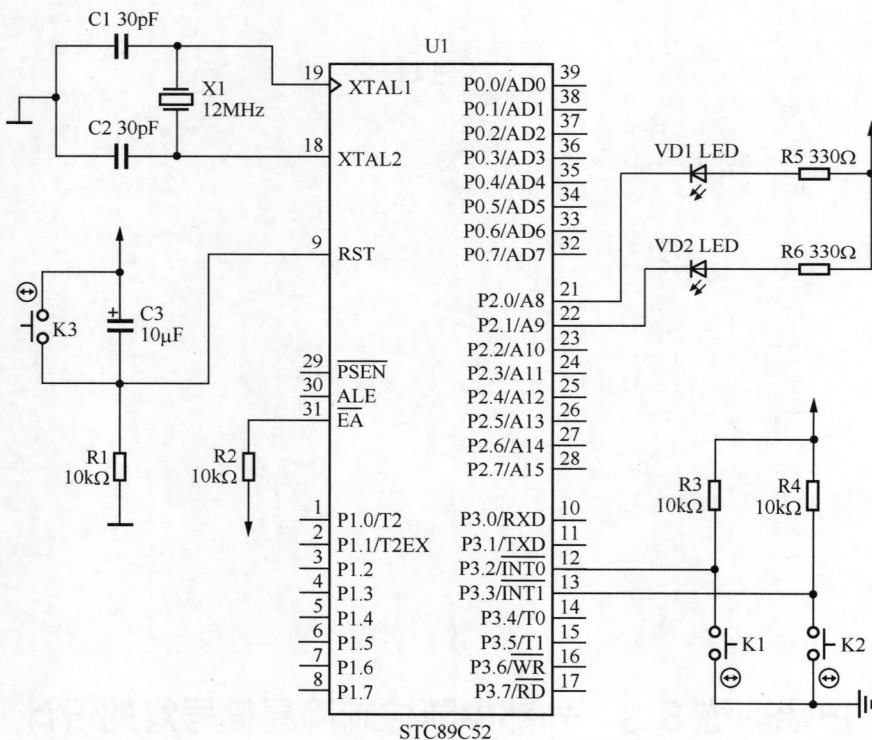

图3.22　参考电路

（2）程序设计。程序设计包括主程序和两个中断服务程序的设计。

在主程序中先对外部中断 0、外部中断 1 进行触发方式选择，一般选择下降沿触发，即 IT0=1、IT1=1，其次打开外部中断 0、外部中断 1，即 EX0=1、EX1=1，然后打开总中断，即 EA=1。

在中断服务程序中，只需控制 LED 点亮即可。

【参考程序】

参考程序如下。

```
#include<reg51.h>
sbit LEDL=P2^0;
sbit LEDR=P2^1;
void main( )
  { IT0=1;                        //下降沿触发
    IT1=1;
    EX0=1;                        //打开中断
    EX1=1;
    EA=1;                         //打开总中断
    while(1);
  }
void INT0_ISR( )   interrupt 0    //外部中断 0 中断服务程序，中断号为 0
{
    LEDL=0;
    LEDR=1;
}
void INT1_ISR( )   interrupt 2    //外部中断 1 中断服务程序，中断号为 2
{
    LEDL=1;
    LEDR=0;
}
```

调试和仿真。将 Keil 中生成的 HEX 文件加载至 Proteus 中，观察运行结果。

••• 任务 3.3　电子万年历设计 •••

【任务要求】

利用专用时钟芯片 DS1302 制作一个简易电子万年历，单片机作为主控芯片，外接液晶显示器 LCD1602，显示年月日和时间。

【相关知识】

设计电子万年历，虽然可以采用定时器实现，但是程序复杂、精度不高，为此可以选用相关的时钟芯片来实现。本任务选用 DS1302 实现时钟功能，下面介绍该芯片的相关功能，为后面编程做参考。

知识1　DS1302概述

DS1302 是一种高性能、低功耗、带 RAM 的实时时钟电路，它可以对年、月、日、星期、时、分和秒进行计时，具有闰年补偿功能，工作电压为 2.5～5.5V。采用三线接口与 CPU 进行同步通信，并可采用突发方式一次传送多个字节的时钟信号或 RAM 数据。DS1302 内部有一个 31×8 位的用于临时存放数据的 RAM 寄存器。

DS1302 共有 8 条引脚，排列情况如图 3.23 所示。

下面分别介绍这些引脚的功能。

1. 电源线

（1）V$_{CC1}$ 和 V$_{CC2}$：接 2.5～5.5V 电源。

（2）GND：接地。

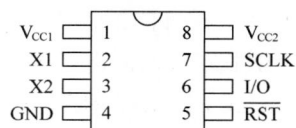

图3.23　DS1302引脚排列情况

其中，V_{CC1} 接后备电源，V_{CC2} 接主电源，在主电源关闭的情况下，也能保持时钟的连续运行。DS1302 由 V_{CC1} 或 V_{CC2} 两者中的较大者供电。当 $V_{CC2} > (V_{CC1}+0.2V)$ 时，V_{CC2} 给 DS1302 供电。当 $V_{CC2} < V_{CC1}$ 时，DS1302 由 V_{CC1} 供电。

2．外接晶振线

X1 和 X2 是振荡源接入口，外接 32.768kHz 晶振。

3．接口线

DS1302 与 CPU 的接口线有 3 条。

（1）$\overline{\text{RST}}$：复位或片选线。通过把 $\overline{\text{RST}}$ 输入驱动置高电平来启动所有的数据传送。$\overline{\text{RST}}$ 输入有两种功能：首先，$\overline{\text{RST}}$ 接通控制逻辑，允许地址或命令序列送入移位寄存器；其次，$\overline{\text{RST}}$ 提供终止单字节或多字节数据的传送手段。当 $\overline{\text{RST}}$ 为高电平时，所有的数据传送被初始化，允许对 DS1302 进行操作。如果在传送过程中 $\overline{\text{RST}}$ 置为低电平，则会终止此次数据传送，I/O 引脚变为高阻态。

上电运行时，在 $V_{CC} \geqslant 2.5V$ 之前，$\overline{\text{RST}}$ 必须保持低电平。只有在 SCLK 为低电平时，才能将 $\overline{\text{RST}}$ 置为高电平。

（2）SCLK：输入端，串行接口的同步时钟信号。

（3）I/O：串行数据输入/输出端（双向）。数据的输入/输出均从最低位开始。

知识2　DS1302的控制指令

1．DS1302 的控制指令结构

DS1302 的控制指令结构如图 3.24 所示。

7	6	5	4	3	2	1	0
1	RAM / $\overline{\text{CK}}$	A4	A3	A2	A1	A0	RD / $\overline{\text{WR}}$

图3.24　DS1302的控制指令结构

控制指令的最高有效位（位 7）必须是逻辑 1，如果它为 0，则不能把数据写入 DS1302 中；位 6 如果为 0，则表示存取日历时钟数据，为 1 表示存取 RAM 数据；位 5～位 1 指示操作单元的地址；最低有效位（位 0）若为 0 表示要进行写操作，为 1 表示进行读操作。

控制指令总是从最低位开始输出。

2．数据的输入/输出

在控制指令输入后的下一个 SCLK 时钟的上升沿，数据被写入 DS1302，数据输入从低位即位 0 开始。同样，在紧跟 8 位的控制指令后的下一个 SCLK 脉冲的下降沿读出 DS1302 的数据，读出数据时从位 0 到位 7。

知识3　DS1302的寄存器

DS1302 有 12 个寄存器，其中有 7 个寄存器与日历、时钟相关，存放的数据位为 BCD 码形式，其日历、时间寄存器及其控制指令如表 3.13 所示。

此外，DS1302 还有控制寄存器、充电寄存器、时钟突发寄存器及与 RAM 相关的寄存器等。时钟突发寄存器可一次性顺序读写除充电寄存器外的所有寄存器内容。DS1302 与 RAM 相关的寄存器分为两类：一类是单个 RAM 单元，共 31 个，每个单元组态为一个 8 位的字节，其控制指令为 C0H~FDH，其中奇数为读操作，偶数为写操作；另一类为突发方式下的 RAM 寄存器，此方式下可一次性读写所有 RAM 的 31 个字节，控制指令为 FEH（写）、FFH（读）。

表 3.13　日历、时间寄存器及其控制指令

寄存器名称	控制指令		取值范围	各位内容							
	写操作	读操作		7	6	5	4	3	2	1	0
秒寄存器	80H	81H	00~59	CH	10SEC			SEC			
分寄存器	82H	83H	00~59	0	10MIN			MIN			
时寄存器	84H	85H	01~12 或 00~23	12/24	0	10HR		HR			
日寄存器	86H	87H	01~28，29，30，31	0	0	10DATE		DATE			
月寄存器	88H	89H	01~12	0	0	0	10M	MONTH			
周寄存器	8AH	8BH	01~07	0	0	0	0	0	WEEK		
年寄存器	8CH	8DH	00~99	10YEAR				YEAR			
写保护寄存器	8EH	8FH	00H/80H	WP	0						

需要注意的是：每次上电，必须把秒寄存器的最高位（CH）设置为 0，时钟才能开始计时；如果需要对 DS1302 写入数据，则必须把写保护寄存器 WP 位设置成 0。

知识4　DS1302的应用

1. DS1302 的硬件连接

DS1302 的硬件连接电路较为简单，如图 3.25 所示，主要由下面 3 部分构成。

（1）电源电路：通常连接主电源即可，若需要掉电保持，则 V_{CC1} 外接电池作为备用电源。

（2）晶振电路：外接 32.768kHz 晶振。

（3）CPU 接口电路：由于 DS1302 是串行

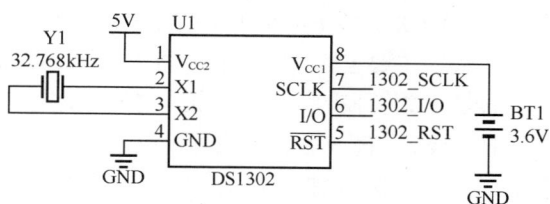

图3.25　DS1302硬件连接电路

时钟芯片，因此与 CPU 间仅有一条数据线，外加两条控制线 SCLK 与 $\overline{RST}$。

2. DS1302 的控制流程

单片机对 DS1302 的控制需要根据 DS1302 的工作时序与控制字节进行。涉及的信号主要是 SCLK、$\overline{RST}$ 和 I/O。典型的 DS1302 实时时间流程如图 3.26 所示。

从 DS1302 中读取的实时时间均为 BCD 码形式，如表 3.13 所示，后续程序中还需要进行相应的码字转换才能进行显示等其他操作。

【任务实施】

1. 硬件电路设计

根据 DS1302 的结构与工作原理，数据线与控制线通过上拉电阻分别接于单片机的 P0.0、P0.1 和 P0.2 口，外接 32.768kHz 晶振。

单片机最小系统外接 LCD1602 作为显示器，16 个按键作为输入。原理图如图 3.27 所示。

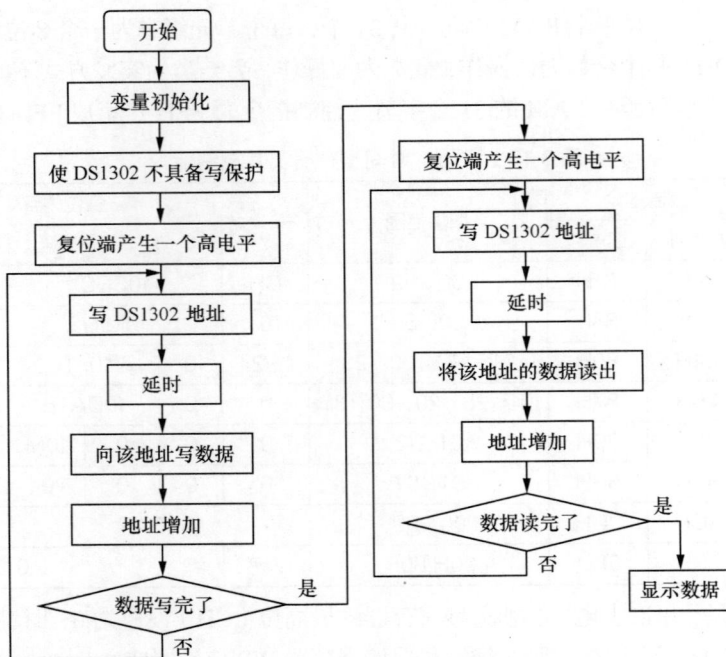

图3.26　DS1302实时时间流程

2. 软件设计

控制软件包括主程序、时钟 DS1302 读写子程序、LCD1602 显示子程序及按键扫描子程序。其中 LCD1602、按键的相关子程序请读者参考前文的介绍编写。

主程序主要包括：液晶显示器初始化、读时钟、显示、判断按键并校时。

按键 F 为"校时"键，按键 E 为"确定"键，按键 D 为"退出"键。

按"校时"键 F 后进入校时过程，指示灯被点亮，然后依次通过数字按键 0～9 输入年、月、日、时、分、秒，再按"确定"键 E 写入时钟并退出校时过程。在校时过程中，随时按"退出"键 D 退出校时过程。

参考程序如下。

```c
#include<reg51.h>
#include<intrins.h>
#define uchar unsigned char
sbit RS=P3^0;                          //液晶显示器控制口线
sbit RW=P3^1;
sbit E=P3^2;
sbit led=P3^3;                         //指示灯
sbit CLK=P0^1;                         //DS1302 控制口线
sbit IO=P0^0;
sbit RST=P0^2;
sbit ACC0=ACC^0;                       //寄存器 ACC 的位定义
sbit ACC7=ACC^7;
void lcdreset();
void lcdwaitidle( );
void lcdwd(uchar d);
void lcdwc(uchar c);
void delay1ms(uchar x );               //延时 xms
uchar keyscan();                       //按键扫描
```

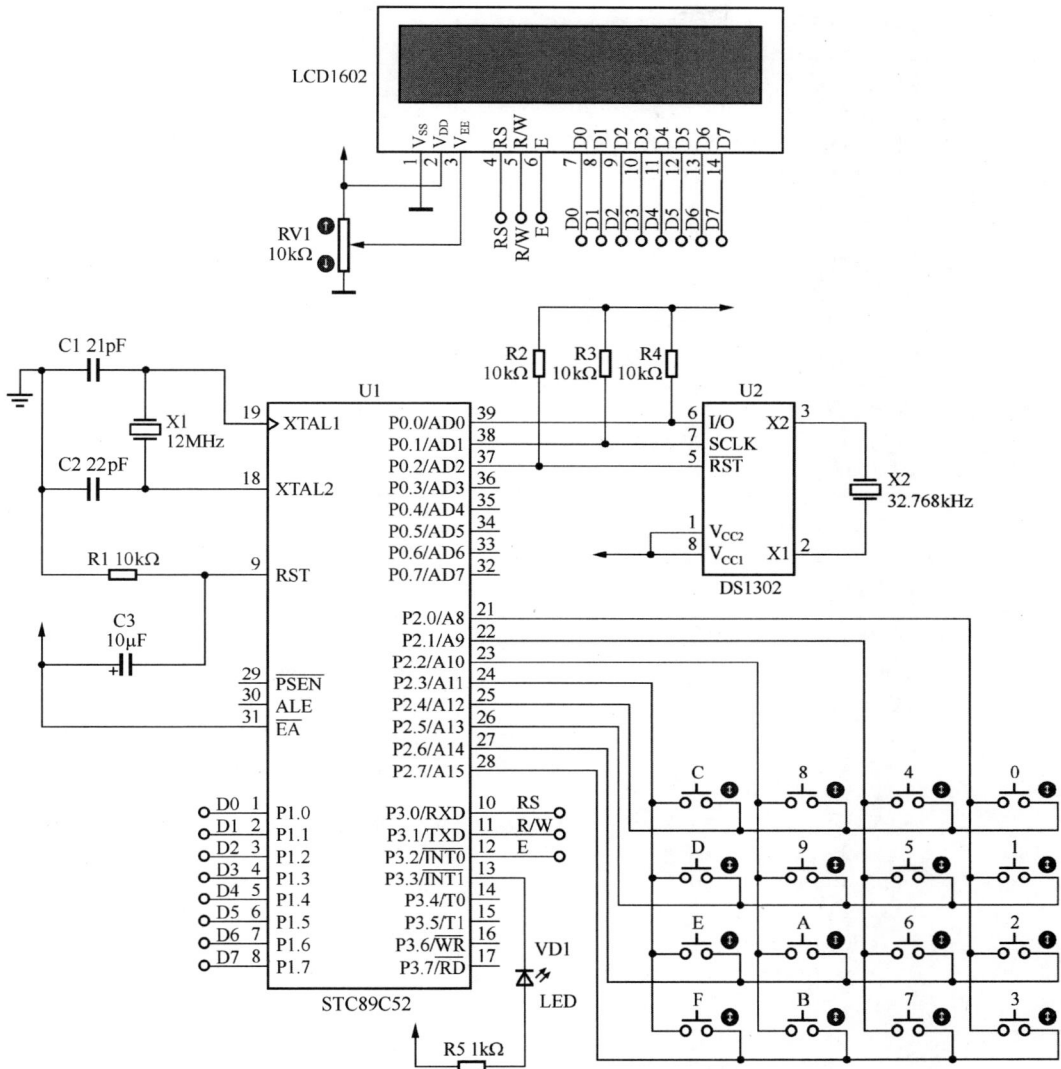

图3.27 液晶显示万年历电路原理图

```
uchar outputbyte( );
void write(uchar ucaddr,uchar ucda);
void inputbyte(uchar d);
uchar read(uchar ucaddr);
uchar date[8]={0,0,'-',0,0,'-',0,0};          //保存日期
uchar time[8]={0,0,'-',0,0,'-',0,0};          //保存时间
void main()
 {
  uchar key,temp;
  lcdreset();                                 //液晶显示器初始化
  while(1)
  {
    temp=read(0x80);                          //读秒
    time[6]=((temp&0x70)>>4)+'0';             //将秒的十位转换为ASCII
    time[7]=(temp&0x0f)+0x30;                 //将秒的个位转换为ASCII，'0'=0x30
```

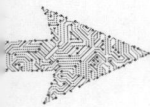

```
                temp=read(0x82);
                time[3]=((temp&0x70)>>4)+0x30;
                time[4]=(temp&0x0f)+0x30;
                temp=read(0x84);
                time[0]=((temp&0x70)>>4)+0x30;
                time[1]=(temp&0x0f)+0x30;
                temp=read(0x86);
                date[6]=((temp&0x70)>>4)+0x30;
                date[7]=(temp&0x0f)+0x30;
                temp=read(0x88);
                date[3]=((temp&0x70)>>4)+0x30;
                date[4]=(temp&0x0f)+0x30;
                temp=read(0x8c);                    //年
                date[0]=((temp&0x70)>>4)+0x30;
                date[1]=(temp&0x0f)+0x30;
                lcdwc(0x84);
                for(temp=0;temp<8;temp++)            //显示日期
                    lcdwd(date[temp]);
                lcdwc(0xc4);
                for(temp=0;temp<8;temp++)            //显示时间
                    lcdwd(time[temp]);

                key= keyscan( );                     //调用按键扫描程序
                if (key==0xf)                         //是"校时"键 F，进入校时过程
                    { led=0;                          //指示灯被点亮，代表在进行校时
                    while(key!=0xff)                  //等按键释放
                        key=keyscan( );
                    while(key>10 && key!=13 )         //扫描按键，直到是数字键或"退出"键 D 才停止
                        key=keyscan( );
                    if (key==13) goto loop;           //是"退出"键 D，跳到 LOOP
                    date[0]=key;                       //保存并显示年的第一位数字
                    lcdwc(0x84);
                    lcdwd(date[0]+'0');

                    while(key!=0xff)
                        key=keyscan( );
                    while(key>10 && key!=13 )
                        key=keyscan( );
                    if (key==13) goto loop;
                    date[1]=key;                       //保存并显示年的第二位数字
                    lcdwc(0x85);
                    lcdwd(date[1]+'0');

                    while(key!=0xff)
                        key=keyscan( );
                    while(key>10 && key!=13 )
                        key=keyscan( );
                    if (key==13) goto loop;
                    date[3]=key;
                    lcdwc(0x87);
                    lcdwd(date[3]+'0');

                    while(key!=0xff)
```

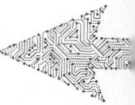

```
        key=keyscan( );
while(key>10 && key!=13 )
    key=keyscan( );
if (key==13) goto loop;
date[4]=key;
lcdwc(0x88);
lcdwd(date[4]+'0');

while(key!=0xff)
    key=keyscan( );
while(key>10 && key!=13 )
    key=keyscan( );
if (key==13) goto loop;
date[6]=key;
lcdwc(0x8a);
lcdwd(date[6]+'0');

while(key!=0xff)
    key=keyscan( );
while(key>10 && key!=13 )
    key=keyscan( );
if (key==13) goto loop;
date[7]=key;
lcdwc(0x8b);
lcdwd(date[7]+'0');

while(key!=0xff)
    key=keyscan( );
while(key>10 && key!=13 )
    key=keyscan( );
if (key==13) goto loop;
time[0]=key;
lcdwc(0xc4);
lcdwd(time[0]+'0');

while(key!=0xff)
    key=keyscan( );
while(key>10 && key!=13 )
    key=keyscan( );
if (key==13) goto loop;
time[1]=key;
lcdwc(0xc5);
lcdwd(time[1]+'0');

while(key!=0xff)
    key= keyscan( );
while(key>10 && key!=13 )
    key=keyscan( );
if (key==13) goto loop;
time[3]=key;
lcdwc(0xc7);
lcdwd(time[3]+'0');
```

```
                while(key!=0xff)
                    key=keyscan( );
                while(key>10 && key!=13 )
                    key=keyscan( );
                if (key==13) goto loop;
                time[4]=key;
                lcdwc(0xc8);
                lcdwd(time[4]+'0');

                while(key!=0xff)
                    key=keyscan( );
                while(key>10 && key!=13 )
                    key=keyscan( );
                if (key==13) goto loop;
                time[6]=key;
                lcdwc(0xca);
                lcdwd(time[6]+'0');

                while(key!=0xff)
                    key=keyscan( );
                while(key>10 && key!=13 )
                    key=keyscan( );
                if (key==13) goto loop;
                time[7]=key;
                lcdwc(0xcb);
                lcdwd(time[7]+'0');

                while(key!=14 && key!=13)  key= keyscan( );     //等"确定"键E或"退出"键D
                if (key==13) goto loop;                         //是"退出"键D，退出到LOOP

            write(0x8e,0x00);                                   //是"确定"键E，写时间到时钟
            write(0x8c,(date[0]<<4)+(date[1]));
            write(0x88,(date[3]<<4)+(date[4]));
            write(0x86,(date[6]<<4)+(date[7]));
            write(0x84,(time[0]<<4)+(time[1]));
            write(0x82,(time[3]<<4)+(time[4]));
            write(0x80,(time[6]<<4)+(time[7]));
            while(key!=0xff) key= keyscan( );                   //等按键释放
          }
  loop:   led=1;                                               //校时结束，熄指示
          delay1ms(100);                                       //加一个短延时，避免不断读
DS1302
      }
  }

  //--------------------------------------------------------------------------
  //子程序：向DS1302写入一字节（内部函数）
  //入口参数：DS1302待写入地址
  //--------------------------------------------------------------------------
  void inputbyte(uchar d)
  {
    uchar i;
    ACC=d;
    for(i=8;i>0;i--)
    {
```

138

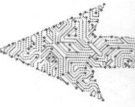

```
      IO=ACC0;
    CLK=1;
    CLK=0;
    ACC=ACC>>1;
  }
}
//---------------------------------------------------------------
//实时时钟读取一字节（内部函数）
//返回值：从 DS1302 读取的数据
//---------------------------------------------------------------
uchar outputbyte( )
{
  uchar i;
  for(i=8;i>0;i--)
  {
    ACC=ACC>>1;
    ACC7=IO;
    CLK=1;
    CLK=0;
  }
  return(ACC);
}
//---------------------------------------------------------------
//ucaddr: DS1302 地址，ucda: 要写的数据
//---------------------------------------------------------------
void write(uchar ucaddr,uchar ucda)
{
  RST=0;
  CLK=0;
  RST=1;
  inputbyte(ucaddr);
  inputbyte(ucda);
  CLK=1;
  RST=0;
}
//---------------------------------------------------------------
//读取 DS1302 某地址的数据
//---------------------------------------------------------------
uchar read(uchar ucaddr)
{
  uchar ucda;
  RST=0;
  CLK=0;
  RST=1;
  inputbyte(ucaddr|0x01);
  ucda=outputbyte();
  CLK=1;
  RST=0;
  return(ucdata);
}

void lcdreset( )                        //1602 系列液晶显示器初始化子程序
{                                       //LCD1602 的显示模式控制字为 0x38
    lcdwc(0x38);                        //显示模式设置第一次
```

```
        delay1ms(3);                           //延时 3ms
        lcdwc(0x38);                           //显示模式设置第二次
        delay1ms(3);                           //延时 3ms
        lcdwc(0x38);                           //显示模式设置第三次
        delay1ms(3);                           //延时 3ms
        lcdwc(0x38);                           //显示模式设置第四次
        delay1ms(3);                           //延时 3ms
        lcdwc(0x08);                           //关闭显示
        lcdwc(0x01);                           //清屏
        delay1ms(3);                           //延时 3ms
        lcdwc(0x06);                           //显示光标移动设置
        lcdwc(0x0C);                           //打开显示模式及光标设置
    }

    void delay1ms(uchar x )                    //延时 x ms 子程序@12MHz
    { uchar j,k;
      for(;x>0;x--)
        for(j=2;j>0;j--)
          for(k=250;k>0;k--);
    }
    //----------------------------------------------------------------
    //子程序名称：void lcdwc(uchar c)
    //功能：送控制指令到液晶显示器
    //----------------------------------------------------------------
    void lcdwc(uchar c)
    {
        lcdwaitidle();                         //忙检测
        RS=0;                                  //RS=0、R/W=0、E=1
        RW=0;
        P1=c;
        E=1;
        _nop_();
        E=0;
    }
    //----------------------------------------------------------------
    //子程序名称：void lcdwd(uchar d)
    //功能：送数据到液晶显示器
    //----------------------------------------------------------------
    void lcdwd(uchar d)
    {
        lcdwaitidle();                         //忙检测
        RS=1;                                  //RS=1、R/W=0、E=1
        RW=0;
        P1=d;
        E=1;
        _nop_();
        E=0;
    }
    //----------------------------------------------------------------
    //子程序名称：void lcdwaitidle(void)
    //功能：忙检测
    //----------------------------------------------------------------
    void lcdwaitidle( )
```

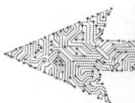

```
{   uchar i;
    P1=0xff;
    RS=0;                                   //RS=0、R/W=1、E=1
    RW=1;
    E=1;
    for(i=0;i<20;i++)
        if((P1&0x80) == 0) break;           //D7=0 表示液晶显示器空闲，退出检测
    E=0;
}


//----------------------------------------------------------------
//*    线反转法键盘扫描代码
//----------------------------------------------------------------
uchar keyscan()
  {   uchar temp,keyvalue,kv=0xff;
        P2=0xf0;                            //选通所有行
        keyvalue=P2&0xf0;                   //读取列值
        if(keyvalue!=0xf0)
            {
            delay1ms(5);                    //消抖延时
            keyvalue=P2&0xf0;
            if(keyvalue!=0xf0)
                {
                temp=keyvalue;              //暂存列值
                P2=0xf;                     //行列反转
                keyvalue=P2&0xf;
                if(keyvalue!=0xf)
                    {
                    delay1ms(5);
                    keyvalue=P2&0xf;        //读取行值
                    if(keyvalue!=0xf)
                      keyvalue|=temp;       //合成键值
                      kv=keyvalue;
                    }
                }
            }
        switch(kv)                          //将键值转换为 0～F
                { case 0xee:kv=0;break;
                  case 0xde:kv=1;break;
                  case 0xbe:kv=2;break;
                  case 0x7e:kv=3;break;
                  case 0xed:kv=4;break;
                  case 0xdd:kv=5;break;
                  case 0xbd:kv=6;break;
                  case 0x7d:kv=7;break;
                  case 0xeb:kv=8;break;
                  case 0xdb:kv=9;break;
                  case 0xbb:kv=10;break;
                  case 0x7b:kv=11;break;
                  case 0xe7:kv=12;break;
                  case 0xd7:kv=13;break;
                  case 0xb7:kv=14;break;
                  case 0x77:kv=15;break;
```

```
        }
    return kv;
}
```

3．仿真调试

在 Keil 中编译生成 HEX 文件，并将其装载到 Proteus 中运行，执行菜单命令 Debug→DS1302→Clock，可查看 DS1302 中的当前计时值，观看显示结果。仿真运行结果如图 3.28 所示。

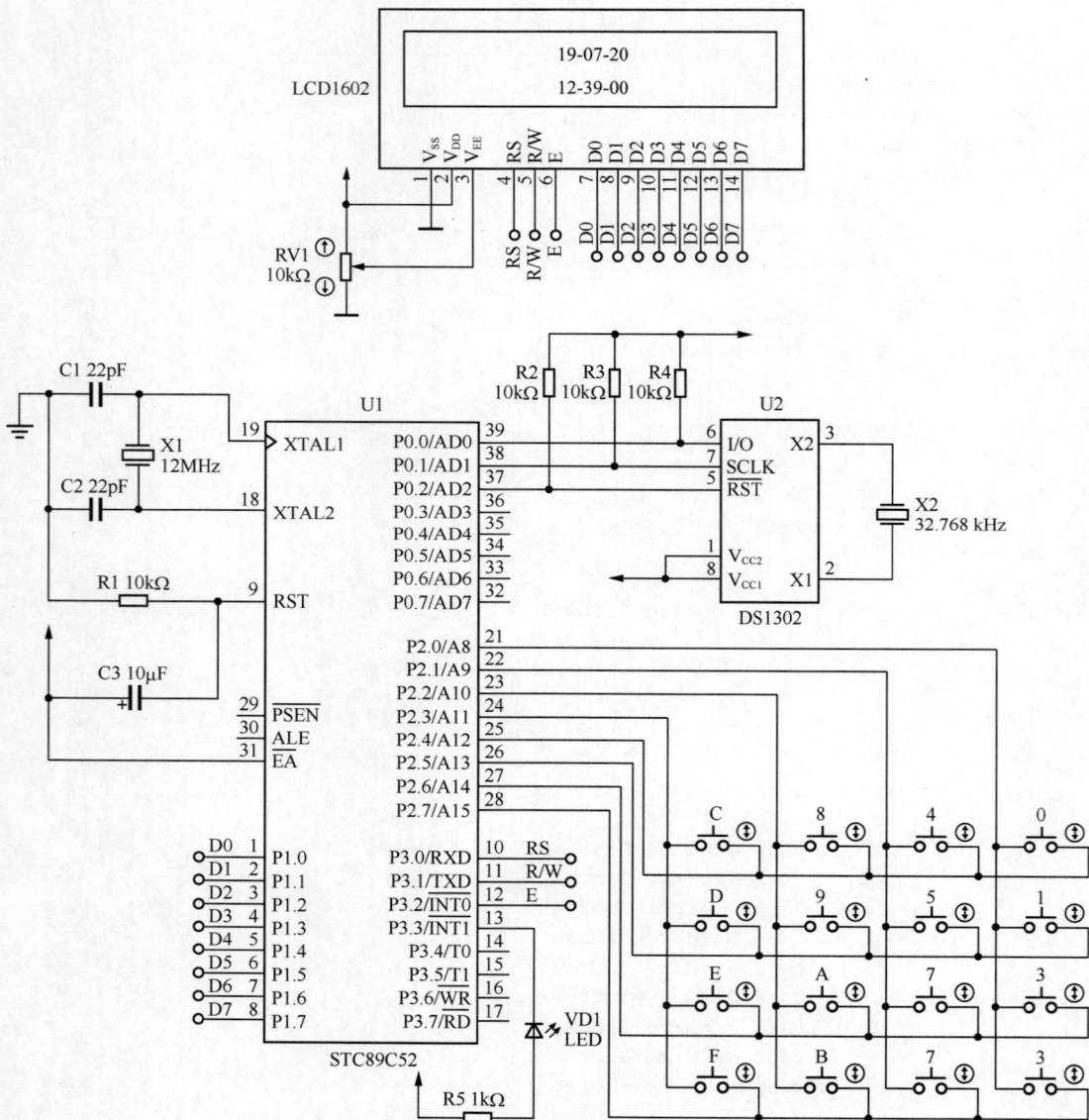

图3.28　仿真运行结果

【课后任务】

（1）根据表 3.14 所示的元器件清单，自行设计电路并焊接，完成本任务的实物制作。

表 3.14　元器件清单

元件名称	型号	数量/件	元件名称	型号	数量/件
单片机	STC89C52RC	1	液晶显示器	LCD1602	1
晶振	12MHz	1	时钟芯片	DS1302	1
晶振	32.768kHz	1	LED	—	1
瓷片电容	22pF	2	电位器	10kΩ	1
电解电容	10μF/16V	1	电阻	1kΩ	1
IC 插座	DIP40	1	电阻	10kΩ	4
按键	—	16	电路板	单面万能板	1

（2）若将本任务中的矩阵键盘改为 3 个独立按键：设定按键 K0、加 1 按键 K1、减 1 按键 K2。请完成硬件电路设计和控制软件设计，并仿真或做出实物。

提示：校时过程参考如下：按 K0 键后，进入设定"年"状态，通过 K1、K2 键设定；再按 K0 键确认，进入设定"月"状态，通过 K1、K2 键设定；再按 K0 键确认，并进入设定"日"状态……最后设定完"分"后，按 K0 键退出设定状态，正常走时、显示。

【任务小结】

（1）掌握 DS1302 的程序编写，并养成习惯，掌握并保存调试好的函数，便于在其他项目中直接使用。

（2）通过本任务的校时操作，掌握使用按键进行参数修改的程序编写。

（3）熟练掌握 LCD1602 的相关函数及调用。

（4）学会程序的调试。由于本任务程序的内容较多，因此在调试过程中，可以分步进行。例如先编写 LCD1602 显示代码部分，若能正确显示，则可确认 LCD1602 显示代码部分正确，再添加 DS1302 控制代码，成功后，再添加按键校时代码，一步步进行操作，直到实现全部功能。

••• 【项目总结】 •••

（1）51 系列单片机内部有两个 16 位的定时器/计数器，通过编程可设定任意一个或两个定时器/计数器工作，并使其工作在定时器模式或计数器模式。

定时器/计数器的控制是通过软件设置来实现的，用于控制定时器/计数器的特殊功能寄存器主要是：定时器工作方式寄存器（TMOD），定时器控制寄存器（TCON）。可利用查询或中断的方法处理定时器/计数器溢出。

定时器/计数器在定时控制、延时、对外部事件计数、检测等场合有着丰富的应用。

（2）中断机制是单片机实时控制、多任务控制的重要保障。引起中断的原因或能发出中断请求的来源称为中断源。51 系列单片机有两个外部中断源、两个定时器/计数器中断源及一个串口中断源。相对于外部中断源，定时器/计数器中断源与串口中断源又称为内部中断源。

51 系列单片机中断系统的控制分成 3 个层次：总开关、分开关、优先级。这些控制功能主要是通过特殊功能寄存器 IE、IP 中相关位的软件设定来实现的。

（3）利用定时器/计数器可为单片机控制系统提供精确的时钟控制，也可通过专用的时钟芯片为控制系统提供时钟子系统设计。DS1302 就是一款常见的专用时钟芯片，在设计外部电池供电后，其在单片机系统掉电时仍能计时，故在很多单片机系统中有着重要应用。

●●● 【习　　题】 ●●●

1. 填空题

（1）定时器/计数器是一个二进制的（　　　　）寄存器。

（2）单片机上电复位后，TMOD、TCON 等特殊功能寄存器都处于（　　　　）状态。

（3）51 单片机具有（　　　）个中断源:（　　　）个外部中断源，两个（　　　）中断源及一个串口中断源。

（4）如果同时收到两个不同优先级的请求，则（　　　　）优先级的请求先被响应。

（5）外部中断请求有两种信号方式:（　　　　）方式和边沿触发方式。

（6）边沿触发方式的中断请求则是脉冲的（　　　　）跳变有效。

（7）51 单片机中，CPU 对所有中断请求只能实现（　　　　）级中断嵌套。

（8）优先级同等或较低的中断请求不能中断正在执行的优先级高的中断服务程序，而优先级高的中断请求可以中断 CPU 正在处理的优先级低的中断服务程序，转而执行优先级高的中断服务程序，这种情况称为中断（　　　　）。

（9）51 单片机设有专门的开中断和关中断指令，中断的开放和关闭是通过中断允许控制寄存器（　　　）各位的状态进行两级控制的。

（10）在边沿触发方式下，中断请求信号的高电平和低电平状态都应至少维持（　　　　）个机器周期，以使 CPU 采样到电平状态的变化。

2. 判断题

（1）所谓两级控制是指所有中断允许的总控制位和各中断源允许的单独控制位，每位状态位靠硬件来设定。（　　　　）

（2）51 单片机中断标志位集中安排在定时器控制寄存器 TCON 和串口控制寄存器 SCON 中。（　　　　）

3. 设计题

（1）设计一个秒表。

（2）在工业生产中，常采用图 3.29 所示的传感器检测装置来对产品进行计数，请设计一个计数器，能设定计划数，并能实时显示生产数，当生产数达到计划数时，进行声光报警。

图3.29　传感器检测装置

（3）设计一个万年历，要求能显示年、月、日、时、分、秒，并具有校时功能。

●●● 【项目导读】 ●●●

随着科技的发展，远程监控已应用到各个领域，如智能工厂、智能家居、智能交通、智慧环保、智慧农业、智慧畜牧养殖等。

图 4.1 所示是远程监控系统的典型应用，这个系统有两大主要组成部分：监控中心和现场端设备。监控中心负责集中监控各现场端的数据，并下发相应的控制命令，而现场端设备主要负责信号的采集和命令的执行。那么它们之间是如何实现信息交互的？如何实现远程监控功能的呢？这就涉及通信技术，下面进行具体介绍。

（a）监控中心

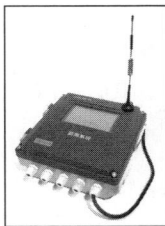
（b）现场端设备

图4.1 远程监控系统的典型应用

串行通信是单片机与外界进行信息交换的一种方式，它在单片机双机、多机以及单片机与个人计算机（PC）之间的通信等方面被广泛应用。本项目在介绍串行通信相关知识的基础上，着重培养读者对 51 系列单片机串行 I/O 口（简称串口）的应用能力。

学海领航	[自主创新　探索未知]自首次实施"神舟五号"载人飞行任务以来，我国载人航天工程实现了从一人一天到多人多天、从舱内工作到太空行走、从短期停留到中期驻留的不断跨越。每一步跨越，都凝聚着航天员们飞天逐梦的勇敢与执着
素养目标	感受我国航天事业取得的巨大发展，增强民族自豪感
知识目标	（1）了解串行通信的原理、方式。 （2）掌握 51 单片机串口的结构与工作原理。 （3）了解波特率的概念，掌握其计算方法。 （4）掌握单片机双机串行通信系统的硬件设计和软件编程。 （5）掌握多机通信的实现方法和步骤。 （6）掌握 RS-232C 接口电路设计
技能目标	（1）了解 Usart-GPU 串口彩屏的指令系统，并通过串口通信实现彩屏显示。 （2）掌握虚拟串口、串口调试助手、虚拟终端等辅助通信系统调试的方法。

续表

技能目标	（3）能够设计并制作双机通信系统，完成通信过程。 （4）能够设计并制作 PC 与单片机通信的系统，完成通信过程
学习重点	（1）掌握单片机双机串行通信系统的硬件设计和软件编程。 （2）掌握多机通信的实现方法和步骤。 （3）掌握 RS-232C 接口电路设计
学习难点	掌握单片机双机串行通信系统的软件编程
建议学时	16 学时
推荐教学方法	以 3 个"任务实施"为切入点，引导学生从发送、接收到硬件设计边做边学，将"相关知识"中的内容融入"任务实施"中。"任务扩展"可以作为知识的补充
推荐学习方法	通过任务 4.1 了解 51 单片机串口的结构与工作原理，掌握波特率的概念与计算方法，并完成串口发送程序的编写。在掌握发送程序的编写的基础上，通过任务 4.2 掌握接收程序的编写，从而实现双机通信。通过任务 4.3 了解相关硬件接口的设计。 在学习过程中，要结合"任务实施"阅读"相关知识"的内容，勤学多练

••• 任务 4.1　串口彩屏显示系统设计 •••

【任务要求】

　　组装一个彩屏显示系统，由单片机外接一个 Usart-GPU 串口彩屏和两个按键，要求按按键 1 后，单片机控制串口彩屏显示"We must study hard!"，按按键 2 后，单片机控制串口彩屏显示"Welcome to China!"。

【相关知识】

　　在前面的项目里，显示部分主要采用的是数码管和 LCD1602 液晶显示器，它们和单片机的接口需采用多根口线进行连接，占用单片机的硬件资源，而且显示内容简单，色彩单一。有没有一种接口口线少且能显示彩色的器件呢？答案是肯定的，那就是选用串口彩屏。该类彩屏，不仅能显示汉字还能显示图案，与单片机之间通过串口即可实现内容的显示。那么单片机是如何通过串口来控制彩屏的呢？下面具体介绍串行通信及 Usart-GPU 串口彩屏的相关知识。

知识1　串行通信基础知识

　1．并行通信和串行通信

　　计算机与外界进行信息交换称为通信。通信的基本方式可分为并行通信和串行通信。

串行通信基础知识

　　（1）并行通信。并行通信是指数据的各位同时进行传送的通信方式，如图 4.2 所示。

　　本书项目 1、项目 2 中介绍的并行 I/O 口 P1～P3 与外部设备之间的数据传送，单片机与外扩存储器之间、单片机与外扩并行 I/O 口（8255）之间等的数据传送，都属于并行通信。并行通信的主要特点是：传输速度快，信息数据有多少位就需要多少根传输线，因而在短距离通信中占有优势；但对于长距离通信来说，其因信号线太多且信号容易衰减而处于劣势。

　　（2）串行通信。串行通信是指数据的各位一位位地依次传送的通信方式，如图 4.3 所示。串

行通信有专用的串口，无论传送信息的数据量如何，只需一对传输线来传送。尽管比按字节（Byte）的并行通信速度慢，但是串口可以在使用一根线发送数据的同时用另一根线接收数据。它很简单并且能够实现远距离通信。例如，IEEE488 定义并行通信时，规定设备线总长不得超过 20m，并且任意两个设备间的线长不得超过 2m；而对于串行通信而言，设备线长度可达 1200m。

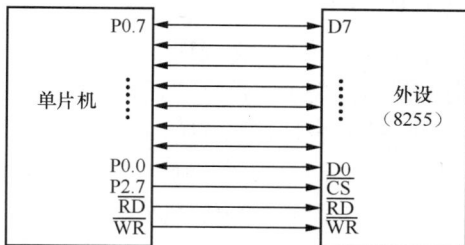

图4.2　并行通信示意

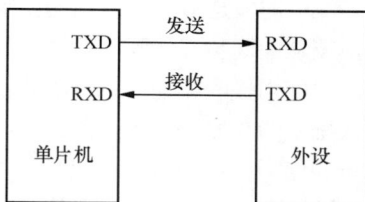

图4.3　串行通信示意

2. 异步通信和同步通信

串行通信又分为两种基本通信方式，即异步通信和同步通信。

（1）异步通信。在异步通信中，被传送的信息通常是一个字符编码或一个字节数据，它们以规定的相同传送格式（字符帧格式）一帧一帧地发送或接收。发送端和接收端各有一套彼此独立又不同步的通信机构，由于它们发送和接收数据的帧格式相同，因此可以互相识别接收到的数据信息。

字符帧格式由起始位、数据位、奇偶校验位和停止位等 4 部分组成，如图 4.4 所示。

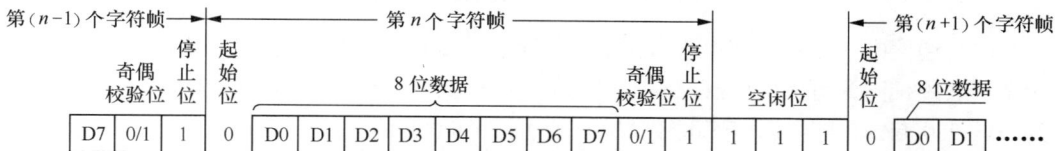

图4.4　异步通信帧格式

① 起始位。在没有数据传送时，通信线处于逻辑1状态。当发送端要发送一个字符数据时，首先发出一个逻辑 0 信号，这个低电平就是帧格式的起始位，只占 1 位，作用就是向接收端通知发送端开始发送一帧数据。接收端检测到这个低电平后，就准备接收数据信号。

② 数据位。在起始位之后，发送端发出（接收端接收）的是数据位。数据的位数没有严格限制，如 5 位、6 位、7 位或 8 位等均可，由低位到高位逐位传送。通常以数据字节为单位，即取 8 位。

③ 奇偶校验位。其位于数据位后，仅占 1 位，通常用于对串行通信数据进行奇偶校验，可以由用户定义其他控制含义，该位也可以不用。

对于偶校验和奇校验的情况，通过设置校验位，确保传输的数据（包括校验位）有偶数个或者奇数个逻辑 1。例如，对二进制数 01011111，用偶校验，校验位为 0，传输的数据为 010111110，保证逻辑1的位数是偶数；用奇校验，校验位为 1，传输的数据为 010111111，这样就有奇数个逻辑1。

④ 停止位。字符帧格式的最后部分为停止位，逻辑 1 电平有效，停止位可通过约定设置 1、1.5 和 2 位。由于数据在传输线上是定时的，并且每一个设备有自己的时钟，很可能在通信中两

台设备间出现小小的不同步，因此停止位不仅表示传输的结束，并且为计算机提供校正时钟同步的机会。选用为停止位的位数越多，时钟同步的容忍程度越大，但是数据传输速度也会越慢。

在异步通信中，字符信息可以一帧一帧连续传送，也可以出现间隙，即空闲状态。空闲时通信线处于逻辑 1 状态。

（2）同步通信。串行通信中，发送设备和接收设备是相互独立、互不同步的，即接收端不知道发送端何时发送数据或发送的两组数据之间间隔多长时间，那么发送端和接收端之间靠什么信息协调从而同步工作呢？在异步通信中，是靠传送数据每个字符帧的起始位和停止位来协调同步的，即当接收端检测到传输线上出现低电平时，表示发送端已开始发送，而接收端也开始接收数据，两端协调同步工作，当接收端检测到停止位 1 时，表示一帧数据已发送和接收完毕。异步通信中，每帧数据的起始位和停止位都占用一定的时间，在传送数据块这种信息量大的通信中速度较慢。为了提高通信速度，常去掉这些标志位，采用同步传送，即同步通信。

同步通信的特点是在每个数据块传送开始前先发送一个或两个事先约定好的同步字符，当接收端收到同步字符并确认后，表示开始发送数据，发送端和接收端开始协调传送数据块的具体数据字符，这期间不允许有空隙，当一个数据块传送完后，再发送一个或两个检验字符，用于接收端对接收到的数据字符的正确性进行检验，并表示此次传送结束。

图 4.5 所示为同步通信的数据传送格式。

同步字符	数据字符 1	数据字符 2	……	数据字符 $(n-1)$	数据字符 n	校验字符	校验字符

图4.5　同步通信的数据传送格式

在串行通信中，无论是异步通信还是同步通信，接收端和发送端双方使用的字符帧格式或同步字符必须相同；可由用户自己确定也可采用统一的标准格式。异步通信传输速度较慢，一般为 50～9600bit/s；同步通信速度较快，一般可达 80000bit/s。

3. 波特率

在串行通信中，发送设备和接收设备之间除了采用相同的字符帧格式（异步通信）或相同的同步字符（同步通信）来协调同步工作外，两者之间发送数据的速度和接收数据的速度也必须相同，这样才能保证数据的成功传送。

串行通信中表示数据传送速度的物理量叫作波特率，若以二进制传输为例，波特率为每秒传送二进制数码的位数，也叫作比特数，单位为 bit/s，即位每秒。传送每位的时间 $T_d=1/$波特率。

例如，电传打字机传送速率为 10 字符/秒，每个字符有 11 位，则波特率为 11 位/字符×10 字符/秒=110bit/s，传送每位的时间 $T_d = 1bit/$（110bit/s）≈ 0.0091s。

4. 串行通信的制式

在串行通信中，信息数据在通信线路两端的通信设备之间传送，按照数据传送方向和两端通信设备所处的工作状态，可将串行通信分为单工、半双工和全双工 3 种工作方式。

（1）单工方式。在单工方式下，通信线的 A 端只有发送器，B 端只有接收器，信息数据只能单方向传送，即只能由 A 端传送到 B 端而不能反向传送，如图 4.6 所示。

（2）半双工方式。半双工方式中，通信线路两端的设备都有一个发送器和一个接收器，如图 4.7 所示。数据可双向传送但不能同时传送，即 A 端发送、B 端接收或 B 端发送、A 端接收，A、B 两端的发送与接收只能通过半双工通信协议切换交替工作。

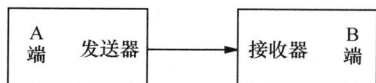

图4.6 单工方式

图4.7 半双工方式

（3）全双工方式。在全双工方式下，通信线路 A、B 两端都有发送器和接收器，A、B 两端之间有两个独立通信的回路，两端数据允许同时发送和接收，因此通信效率比前两种要高。该方式下所需的传输线至少要有 3 条：一条用于发送，一条用于接收，一条用于公用信号地，如图 4.8 所示。

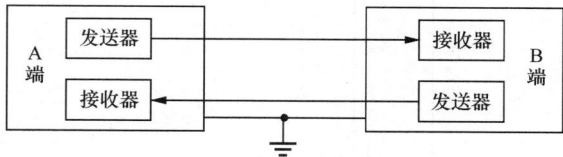

图4.8 全双工方式

5．串行通信数据的校验

串行通信的目的不只是传送数据信息，更关键的是要准确无误地进行传送。为此需要对传送的数据进行检验，以保证信息的准确性。常用的方法有奇偶校验、和校验、异或校验、循环冗余码校验等。

（1）奇偶校验。奇偶校验的特点是按字符校验，即在数据发送时，在每一个字符的最高位之后都附加一个奇偶校验位1或0，使被传送字符（包括奇偶校验位）中含1的个数为偶数（偶校验）或奇数（奇校验）。接收端按照发送端所确定的奇偶性，对接收的每一个字符进行校验，若奇偶性一致则传输正确，若不一致则说明出了差错。

奇偶校验只能检测到影响奇偶位数的错误，比较低级，速度较慢，一般只用在异步通信中。

（2）和校验。和校验是针对数据块的校验。发送端在发送数据块时，对块中的数据进行算术求和，然后将产生的算术和作为校验字符附加到数据块的结尾传给接收端。接收端对收到的数据块按与发送端相同的方法求算术和，将其结果与接收到的校验字符比较，若两者相同，则表示传送正确；若不同则表示传送出错。

和校验的缺点是无法检验出字节排序的错误。

（3）异或校验。异或校验与和校验类似，也是针对数据块的校验。发送端在发送数据块时，对块中的数据进行逻辑异或，然后将产生的单字节的异或结果作为校验字符附加到数据块的结尾传给接收端。接收端对收到的数据块以及校验字符依次求异或，其结果若为 0，表示传送正确；若不为 0，则表示传送出错。异或校验同样无法检验出字节排序的错误。

（4）循环冗余码（CRC）校验。CRC 校验对一个数据块校验一次，它被广泛地应用于同步串行通信中，例如，对磁盘信息的读写、对 ROM 或 RAM 的完整性的校验等。

除此之外还有汉明码校验、交叉奇偶校验等其他校验方法，这里不一一介绍。

知识2　单片机串口的结构

MCS-51 系列单片机内含有一个可编程全双工的串口，其结构如图 4.9 所示，主要由串口数据缓冲器、发送控制器、接收控制器和串口控制寄存器等组成。串口结构的控制寄存器除了串口控制寄存器还有电源控制寄存器。

1．串口数据缓冲器

串口的两个数据缓冲器（SBUF）在物理上是独立的发送、接收缓冲器，可以同时发送、接收数据，共用地址码是 99H，如图 4.9 所示，当对缓冲器进行读操作时，如执行语句"buffer[i]=SBUF;"，把 SBUF 赋值给 buffer 数组，操作对象是串口的接收缓冲器；当对缓冲器进行写操作时，如执行语句"SBUF=send[j];"，把数组 send 的值赋给 SBUF，操作对象是串口的发送缓冲器。

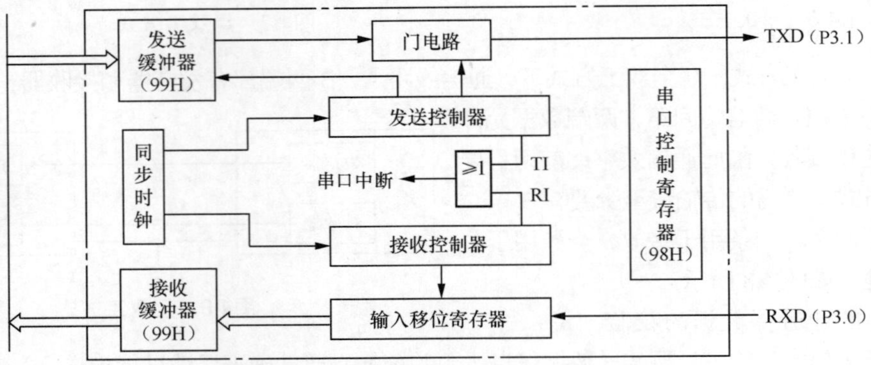

图4.9 可编程全双工的串口结构

2. 串口控制寄存器

串口控制寄存器（SCON）用于设置串口的工作方式、监视串口工作状态等。它是一个既可进行字节寻址又可进行位寻址的特殊功能寄存器。在复位时，所有位被清零，字节地址为 98H，其格式如表 4.1 所示。

表 4.1 SCON 的格式

位名称	SM0	SM1	SM2	REN	TB8	RB8	TI	RI
位地址	9FH	9EH	9DH	9CH	9BH	9AH	99H	98H

SCON 各位的功能如下。

（1）SM0、SM1：串口工作方式选择位，可构成 4 种工作方式，如表 4.2 所示。

表 4.2 串口工作方式选择

SM0	SM1	工作方式	功能	波特率
0	0	方式 0	8 位同步移位寄存器	$f_{osc}/12$
0	1	方式 1	10 位异步收发	可变
1	0	方式 2	11 位异步收发	$f_{osc}/64$ 或 $f_{osc}/32$
1	1	方式 3	11 位异步收发	可变

（2）SM2：方式 2、方式 3 的多机通信控制位。

在方式 0 中，SM2 必须设成 0。

在方式 1 中，当处于接收状态时，若 SM2=1，则只有接收到有效的停止位 1 时，RI 才被激活成 1（发生中断请求）。

在方式 2 和方式 3 中，若 SM2=1，则仅当串口接收到的第 9 位数据 RB8=1 时，才把数据装入接收缓冲器中，将中断标志位 RI 置 1 并申请中断。如果接收到的第 9 位数据 RB8=0，则不产生中断标志，信息将丢失。若 SM2=0，则不管串口接收到的第 9 位数据 RB8 是 0 还是 1，都把数据装入接收缓冲器中，将中断标志位 RI 置 1 并申请中断。

（3）REN：串行接收允许位。由软件置位或清零，REN=1 时，允许接收；REN=0 时，禁

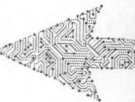

止接收。

（4）TB8：在方式 2 或方式 3 中，是将要发送的第 9 位数据，由软件置位或清零，它可作为数据奇偶校验位，也可在多机通信中作为地址帧或数据帧的标志位。

（5）RB8：在方式 2 或方式 3 中，是已接收到的第 9 位数据，可作为奇偶校验位。在多机通信中也可作为地址帧或数据帧的标志位。在方式 1 中，若 SM2=0，则 RB8 是接收到的停止位。在方式 0 中，该位没有用。

（6）TI：发送中断标志位。在方式 0 中，当发送完第 8 位数据时由硬件置位。其他方式中，则是在停止位开始发送时由硬件置位。当 TI=1 时，向 CPU 申请中断，CPU 响应中断后，发送下一帧数据。在任何方式下 TI 都必须由软件清零。

（7）RI：接收中断标志位。在方式 0 中，当接收完第 8 位数据时由硬件置位。其他方式中，在接收到停止位的中间时刻由硬件置位。当 RI=1 时，向 CPU 申请中断，CPU 响应中断后取走接收到的数据，准备接收下一帧数据。在任何方式中 RI 都必须由软件清零。

串行发送中断 TI 和接收中断 RI 的中断入口地址是同一个，因此在中断程序中必须由软件对 RI 和 TI 进行查询，确定是发送中断还是接收中断，从而做出相应的处理。

3. 电源控制寄存器

电源控制寄存器（PCON）的 SMOD 位也与串口有关，PCON 的字节地址为 87H，没有位寻址功能，单片机复位时，PCON 所有位清零。PCON 的格式如表 4.3 所示。

表 4.3　PCON 的格式

位	D7	D6	D5	D4	D3	D2	D1	D0
位名称	SMOD	—	—	—	GF1	GF0	PD	IDL

PCON 的 SMOD 位为波特率选择位。在工作方式 1、方式 2 和方式 3 时，若 SMOD=1，则波特率增加一倍；若 SMOD=0，波特率不加倍。

另外，PCON 的低 4 位是 CHMOS 单片机掉电方式控制位。

（1）GF1、GF0：通用标志位，由软件置位、复位。

（2）PD：掉电模式控制位，PD=1，进入掉电模式。

（3）IDL：待机模式控制位，IDL=1，进入待机模式。

知识3　串口的工作方式及波特率

1. 串口的工作方式

串口有 4 种工作方式，分别是方式 0、方式 1、方式 2 和方式 3，下面分别介绍各种方式的功能及特点。

串口 1 的工作
方式及波特率

（1）方式 0。

在方式 0 下，串口是作为同步移位寄存器使用的。其波特率为单片机振荡频率（f_{osc}）的 1/12，串行传送数据 8 位为一帧（没有起始位、停止位、奇偶校验位），由 RXD（P3.0）端输出或输入，低位在前，高位在后。TXD（P3.1）端输出同步移位脉冲，可以作为外部扩展的移位寄存器的移位时钟，因而串口 1 方式 0 常用于扩展外部并行 I/O 口。

（2）方式 1。

在方式 1 下，串口 1 工作在 10 位异步通信方式，发送或接收一帧信息中，除 8 位数据位外，

还包含 1 位起始位 0 和 1 位停止位 1，其波特率是可变的。

发送时，当 TI=0，并由 CPU 向发送缓冲器写入待发送数据时，启动串口发送器，同时发送控制器自动将起始位 0 和停止位 1 分别加到 8 位字符前后，发送缓冲器在移位脉冲作用下从 TXD 端依次发送一帧数据。发送完后自动保持 TXD 端为高电平，同时硬件置位 TI，并发出中断申请。

接收数据时，通过软件将 REN 位设置为 1，启动串口 1 接收过程，当检测到 RXD 引脚输入电平负跳变时，接收器以所选择波特率的 16 倍速率采样 RXD 引脚电平，以 16 个脉冲中的 7、8、9 这 3 个脉冲为采样点，取两个或两个以上相同值为采样电平。若检测电平为低电平，说明起始位有效，以同样的检测方法接收这一帧信息的其余位。接收过程中，8 位数据装入接收缓冲器，接收到停止位时，置位 RI，并向 CPU 请求中断。

（3）方式 2。

在方式 2 下，串口工作在 11 位异步通信方式。一帧信息包含 1 位起始位 0、8 位数据位、1 位可编程第 9 数据位和 1 位停止位 1。其中可编程数据位是 SCON 中的 TB8，在 8 位数据位之后，可作为奇偶校验位或地址/数据帧的标志位使用，由用户确定。方式 2 下波特率固定为 f_{osc}/64（SMOD=0）或 f_{osc}/32（SMOD=1）。

发送数据时，先由软件设置 TB8，然后将要发送的 8 位数据写入发送寄存器，即启动发送器，同时发送控制器将起始位 0、第 9 数据位和停止位 1 自动加入一帧信息中，并从 TXD（P3.1）端移位输出。

接收数据时，方式 2 的接收过程与方式 1 基本相同，收到的第 9 位数据装入 SCON 中的 RB8。若将第 9 数据位设置为奇偶校验位，则令 SM2=0，以保证串口能可靠接收；在多机通信中，常用第 9 数据位作为地址/数据帧的标志位，此时可令 SM2=1，当 RB8=1 时，串口将接收发来的地址帧信息，当 RB8=0 时，串口将丢弃所接收的数据帧信息。

（4）方式 3。

在方式 3 下，串口同样工作在 11 位异步通信方式，其通信过程与方式 2 完全相同。不同的是方式 3 的波特率是可变的。

2．串口的波特率

在串行通信中，发送、接收双方对传送数据的速率（即波特率）要有一定的约定，才能进行正常的通信。波特率的选用与传输设备、传输距离有关，在实际应用中要考虑通信的可靠性等方面。

（1）方式 0 的波特率。在方式 0 下，串口通信波特率是固定的，其值为 f_{osc}/12（f_{osc} 为晶振频率）。

（2）方式 2 的波特率。在方式 2 下，波特率为 f_{osc}/32 或 f_{osc}/64。用户可以根据 PCON 中的 SMOD 位来选择。其计算公式为

$$波特率=\frac{2^{SMOD}}{32}\times f_{osc} \tag{4.1}$$

即当 SMOD=0 时，波特率为 f_{osc}/64；当 SMOD=1 时，波特率为 f_{osc}/32。

（3）方式 1 或方式 3 的波特率。这两种情况下，波特率由定时器 T1 的计数溢出率决定。相应的公式为

$$波特率=\frac{2^{SMOD}}{32}\times 定时器 T1 溢出率 \tag{4.2}$$

式中，SMOD 是电源控制寄存器的 PCON 最高位，SMOD=1 表示波特率加倍。

定时器 TI 溢出率的计算公式为

$$定时器\ T1\ 溢出率 = \frac{f_{osc}}{12} \cdot \frac{1}{2^K - T1的初值} \qquad (4.3)$$

式中，K 为定时器 T1 的位数，则波特率的计算公式为

$$波特率 = \frac{2^{SMOD}}{32} \cdot \frac{f_{osc}}{12} \cdot \frac{1}{2^K - T1的初值} \qquad (4.4)$$

在定时器 T1 用作波特率发生器时，通常选择定时器 T1 工作在方式 2，且不允许中断（注意：不要混淆定时器工作方式和串口工作方式）。因为方式 2 将 TH1 和 TL1 设定为两个 8 位重装计数器，具有自动恢复定时初值的功能，从而避免了用程序反复装入定时初值而引起的定时误点，使波特率更加稳定。当定时器 T1 工作在方式 2 时，K=8。

通过 STC-ISP 生成串口初始化程序

例 4.1 设波特率为 2400bit/s，单片机晶振频率 f_{osc} 为 11.0592MHz，定时器 T1 工作在方式 2，SMOD=0，则

$$波特率 = \frac{2^{SMOD}}{32} \cdot \frac{f_{osc}}{12} \cdot \frac{1}{2^K - T1的初值}$$

即

$$2400 = \frac{1}{32} \cdot \frac{11.0592 \times 10^6}{12} \cdot \frac{1}{2^8 - T1的初值}$$

得 T1 的初值=244=0xF4。

当波特率按照规范取 1200bit/s、2400bit/s、4800bit/s、9600bit/s 等值，选用频率为 12MHz 的晶振时，计算出的初值不是整数，取整后有一定误差，为此专门生产出一种频率为 11.0592MHz 的晶振，可使计算出的初值为整数。不同晶振频率下常用的波特率及误差如表 4.4 所示。

表 4.4　常用的波特率及误差

波特率/（bit/s）	晶振频率/MHz	SMOD	TH1 重装初值	实际波特率/（bit/s）	误差
9600	12.000	1	0xF9	8923	7%
4800	12.000	0	0xF9	4460	7%
2400	12.000	1	0xF3	4808	0.16%
2400	12.000	0	0xF3	2404	0.16%
1200	12.000	0	0xE6	1202	0.16%
19200	11.0592	1	0xFD	19200	0
9600	11.0592	0	0xFD	9600	0
4800	11.0592	0	0xFA	4800	0
2400	11.0592	0	0xF4	2400	0
1200	11.0592	0	0xE8	1200	0

值得注意的是，设计波特率时，若误差太大，在实际工作中出现误码的可能性就增大，可通过选择不同晶振、波特率加倍等方法减小误差。例如：从表 4.4 中可以看出，要求波特率为 4800bit/s，单片机晶振频率为 12MHz，定时器采用工作方式 2，初值为 0xF9，此时的波特率误差高达 7%，若将波特率设为 2400bit/s，SMOD=1，定时器初值为 0xF3，则误差为 0.16%。

知识4　Usart-GPU串口彩屏概述及指令系统

Usart-GPU 串口彩屏是目前流行的串口屏之一，如图 4.10 所示。该屏将液晶屏、单片机和存储器 3 部分集成在一起，由计算机将图片和汉字点阵通过 GPUMaker 程序预先存储到串口屏的存储器中，然后由单片机通过串口发送指令调用显示，因此单片机部分的编程会变得异常简单。

1. 硬件连接

Usart-GPU 串口彩屏有 4 个标准的引脚，如图 4.10 右侧所示的 4 个点，依次为+5V、RX、TX、GND。

- +5V 和 GND 是串口屏的供电引脚，直接接 5V 电源。
- RX 是串口屏的数据接收引脚，TTL 电平，接单片机的数据发送端 TXD。

图4.10　Usart-GPU串口彩屏

- TX 是串口屏的数据发送引脚，TTL 电平，接单片机的数据接收端 RXD。

2. 设置串口屏的波特率

在 GPUMaker 中，执行菜单命令"编辑"→"工程参数"，设置串口屏的波特率，在进行数据与串口屏同步之后，重启串口屏才可以生效。

3. Usart-GPU 串口彩屏指令

单片机通过串口发送指令给串口屏，在每条语句的最后需要跟 "\r\n" 即 "0d 0a"，表示指令结束。主要的几条指令的介绍如下。

（1）指令：DRn;

描述：切换液晶屏的显示方向。

参数：n 为 0~3，分别对应屏的 4 个方向，可以使用此命令调整横竖屏显示。另外此命令不清屏，因此可以在横屏下显示部分竖显汉字。

说明：　DR0;　// 横屏显示
　　　　DR1;　// 竖屏显示
　　　　DR2;　// 横屏倒立
　　　　DR3;　// 竖屏倒立

（2）指令：CLS (c);

描述：用 c 号颜色清屏。

参数：c 为颜色序号，常用的有 0~4（0—— 黑色，1—— 红色，2—— 绿色，3—— 蓝色，4—— 黄色）。

范例：

```
CLS(3); //清屏为蓝色
```

（3）指令：DS12(x1, y1, '显示内容字符串', c, limitX);

描述：在(x1, y1)处用颜色 c 显示一行 12 点阵字。

参数：(x1, y1)为字符串左上角的坐标。c 为点的颜色序号；limitX 用于设置右边界，确保显示不超过右边界，可不使用。

范例：

```
DS12(0, 0, '我爱学习', 1); //在左上角位置开始显示"我爱学习"，字体为红色
```

（4）指令：DS16(x1, y1, '显示内容字符串', c, limitX);

描述：在(x1, y1)处用颜色 c 显示一行 16 点阵字。与 DS12 指令相比，其除了显示字体不同外，其余一样，下同。

（5）指令：DS24(x1, y1, '显示内容字符串', c, limitX);

描述：在(x1, y1)处用颜色 c 显示一行 24 点阵字。

（6）指令：DS32(x1, y1, '显示内容字符串', c, limitX);

描述：在(x1, y1)处用颜色 c 显示一行 32 点阵字。

（7）指令：DS48(x1, y1, '显示内容字符串', c, limitX);

描述：在(x1, y1)处用颜色 c 显示一行 48 点阵字。

（8）指令：DS64(x1, y1, '显示内容字符串', c, limitX);

描述：在(x1, y1)处用颜色 c 显示一行 64 点阵字。

【任务实施】

1．硬件电路设计

在单片机最小系统基础上，选择 Usart-GPU 串口彩屏的任意一款即可，通过单片机的串口 1 的 P3.0/RXD 和串口屏的 TX 连接，P3.1/TXD 和串口屏的 RX 连接，两个按键分别和单片机的 P0.0、P0.1 口连接。

任务实施 04-1

Proteus 不可以直接仿真 Usart-GPU 串口彩屏，可以利用虚拟终端显示协议内容。串口屏通信测试电路如图 4.11 所示。

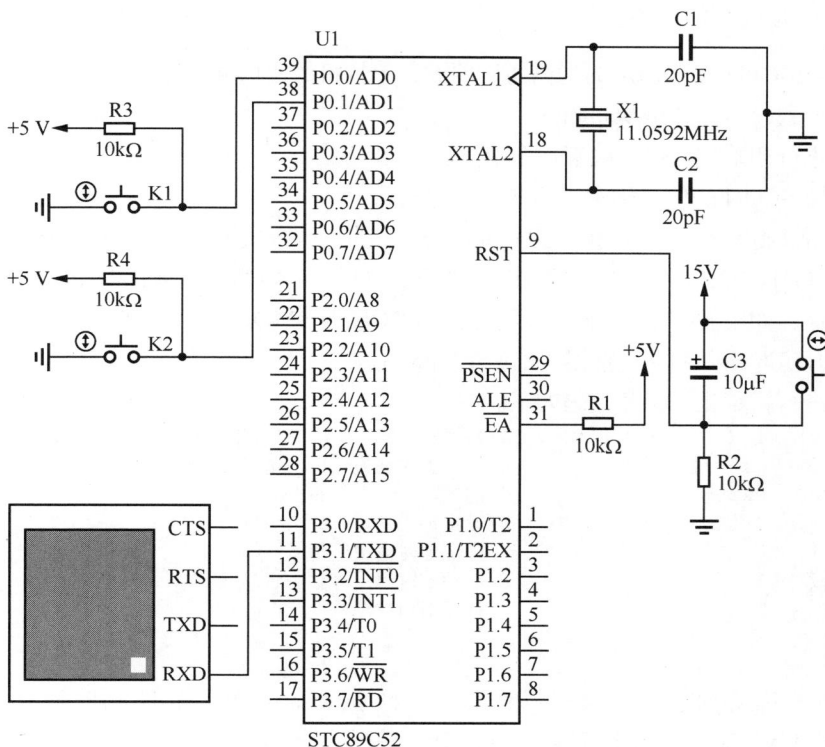

图4.11　串口屏通信测试电路

调用虚拟终端仪器的方法如图 4.12 所示，并将虚拟终端的接收端 RXD 与单片机的 TXD 连接，连接完成后，双击虚拟终端，打开图 4.13 所示对话框，设置通信波特率。

2. 软件设计

读者先在相关网站下载 GPUMaker 并将其安装到计算机上，然后将串口屏与计算机的 USB 转 TTL 串口进行连接，通过 GPUMaker 执行菜单命令"编辑"→"工程参数"，设置串口屏的波特率，本任务波特率设置为 9600bit/s。

单片机控制程序主要包括两大部分：主程序和串口中断程序。

（1）主程序主要包括对串口进行初始化，并根据按键执行相关命令。

（2）串口中断程序负责发送数据。

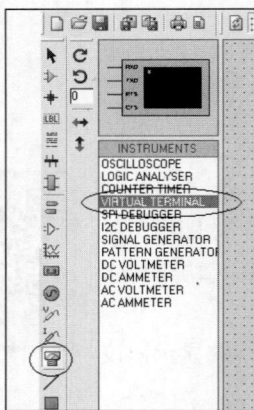

图4.12　调用虚拟终端仪器的方法　　　　　　图4.13　设置波特率

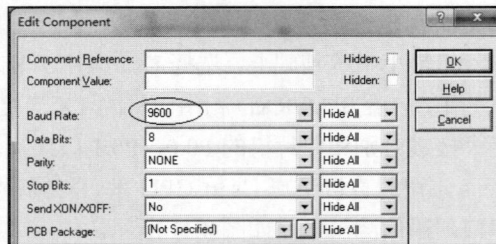

按照 Usart-GPU 串口彩屏的通信协议要求，单片机的串口通信选择方式 1，波特率和串口屏的波特率一致，本任务是 9600bit/s。

对串口进行初始化，包括以下几个部分。

（1）设置 SCON 的值，确定串口的工作方式。

（2）设置波特率：通过 TMOD 设置定时器 T1 的工作方式为 2，将按式（4.4）计算出的定时初值赋给 TH1、TL1，启动定时器 T1。由于上电复位后特殊功能寄存器 PCON=0x00，默认波特率不加倍，如果波特率要加倍，还需设置 PCON 的 SMOD=1，即 PCON=0x80。

（3）打开定时器中断，包括设置 EA=1、ES=1。

对串口进行初始化，参考代码如下。

```
void UartInit()          //晶振频率 11.0592MHz 下波特率为 9600bit/s 的初始化程序
{    SCON= 0x50;         //串口工作在方式 1，允许接收
     TMOD= 0x20;         //定时器 T1 工作在方式 2
     TL1 = 0xFD;         //设定定时初值
     TH1 = 0xFD;         //设定定时器重装值
     TR1 = 1;            //启动定时器
     EA  = 1;            //打开串口中断
     ES  = 1;
}
```

主程序中控制按键的功能主要是将要发送的内容按 Usart-GPU 串口彩屏的命令格式发送。例如用"DS32(x1, y1, '显示内容字符串', c, limitX);"进行准备，包括：按按键 K1 后，单片机准备发送"We must study hard!"信息；按按键 K2 后，单片机准备发送"Welcome to China!"信息。

中断服务程序进行通信信息的发送。

参考代码如下。

```
#include <reg51.h>
#include <string.h>
#include <intrins.h>
#define uchar unsigned char
#define uint unsigned int
void Delay1ms();                      //声明延时 1ms 函数
void Delaynms(uchar K);               //声明延时 nms 函数
void UartInit();                      //声明串口初始化函数，该函数可以应用 STC-ISP 工具自
动生成
void DRLCD();                         //声明 DR 指令函数，设置串口屏显示方向
void CLSLCD();                        //声明 CLS 指令函数
void disp1();                         //声明显示内容 1 函数
void disp2();                         //声明显示内容 2 函数
//声明变量：S1sendbuf[40]发送缓存区，用于存放要发送的数据，数组大小必须不小于最长信息长度
//声明变量：S1fsw 发送位，存放目前发送的第几个数据
//声明变量：S1fjsq 作为发送计数器，保存还需发送数据的个数
uchar S1sendbuf[40], S1fsw,S1fjsq;
sbit K1=P0^0;                         //声明按键的口线
sbit K2=P0^1;
void main()                           //主程序
{   UartInit();                       //串口初始化
    DRLCD();                          //设置串口屏显示方向
    Delaynms(250);                    //延时，等待发送完成
    CLSLCD();                         //清屏
    Delaynms(250);                    //延时，等待发送完成
    while(1)
      {
      if(K1==0)                       //判断按键
          {while(K1==0);              //等待按键释放
          disp1();                    //显示内容 1
          Delaynms(250);             //延时，等待发送完成
          }

      if(K2==0)                       //判断按键
          {while(K2==0);              //等待按键释放
          disp2();                    //显示内容 2
          Delaynms(250);             //延时，等待发送完成
          }
      }
}
/**************************************************
中断服务程序，串口 1 的中断号为 4
**************************************************/
void Uart() interrupt 4 using 1
{  if(TI)                             //标志位 TI=1 则发送中断
     { TI=0;                          //TI 清零
       if(S1fjsq)                     //发送计数器不为 0
       {S1fjsq--;                     //发送计数器-1
        S1fsw++;                      //发送位+1，指向要发送的下一个数据
        SBUF=S1sendbuf[S1fsw];        //发送
        }
       }
   if(RI)                             //接收中断
     { RI=0;}
}
```

```
void Delaynms(uchar k)
{  while(k--)
   Delay1ms();
}

void Delay1ms()
{
    uchar i, j;
    _nop_();
    _nop_();
    _nop_();
    i = 11;
    j = 190;
    do
    {
        while (--j);
    } while (--i);
}

void DRLCD( )                          //DR0, 横屏显示; DR1, 竖屏显示; DR2, 横屏倒立; DR3, 竖屏倒立

{  strcpy(S1sendbuf,"DR1;\r\n");    //通过 strcpy()函数, 将要发送的内容存储到S1sendbuf 中
   S1fsw=0;                          //发送位=0, 从第一个数据开始发送
   S1fjsq=strlen(S1sendbuf);        //发送计数器的值为 S1sendbuf 的长度
   SBUF=S1sendbuf[S1fsw];           //发送第一个数据, 发送完引起中断, 然后在中断里发送其余数据
}

void CLSLCD( )//清屏
{    strcpy(S1sendbuf,"CLS(3);\r\n");
     S1fsw=0;
     S1fjsq=strlen(S1sendbuf);
     SBUF=S1sendbuf[S1fsw];
}

void disp1( )
{    strcpy(S1sendbuf,"DS32(32,32,'We must study hard!',1);\r\n");
     S1fsw=0;
     S1fjsq=strlen(S1sendbuf);
     SBUF=S1sendbuf[S1fsw];
}

void disp2( )
{    strcpy(S1sendbuf,"DS32(32,32,'Welcome to China!  ',1);\r\n");
     S1fsw=0;
     S1fjsq=strlen(S1sendbuf);
     SBUF=S1sendbuf[S1fsw];
}

void UartInit()                    //9600bit/s@11.0592MHz
{    SCON=0x50;                    //串口工作在方式 1, 允许接收
     TMOD= 0x20;                   //定时器 T1 工作在方式 2
     TL1 = 0xFD;                   //设定定时初值
     TH1 = 0xFD;                   //设定定时器重装值
     TR1=1;                        //启动定时器
     EA=1;                         //打开串口中断
     ES=1;
}
```

3. 仿真调试

将 Keil 中生成的 HEX 文件加载到 Proteus 中，同时设置单片机的晶振频率为 11.0592MHz。单击仿真运行，并执行菜单命令 Debug→Virtual Terminal，如图 4.14 所示。

在弹出的虚拟终端对话框中右击，设置显示模式，如图 4.15 所示，在弹出的快捷菜单中单击选择"Hex Display Mode"，设置为十六进制显示；再次单击可取消选择，设置为字符显示格式。在本任务中选择字符显示格式观察更直观。

运行后分别按按键 K1 和按键 K2，观察虚拟终端对话框中的显示结果，如图 4.16 所示。请读者自行搭建实物，下载程序运行，可以观察到串口屏显示结果。

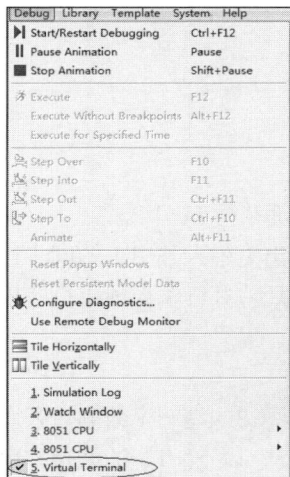

图4.14　执行菜单命令
Debug→Virtual Terminal

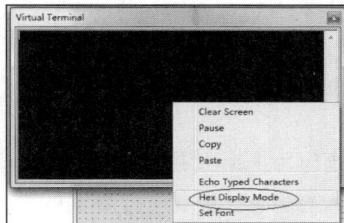

图4.15　设置显示模式

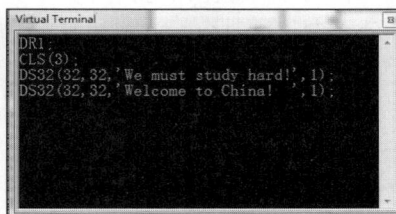

图4.16　显示结果

【课后任务】

（1）根据表 4.5 所示的元器件清单，自行设计电路并焊接，完成本任务的实物制作。

表 4.5　元器件清单

元件名称	型号	数量/件	元件名称	型号	数量/件
单片机	STC89C52RC	1	按键	—	3
晶振	11.0592MHz	1	Usart-GPU 串口彩屏	—	1
瓷片电容	20pF	2	电阻	10kΩ	4
电解电容	10μF/16V	1	电路板	单面万能板	1
IC 插座	DIP40	1			

（2）修改要显示的内容和相关字体、颜色、位置等格式。

【任务小结】

（1）掌握单片机串口中断的初始化。在理解了初始化内容后，在其他应用场合，只需将提供的初始化参考程序结合波特率大小修改 TH1、TL1 的值即可。

（2）掌握 Usart-GPU 串口彩屏的指令系统，例如竖屏显示指令 DR1、用蓝色清屏的指令

CLS(3)、显示 32 点阵字的指令 DS32 等。

（3）为了方便程序编写，常将要发送的内容放置在数组里，本任务程序中的"strcpy(S1sendbuf," CLS(3);\r\n");"就是采用 strcpy()函数，将要发送的"CLS(3);\r\n"字符串复制到 S1sendbuf 中。

（4）本任务在主程序中准备通信协议，将要发送的内容赋给数组 S1sendbuf，将要发送的字节个数保存在全局变量 S1fjsq 里，然后发送数组中的第一个数据，该数据发送结束后，便产生中断，在串口中断程序中，S1fjsq--的意思是要发送的个数-1，直到 0 为止。若不为 0，S1fsw++ 指向数组的下一个数据，然后用"SBUF=S1sendbuf[S1fsw];"完成其他数据的发送。

（5）请读者仔细体会本任务的设计技巧，在其他通信系统中应用时，只需将要发送的内容赋给数组 S1sendbuf，中断程序的发送程序无须更改。

【任务扩展】

知识5 利用串口扩展并口

在方式 0 下，串口是作为同步移位寄存器使用的，常用于扩展外部并行 I/O 口。

扩展并行输出口时，需要外接一片或几片 8 位串行输入或并行输出（串入并出）的同步移位寄存器 74LS164 或 CD4094。扩展并行输入口时，需要外接一片或几片并行输入或串行输出（并入串出）的同步移位寄存器 74LS165 或 CD4014。

1．扩展并行输出口

串行发送时，外部可扩展一片（或几片）串入并出的移位寄存器。CPU 将一个数据写入发送缓冲器（99H）时，即启动发送。发送缓冲器在发送控制器的控制下，以 $f_{osc}/12$ 的波特率串行移位，数据低位在前，从 RXD 端串行输出，送给外扩移位寄存器（74LS164）的输入端，同时 TXD 输出移位脉冲使移位寄存器以相同速率移位。数据由 74LS164 并口输出，从而扩展出一个并行输出口。

发送完毕将中断标志位 TI 置为 1，向 CPU 申请中断，CPU 响应后用软件对 TI 清零，然后可发送下一个字符帧。

74LS164 是串入并出的 8 位移位寄存器，其芯片封装和引脚如图 4.17 所示。

74LS164 真值表如表 4.6 所示。

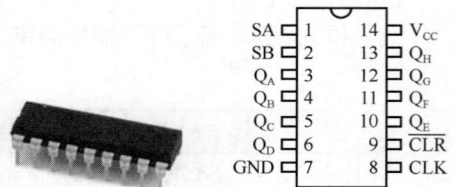

图4.17 74LS164芯片封装和引脚

表 4.6 74LS164 真值表

输入				输出			
$\overline{CLR}$	CLK	SA	SB	Q_A	Q_B	……	Q_H
L	×	×	×	L	L	……	L
H	L	×	×	Q_{A0}	Q_{B0}		Q_{H0}
H	↑	H	H	H	Q_{A0}	……	Q_{G0}
H	↑	L	×	L	Q_{A0}		Q_{G0}
H	↑	×	L	L	Q_{A0}	……	Q_{G0}

注：表中 $Q_{A0} \sim Q_{H0}$ 表示寄存器前一个状态的值。

通常将 SA、SB 连接起来作为串行数据的输入端，在 CLK 上升沿读入一位数据并存入移位寄存器的最低位 Q_A，移位寄存器中原有数据依次向高位移动 1 位，接口电路如图 4.18 所示。

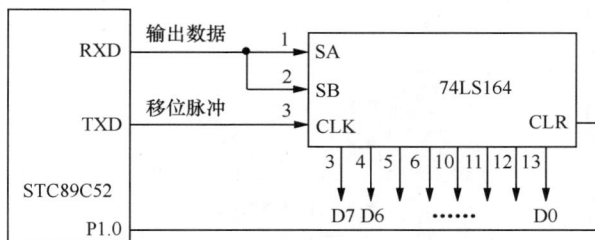

图4.18 方式0扩展并行输出口接口电路

2. 扩展并行输入口

串行接收时，外部可扩展一片（或几片）并入串出的移位寄存器，如图 4.19 所示。

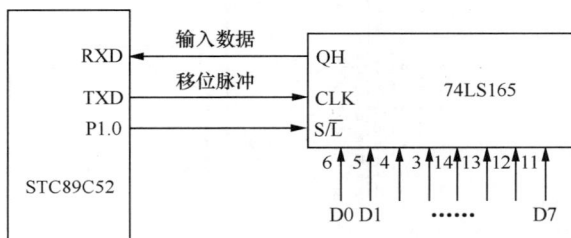

图4.19 方式0扩展并行输入口

当由软件使 REN 置 1，RI=0 时，即启动串口以方式 0 接收数据。外扩移位寄存器 74LS165 并行输入数据，在 TXD 端输出移位脉冲控制下，移位输出数据给串口 RXD 端；串口接收器以 $f_{osc}/12$ 的波特率采样 RXD 端输入数据（低位在前），当接收到 8 位数据时，将中断标志位 RI 置为 1，并发出中断请求。CPU 查询到 RI=1 或响应中断后，即可读入接收缓冲器中的数据，并由软件使 RI 清零，准备接收下一帧数据。这样就扩展了一个并行输入口。

实际应用中，可通过上述电路扩展并行输入口。读者可尝试利用串口扩展一个 8 按键输入电路，并仿真。

••• 技能训练 串口扩展并口的设计 •••

【任务要求】

利用串口外接 74LS164 扩展一组并口，外接 8 个发光二极管，实现简单流水灯显示。

【任务实施】

【功能分析】

在方式 0（同步串行通信方式）下，RXD 为串行数据传输口，TXD 为同步脉冲输出口。74LS164 的 CLK 为同步移位脉冲输入端，与单片机的 TXD 相连；A、B 端相连为串行数据输入端，与单片机的 RXD 口相连；CLR 端为并行输出异步清零端，与单片机的 P1.7 口相连，正常移位时该口应保持为高电平。并行数据从 D7～D0 输出，外接 8 位 LED 显示。

【参考电路】

参考电路如图 4.20 所示。

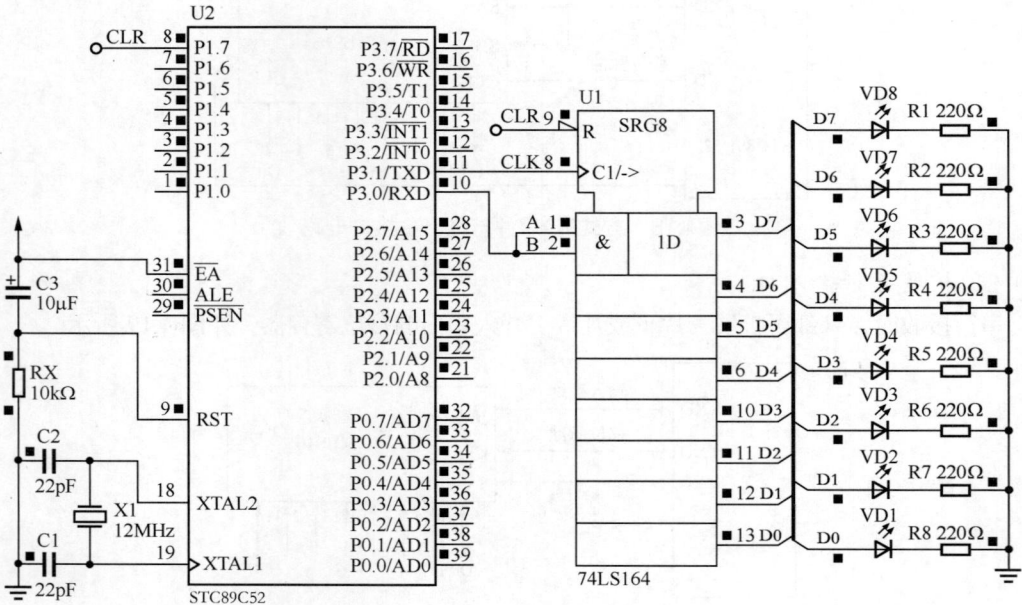

图4.20　参考电路

【参考程序】

实现 LED 从下到上轮流显示，参考程序如下。

```c
/********74LS164 扩展并口，控制 8 个 LED 流水灯显示********/
#include <reg52.h>
#include <intrins.h>
#define uint unsigned int
#define uchar unsigned char
/***************************************************/
/*延时子函数                                       */
/*功能：延时 1×x ms                                */
/***************************************************/
void Delay(uint x)
{
    uchar i;
    while(x--)
    {
        for(i=0;i<120;i++);
    }
}
/***************************************************/
/*main()函数                                       */
/***************************************************/
void main()
{
    uchar c = 0x80;              //显示信号初始化
    P1 = 0x80;                   //P1.7 置高电平，关闭并行异步清零端
```

```
        while(1)
        {
            c = _crol_(c,1);        //循环左移 1 位
            SBUF = c;               //串口发送
            while(TI==0);           //等待串口发送完毕
            TI = 0;
            Delay(400);             //延时 400ms
        }
    }
```

其中，函数_crol_(unsigned int val, unsigned char n)是 intrins.h 库中定义的让字符型变量 val 循环左移 *n* 位的一个函数，使用时必须在程序首部声明#include <intrins.h>。而我们熟悉的运算符<<的功能是将变量按位左移，右边补 0，与该函数的功能是不同的。请读者在使用的时候加以区别。

在 Keil 中编译生成 HEX 文件，并将其装载到 Proteus 中，仿真运行查看结果。

●●● 任务 4.2　双机通信系统设计 ●●●

【任务要求】

组装一个双机通信系统，由主机和从机构成。主机外接两个按键作为输入，选择不同协议内容发送给从机。从机接收协议，并按照对应的协议，控制两个不同的信号灯点亮。

【相关知识】

51 系列单片机串口可以实现双机通信，亦可以实现多机通信，可以采用串口工作方式 1 实现，也可以采用串口工作在方式 2 或方式 3 实现。相关知识如下。

知识　多机通信

51 系列单片机串口工作在方式 1、方式 2 或方式 3 时，可实现多机通信功能，即一台主机和多台从机通信，如图 4.21 所示。

在方式 1 中，首先要给从机定义一个地址字节即地址编号，用来区分从机，然后将从机的地址编号和数据一起组成通信协议，接收方接收到该协议后，根据地址编号决定是否要对数据进行处理。

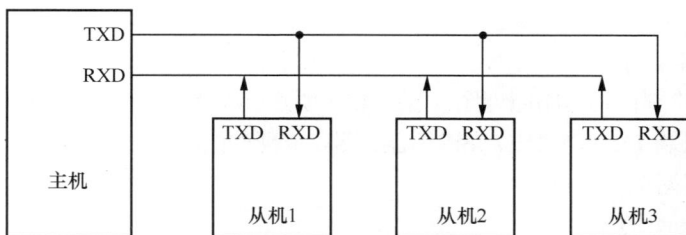

图4.21　多机通信示意

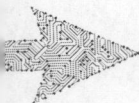

串口工作在方式 2 或方式 3 时，多机通信还可以通过设置通信控制位 SM2 和传送数据帧的第 9 数据位 TB8 来实现。通信编程前，首先要给从机定义一个地址字节，用来区分从机。主机和从机之间传送的信息分为地址和数据两类，以第 9 数据位作为区分标志，第 9 数据位为 1 时表示地址，为 0 时表示数据。

当主机向从机发送信息时，主机首先发送一个地址帧，此帧数据的第 9 数据位 TB8 应设置为 1，以表示是地址帧，8 位数据位是某台从机的地址。在从机方面，为了接收信息，初始化时应将 SCON 的 SM2 设置为 1，REN 设置为 1，表示允许接收。每台从机都接收到主机发来的地址帧信息后，因第 9 数据位 RB8 为 1（主机发出的第 9 数据位为 TB8=1），且 SM2=1，则置位中断标志位 RI 并申请中断，从机响应中断后判断主机发来的地址与本机地址是否一致，若一致，则被寻址的从机清除其 SM2 标志（SM2=0），准备接收将要从主机送来的数据帧，而地址不一致的其他从机仍保持 SM2=1 的状态。

此后主机发送数据帧，由于 TB8 被设置为 0（表示发送数据），因此虽然每台从机都能够收到该数据，但只有 SM2=0 的那台被寻址的从机才把数据送入缓冲器，并置位 RI=1，申请中断，该从机响应中断后读入该数据并置 SM2=1，RI=0，准备下一次通信。其余从机皆因 SM2=1 和 RB8=0 而舍弃该数据，等待主机的下一次寻址。这样就实现了主机与从机之间的通信。

这种通信只能在主机与从机之间进行，从机之间的通信需经主机作中介才能实现。经过上面的分析，多机通信的过程可总结如下。

（1）主机、从机均初始化为方式 2 或方式 3，且置 SM2=1、REN=1，打开串口中断。

（2）主机置位 TB8=1，向从机发送寻址地址帧，各台从机因满足接收条件（SM2=1、RB8=1），从而接收到主机发来的地址，并与本机地址比较。

（3）本机地址与主机发送的地址一致的从机将 SM2 清零，并向主机返回地址，供主机核对，不一致的恢复初始状态。

（4）主机核对返回的地址，若与前面发出的地址一致则准备发送数据，若不一致则返回步骤（1）重新开始。

（5）主机向从机发送数据，此时主机 TB8=0，只有被选中的那台从机能接收到该数据，其他从机则舍弃该数据。

（6）本次通信结束后，从机重新置 SM2=1，可进行下一次的通信。

在实际应用中，常将单片机作为从机（下位机），直接用于被控对象的数据采集与控制，而把 PC 作为主机（上位机），用于数据处理和对从机的管理。

【任务实施】

1. 硬件电路设计

在 Proteus 中绘制仿真电路原理图，如图 4.22 所示，两个单片机电源共地，两个单片机的发送端 TXD 与 RXD 交错相连，即完成硬件的连接。主机外接两个按键，从机连接两个信号灯。

任务实施 04-2

2. 通信协议的约定

在双机通信或多机通信中，通信协议的约定将直接影响通信的效率，简单的协议格式包括三大部分，即引导位、功能内容、校验码。

复杂一点的协议格式包括引导位、字节数、功能内容、校验码。

多机通信中还包括地址码，格式为：引导位、从机地址、字节数、功能内容、校验码。

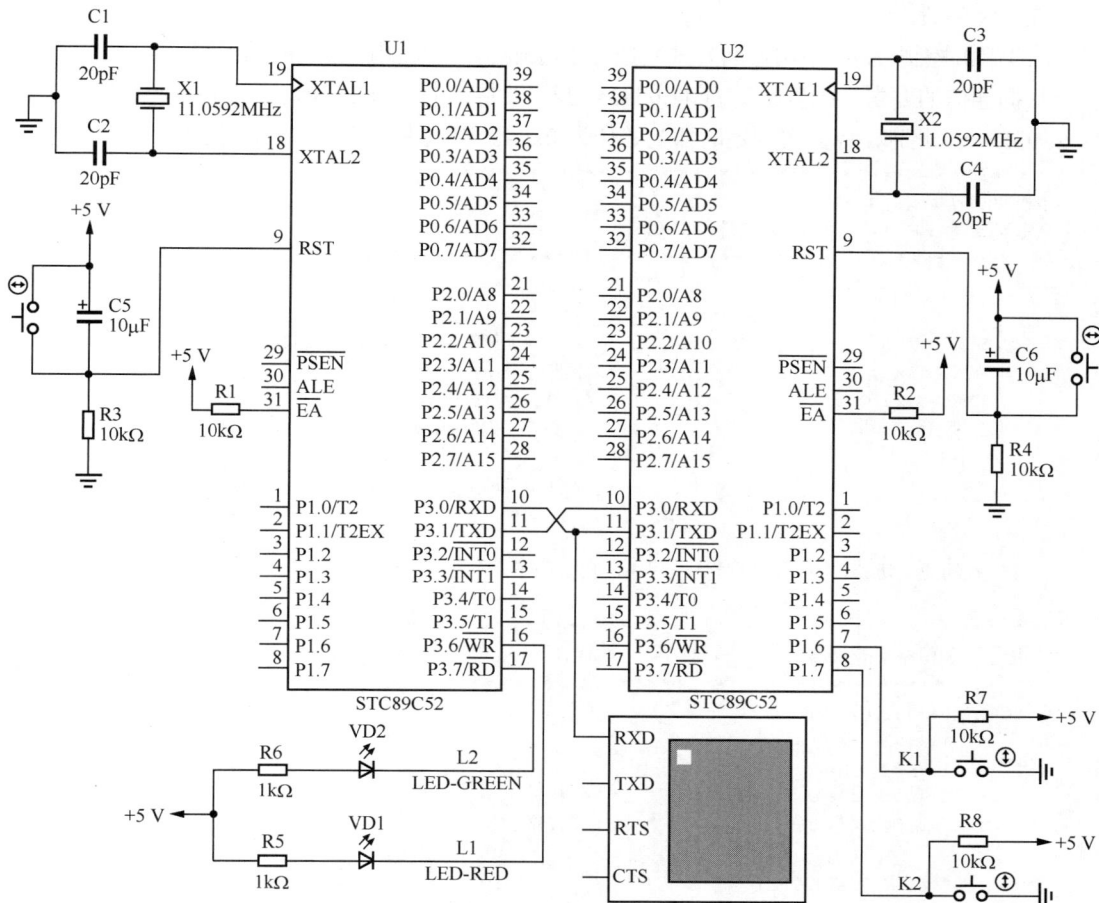

图4.22　双机通信系统连接仿真电路原理图

在大多数情况下，以引导位、功能内容、校验码 3 部分构成协议即可完成通信。

（1）引导位：常用通信协议其他部分不涉及的字符来表示，例如"#"等非数值符号。

本任务中采用 0xA0、0xA1 作为引导位，并作为两个按键功能的区分。

（2）功能内容：主要包括功能的代号或某些参数的值，例如若涉及类似温度、湿度等参数的发送，功能内容里应该是这些参数的值。

本任务功能简单，这部分用几个不同的字节区分命令即可，例如用 0x01、0x02 和 0x03、0x04 进行区分。

（3）校验码：要求不高的场合采用和校验（单字节或双字节）、异或校验（单字节）即可，要求高的场合建议采用 CRC 校验。本任务选用异或校验。

通过分析，本任务的协议约定和功能如下。

若将甲机（主机）按键 K1 按下，则发送协议"0xA0，0x01，0x02，异或校验码"；若将甲机按键 K2 按下，则发送协议"0xA1，0x03，0x04，异或校验码"。

乙机（从机）若接收到第一条数据协议，则点亮 L1 信号灯；若收到第二条数据协议，则点亮 L2 信号灯。

双方波特率为 2400bit/s。

3. 软件设计

（1）甲机控制程序（采用查询方式发送）。其主要包括甲机串口初始化和甲机通信两个部分。

根据通信的要求，晶振频率为 11.0592MHz、波特率为 2400bit/s 时，设置波特率不加倍，即 SMOD=0，此时，计算得到定时器初始值为 0xF4。甲机串口初始化子程序如下。

```
/*****************************************************
甲机串口初始化子程序
晶振频率为 11.0592MHz，波特率 2400bit/s
****************************************************/
void init_UART(void)
{
    SCON=0x50;                //串口工作在方式 1，允许接收
    PCON=0x0;                 //波特率不加倍
    TMOD=0x20;                //T1 工作在方式 2
    TH1=0xF4;                 //波特率为 2400bit/s
    TL1=TH1;
    TR1=1;                    //启动 T1
}
```

根据双方的通信协议，设计甲机通信子程序，代码如下。

```
/*****************************************************
甲机通信子程序（查询方式）
****************************************************/
void send_jia(void)
{
    unsigned char i;
    unsigned char sum=0;      //校验字节
    for(i=0;i<3;i++)          //发送数据
    {
        SBUF=fabuf[i];
        sum=sum^fabuf[i];     //计算异或校验字节
        while(!TI);
        TI=0;
    }
    SBUF=sum;                 //发送异或校验字节
    while(!TI);
    TI=0;
}
```

为了系统调试和控制方便，甲机设置两个发送控制按键 K1 和 K2（分别对应 P1.6 和 P1.7口），按下一个按键，则启动一次通信流程，发送对应的协议。主程序如下。

```
#include <reg51.h>
sbit k1=P1^6;                 //定义发送控制按键
sbit k2=P1^7;                 //定义发送控制按键
unsigned char fabuf[3];
unsigned char sj1[3]={0xa0,0x1,0x2};
unsigned char sj2[3]={0xa1,0x3,0x4};
void init_UART(void);
void send_jia(void);
/*****************************************************
甲机主程序，按下按键，则进行一次完整的通信过程
```

```
**********************************************/
void main()
{
    unsigned char j;
    init_UART();
    while(1)
    {
        if(!k1)                         //判断按键
        {
            while(!k1);
            for(j=0;j<3;j++)            //准备协议一
            {
                fabuf[j]=sj1[j];
            }
            send_jia();                 //执行发送数据的通信过程
        }
        if(!k2)                         //判断按键
        {
            while(!k2);
            for(j=0;j<3;j++)            //准备协议二
            {
                fabuf[j]=sj2[j];
            }
            send_jia();                 //执行发送数据的通信过程
        }
    }
}
```

（2）甲机控制程序（采用中断方式发送）。其主要包括甲机串口初始化、主程序准备协议和甲机串口中断 3 个部分。参考程序如下。

```
#include <reg51.h>
unsigned char kk ,ii;
unsigned char fsw,sendbuf[4],fjsq;
sbit k1=P1^6;
sbit k2=P1^7;
void main()
    {SCON=0x50;                      //初始化
    TMOD=0x20;
    TH1=0xf4;                        //晶振频率为11.0592MHz，波特率为2400bit/s
    TL1=0xf4;
    PCON=0;
    TR1=1;
    EA=1;
    ES=1;
    while(1)                         //主程序
      { if(k1==0)                    //为 K1 按键
        {while(k1==0);
         fsw=0;
         fjsq=3;                     //除第一个字节外还要发送 3 个
         sendbuf[0]=0xA0;            //准备协议，把要发送的内容暂时存入发送缓冲区
         sendbuf[1]=0x1;
         sendbuf[2]=0x2;
         kk=0;                       //产生异或校验码
         for(ii=0;ii< fjsq;ii++)
           kk=kk^sendbuf[ii];
         sendbuf[fjsq]=kk;
```

```
                SBUF=sendbuf[fsw];          //发送第 1 个字节
            }
        if(k2==0)
        {while(k2==0);
         fsw=0;
         fjsq=3;
         sendbuf[0]=0xA1;
         sendbuf[1]=0x3;
         sendbuf[2]=0x4;
         kk=0;
         for(ii=0;ii< fjsq;ii++)
            kk=kk^sendbuf[ii];
         sendbuf[fjsq]=kk;
         SBUF=sendbuf[fsw];
        }
      }
    }

void isr_uart()interrupt 4   using 1
{ if(TI)
    {TI=0;
     if(fjsq)                             //直到 fjsq=0 为止
     {fjsq--;                             //发送计数器-1
      fsw++;                              //发送字节号+1
      SBUF=sendbuf[fsw];                  //发送
     }
    }
  if(RI)  RI=0;
}
```

（3）乙机控制程序。通信接收程序一般采用中断实现，因此乙机控制程序包括主程序和通信中断程序两部分，本任务中主程序主要实现串口初始化，要求其波特率、工作方式必须和甲机一致。

中断程序里，由于乙机要根据接收协议的情况判断信号灯的状态，因此定义一个通信标志位，当未收到任何数据时通信标志位 txbz 为 0；收到协议的第一个数据后，判断收到的是通信协议一还是通信协议二，设置对应的通信标志分别为 1 和 2；根据通信标志位 txbz，继续接收数据协议中的其余数据并校验，若正确则点亮对应的信号灯。

乙机控制程序的代码如下。

```
#include <reg51.h>
unsigned char kk , ii, jsw ,sjsq, sjsqbak;          //定义各种计数变量
unsigned char txbz=0;                                //通信标志位
unsigned char s[4];                                  //接收数据区
sbit L1=P3^6;                                         //定义信号灯
sbit L2=P3^7;
void init_UART();
void main()
{
 init_UART();                                         //调用子函数，便于阅读
 while(1);
}
/**************************************************
乙机通信中断服务子程序
**************************************************/
```

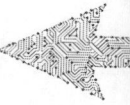

```
void isr_uart() interrupt 4   using 1
 { if(TI)   TI=0;
if (RI)
   { RI=0;
     if (txbz==0)
     {
         if (SBUF==0xA0)                              //接收到的是协议一
         {
             sjsq=3;                                  //接收计数器还需接收 3 个数据
             sjsqbak=4;                               //接收数据区长度为 4
             jsw=0;
             s[jsw]=SBUF;                             //保存第一个数据
             txbz=1;                                  //更改通信标志位,开始接收协议一
         }
         else if(SBUF==0xA1)                          //接收到的是协议二
         {
            sjsq=3;
            sjsqbak=4;
            jsw=0;
            s[jsw]=SBUF;
            txbz=2;
         }
     }
     else if (txbz==1)                                //判断为协议一后,继续接收
     {
         jsw++;
         s[jsw]=SBUF;                                 //保存数据
         sjsq--;
         if(sjsq==0)
         {
             kk=0;
             for (ii=0;ii<sjsqbak;ii++)
                 kk=kk^s[ii];                         //异或校验
             if (kk==0)
                 {L1=0;L2=1;}                         //校验成功,点亮 L1
             txbz=0;                                  //清零通信标志位,等待下一次通信过程
         }
     }
     else if (txbz==2)                                //判断为协议二后,继续接收
     {
         jsw++;
         s[jsw]=SBUF;
         sjsq--;
         if(sjsq==0)
         {
             kk=0;
             for (ii=0;ii<sjsqbak;ii++)
                 kk=kk^s[ii] ;
                 if (kk==0)
                 {L1=1;L2=0;}                         //校验成功,点亮 L2
             txbz=0;
         }
     }
   }
 }
```

```
void init_UART( )                              //串口初始化程序
{
    SCON=0x50;                                 //串口工作在方式1，允许接收
    TMOD=0x20;                                 //T1工作在方式2
    TH1=0xF4;                                   //波特率为2400bit/s
    TL1=0xF4;
    TR1=1;                                      //启动T1
    EA=1;                                       //开中断
    ES=1;
}
```

4. 仿真调试

（1）在 Keil 中分别编译甲机发送程序（查询和中断方式二选一）和乙机接收程序，分别生成 HEX 文件，分别命名和保存，并将两个 HEX 文件分别正确地加载到 Proteus 原理图中对应的单片机内，并设置单片机的时钟频率为 11.0592MHz，如图 4.23 所示。

（2）在 Proteus 中，按照本项目任务 4.1 的方法，调用虚拟终端，设置虚拟终端的波特率为 2400bit/s，按十六进制格式显示。

根据控制功能，按甲机的发送按键 K1，虚拟终端窗口将显示甲机发送了协议 0xA0、0x01、0x02 以及校验码 0xA3。

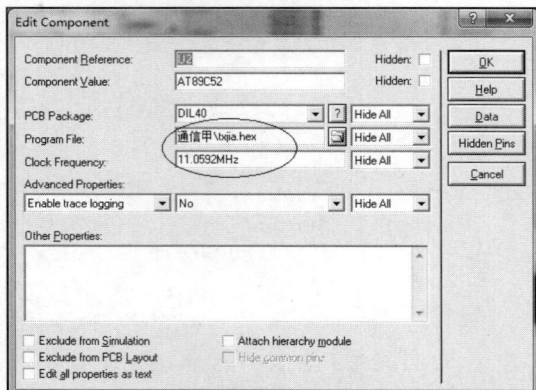

图4.23　编辑设置单片机元件参数

发送完成后，乙机外接的 L1 被点亮。

按按键 K2，虚拟终端窗口显示甲机发送了协议 0xA1、0x03、0x04 以及校验码 0xA6，发送完成后，乙机外接的 L2 被点亮。测试完成。

【课后任务】

（1）根据原理图，列出元器件清单，完成本任务的实物制作。

（2）增加一个按键，实现双跳灯的功能。

提示：增加一个协议，在发送程序中增加一个按键发送该协议，并在接收中断程序中增加对该协议的判断。

（3）在本任务实施案例的基础上，加上乙机的应答协议，例如校验正确，给甲机回复 0x00，否则回复 0xFF。仿真时，再增加一个虚拟终端，查看应答的内容。

【任务小结】

（1）发送程序既可用查询的方式也可用中断的方式实现，建议采用中断的方式。结合本任务的发送程序，熟练掌握中断方式发送程序的编写。

（2）本任务中，接收程序主要用中断方式实现，在初始化中通过 SCON=0x50 设置串口工作在方式 1，允许接收。

（3）掌握通信协议的约定，本任务中，协议的引导位用不同的字节表示，代表不同的协议，例如扩展为 3 个协议，可用 0xA0 、0xA1、0xA2 作为引导位，代表 3 个协议的开始。

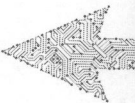

（4）在中断服务程序中，判断 RI=1 后处理中断接收过程。为了区分不同的执行过程，建议用一个变量来表示。本任务用全局变量 txbz 代表各过程，各值含义如下。

txbz=0 表示没有接收到数据。

txbz=1 表示接收到 0xA0 协议的引导位，后面接收的默认全是协议 0xA0 的其他内容。

txbz=2 表示接收到 0xA1 协议的引导位，后面接收的默认全是协议 0xA1 的其他内容。

结合协议，将要接收数据的个数、总个数、已接收的第一个字节赋给全局变量 sjsq、sjsqbak 和数组 s[jsw]，并设置通信标志位 txbz。

本任务在 txbz=0 的情况下，收到 0xA0 后的设置如下：

```
if (SBUF==0xA0)                      //接收到的是协议一
    {
        sjsq=3;                      //接收计数器，还需接收 3 个数据
        sjsqbak=4;                   //接收数据区长度为 4，也就是本协议的字节数
        jsw=0;
        s[jsw]=SBUF;                 //保存第一个数据
        txbz=1;                      //更改通信标志位，开始接收协议一
    }
```

（5）在接收程序的中断中，继续判断 txbz 的值，接收个数 sjsq-1，保存接收到的数据 s[jsw]=SBUF，当接收个数为 0 时，对协议进行判断，实现相应的功能。

本任务对应代码如下，具体说明见代码注释。

```
else if (txbz==1)                    //txbz==1 表示接收到协议一的引导位，继续接收
    {
        jsw++;                       //指向数组的下一个元素
        s[jsw]=SBUF;                 //保存数据
        sjsq--;                      //接收个数-1
        if(sjsq==0)                  //接收个数为 0 时，执行相关功能
        {
            kk=0;                    //首先进行校验
            for (ii=0;ii<sjsqbak;ii++)
                kk=kk^s[ii];         //异或校验
            if (kk==0)
                {L1=0;L2=1;}         //校验成功，点亮 L1
            txbz=0;                  //清零通信标志位，等待下一次通信过程
        }
    }
```

（6）熟悉本任务的编程思路，并能根据协议的个数修改 txbz 的值，还能根据协议的内容修改 sjsq、sjsqbak 的值，能够编写实现其他功能的通信程序。

⚫⚫⚫ 任务 4.3　远程交通信号灯控制系统设计 ⚫⚫⚫

【任务要求】

组装一个远程交通信号灯控制系统，由主机和从机构成。要求：主机（PC）进行红绿灯时间的设定，从机（单片机）根据所设定的时间进行交通信号灯的控制。

【相关知识】

单片机被越来越广泛地应用于智能控制、数据采集、嵌入式自动控制等场合，当需要处理较复杂的数据或需要对多个采集数据进行综合处理以及需要进行集散控制时，单片机的算术运

算和逻辑运算能力都有些不足，这时往往需要借助计算机系统，将单片机采集的数据通过串口传送给 PC，由 PC 高级语言或数据库语言对数据进行处理，或者实现 PC 对远端单片机进行控制。因此，实现单片机与 PC 之间的远程通信更具有实际意义。

本项目任务 4.2 中介绍了单片机之间的通信，通信中的数据信号是 TTL 电平，即信号幅值大于或等于 2.4V 表示逻辑 1，小于或等于 0.5V 表示逻辑 0。这种信号只适用于通信距离很短的场合，用于远距离传输必然会使信号衰减和畸变。因此，在进行 PC 与单片机之间通信或单片机与单片机之间远距离通信时，通常采用标准串行总线接口，比如 RS-232C、RS-422、RS-423、RS-485 等。在这些串行总线接口的标准中，RS-232C 总线标准是由美国电子工业协会（EIA）正式公布的，RS-232C 是在异步串行通信中应用最广的标准总线之一，它适用于短距离或带调制解调器的通信场合。本任务将以 RS-232C 标准串行总线接口为例，简单介绍 PC 与单片机之间串行通信的硬件实现过程。

知识1　RS-232C总线标准

RS-232C 总线标准定义了 25 个引脚的连接器，但实现异步通信时仅需要 9 个电压信号，其中有 2 个数据信号、6 个控制信号、1 个地信号。目前，PC 上的串口常常使用 9 脚连接器（DB9，9 针公插座），如图 4.24 所示。

DB9 引脚信号的定义如图 4.25 所示。

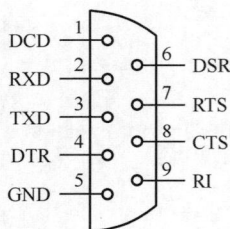

引脚	定义	符号
1	载波检测	DCD
2	接收数据	RXD
3	发送数据	TXD
4	数据终端准备好	DTR
5	信号地	GND
6	数据准备好	DSR
7	请求发送	RTS
8	清除发送	CTS
9	振铃提示	RI

图4.24　PC串口　　　　　图4.25　PC串行接口（DB9）引脚信号的定义

RS-232C 总线标准的其他规定如下。

（1）RS-232C 总线标准逻辑电平：+5～+15V 表示逻辑 0，−15～−5V 表示逻辑 1，噪声容限为 2 V。

（2）标准数据传输速率：50bit/s、75bit/s、110bit/s、300bit/s、600bit/s、1200bit/s、2400bit/s、4800bit/s、9600bit/s、19200bit/s、38400bit/s 等。

知识2　RS-232C接口电路

当 PC 与 STC89C52 单片机通过 RS-232C 标准总线串行通信时，由于 RS-232C 信号电平与 STC89C52 单片机信号电平不一致，因此，必须进行信号电平转换。实现这种电平转换的电路称为 RS-232C 接口电路。其常用的方法一般有两种：一种是采用运算放大器、晶体管、光电隔离器等器件组成电路来实现，另一种是采用专用集成芯片（如 MC1488、MC1489、MAX232 等）来实

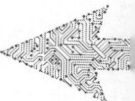

现。下面以 MAX232 专门集成芯片为例来介绍接口电路的实现。

1. MAX232 接口电路

MAX232 芯片是 Maxim 公司生产的具有两路接收器和驱动器的 IC 芯片，其内部有一个电源电压变换器，可以将输入的+5V 电压变换成 RS-232C 输出电平所需的±12V 电压。在其内部同时也完成 TTL 信号电平和 RS-232C 信号电平的转换。故采用此芯片实现接口电路只需单一的+5V 电源就可以了，使用特别方便。

MAX232 芯片的引脚结构如图 4.26 所示。

引脚 1～6（C1+、V+、C1−、C2+、C2−、V−）用于电源电压转换，只要在外部接入相应电容即可。引脚 7～10 和引脚 11～14 构成两组 TTL 信号电平与 RS-232C 信号电平的转换电路，其中，引脚 9、10、11、12 与单片机串口的 TTL 电平引脚相连，引脚 7、8、13、14 与 PC 的 RS-232 电平引脚相连。具体连接如图 4.27 所示。

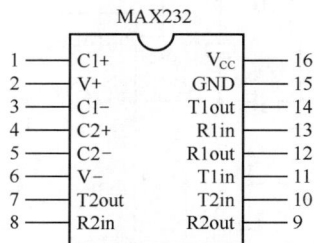

图4.26　MAX232引脚结构

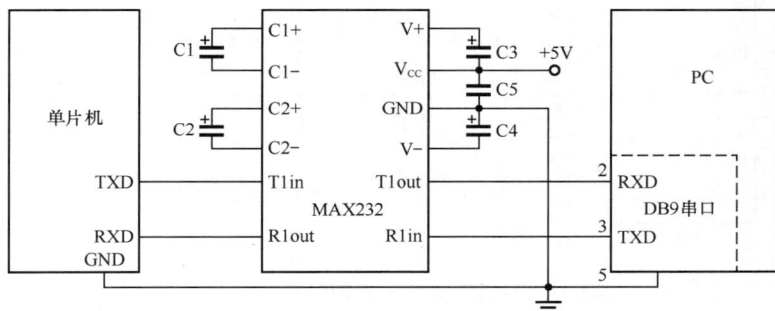

图4.27　用MAX232实现串行通信接口电路的连接

2. PC 与单片机串行通信电路

图 4.27 所示为由芯片 MAX232 实现 PC 与单片机串行通信的典型连接。其中外接电解电容 C1、C2、C3、C4 用于电源电压变换，取值为 10μF/25V。电容 C5 用于对+5V 电源的噪声干扰进行滤波，其值一般为 0.1μF。选择任意一组电平转换电路实现串行通信，如 T1in、R1out 分别与单片机的 TXD、RXD 相连，T1out、R1in 分别与 PC 中 RS-232C 接口的 RXD、TXD 相连。这种发送与接收的对应关系不能连错，否则电路将不能正常工作。

【任务实施】

1. 硬件电路设计

交通信号灯电路直接在项目 2 任务 2.2 的图 2.21 中增加元件 COMPIM 即可（COMPIM 的添加方法与普通元件的添加方法一样），为了能看到发送的内容，再增加两个虚拟终端，得到图 4.28 所示的仿真电路。

2. 软件设计

本任务控制软件和项目 2 任务 2.2 的区别在于，红绿灯亮的时间要根据主机所发送的时间来控制。

为此在项目 2 任务 2.2 的程序中进行如下修改。

（1）假设黄灯闪烁的时间不变，增加两个全局变量来保存红绿灯亮的时间。（实际应用中为了掉电不丢失，该时间可以保存在 EEPROM 中。读者可在学完后面的 EEPROM 的使用后再来完善该功能。）

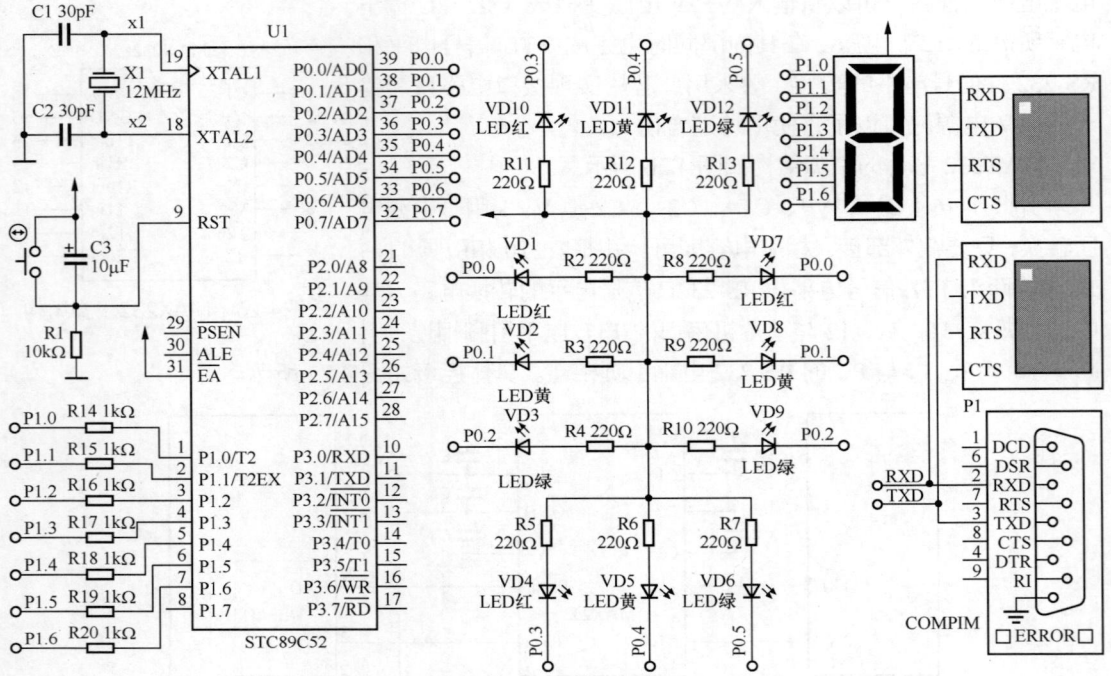

图4.28　远程交通信号灯控制系统仿真电路

（2）通信程序：包括在主程序中增加初始化；为了通信可靠，在通信程序中增加应答处理。本任务协议规定如下。

主机发送：0xA0，红灯亮时间，绿灯亮时间，异或校验码。

从机回复：0xA1，0x3，0x4，异或校验。

参考程序如下。

```c
#include<reg51.h>
#define uchar unsigned char
#define unit unsigned int
uchar code tab[10]={0xC0,0xF9,0xA4,0xB0,0x99,0x92,0x82,0xF8,0x80,0x90};
sbit RED_A=P0^0;
sbit YELLOW_A=P0^1;
sbit GREEN_A=P0^2;
sbit RED_B=P0^3;
sbit YELLOW_B=P0^4;
sbit GREEN_B=P0^5;
uchar Flash_Count=0;
uchar num=0;
uchar Operation_Type=1;
uchar T_RED=9;
uchar T_GREEN=7;
unsigned char fsw,sendbuf[4],fjsq;
unsigned char kk , ii, jsw ,sjsq, sjsqbak;      //定义各种计数变量
unsigned char txbz=0;                           //通信标志位
```

174

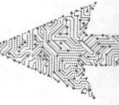

```
unsigned char s[4];                             //接收数据区
void DelayXms(unsigned int x);
void Traffic_light();
void init_UART( )                               //串口初始化程序
{
 SCON=0x50;                                     //串口工作在方式1，允许接收
 TMOD=0x20;                                     //T1 工作在方式 2
 TH1=0xF4;                                       //波特率为 2400bit/s
 TL1=0xF4;
 TR1=1;                                          //启动 T1
 EA=1;                                           //开中断
 ES=1;
}
void main()
{  init_UART( );
   while(1)
   {
 Traffic_light();
   }
}
void Traffic_light()
{
 switch(Operation_Type)
    {
  case 1:
     RED_A=1;YELLOW_A=1;GREEN_A=0;
     RED_B=0;YELLOW_B=1;GREEN_B=1;
     Operation_Type=2;
     for(num=T_RED;num>2;--num)                 //B 方向红灯亮 T_RED 时间
     {
      P1=tab[num%10];                           //显示个位数，读者可增加一位显示十位数
      DelayXms(1000);
     }
     break;
  case 2:
     GREEN_A=1;
      for(Flash_Count=1;Flash_Count<=10;Flash_Count++)
      {
       P1=tab[num%10];
       DelayXms(200);
         YELLOW_A=~YELLOW_A;
         if(Flash_Count%5==0)num--;
      }
      Operation_Type=3;
      break;
   case 3:
      RED_A=0;YELLOW_A=1;GREEN_A=1;
      RED_B=1;YELLOW_B=1;GREEN_B=0;
      for(num=T_GREEN;num>2;num--)              //B 方向绿灯亮 T_GREEN 时间
     {
      P1=tab[num%10];
      DelayXms(1000);
     }
      Operation_Type=4;
     break;
   case 4:
```

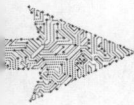

```
        num=2;
         GREEN_B=1;
         for(Flash_Count=1;Flash_Count<=10;Flash_Count++)
         {
           P1=tab[num%10];
           DelayXms(200);
           YELLOW_B=~YELLOW_B;
           if(Flash_Count%5==0)num--;
         }
         Operation_Type=1;
         break;
    }
}
void DelayXms(unsigned int x)
{
   unsigned char a,b;
   while(x>0)
   {
      for(b=142;b>0;b--)
      for(a=2;a>0;a--);
      x--;
   }
   }


/*****************************************************
从机通信中断服务子程序
*****************************************************/
void isr_uart() interrupt 4   using 1
 { if(TI)
     {TI=0;
       if(fjsq)                      //发送直到 fjsq=0 为止
       {fjsq--;                      //发送计数器-1
        fsw++;                       //发送字节号+1
        SBUF=sendbuf[fsw];           //发送
        }
     }
   if (RI)
   { RI=0;
     if (txbz==0)
 {
     if (SBUF==0xA0)                 //接收到协议 0xA0，红灯亮时间，绿灯亮时间，校验码
     {
         sjsq=3;                     //接收计数器，还需接收 3 个数据
         sjsqbak=4;                  //接收数据区长度为 4
         jsw=0;
         s[jsw]=SBUF;                //保存第一个数据
         txbz=1;                     //更改通信标志位，开始接收协议一
   }
 }
     else if (txbz==1)              //判断为协议一后，继续接收
       {
     jsw++;
     s[jsw]=SBUF;                                //保存数据
     sjsq--;
     if(sjsq==0)
        {
```

```
        kk=0;
        for (ii=0;ii<sjsqbak;ii++)
            kk=kk^s[ii];                    //异或校验
        if (kk==0)
            {T_RED=s[1]; T_GREEN=s[2];}     //校验成功，保存红绿灯亮的时间
        txbz=0;                             //清零通信标志位，等待下一次通信过程

    fsw=0;
      fjsq=3;
      sendbuf[0]=0xA1;                       //应答协议为 0xA1，0x3，0x4，异或校验
      sendbuf[1]=0x3;
      sendbuf[2]=0x4;
      kk=0;
      for(ii=0;ii< fjsq;ii++)
        kk=kk^sendbuf[ii];
      sendbuf[fjsq]=kk;
      SBUF=sendbuf[fsw];
       }
     }
   }
}
```

3. 仿真调试

（1）从网上下载一个虚拟串口软件（如 VPSD、SUDT 等），如 VPSD 安装完后启动界面如图 4.29 所示。该界面列出了计算机上现有的物理串口，为 COM4、COM5、COM8 口（每台计算机的物理串口的编号不同）。

下面添加虚拟串口，在图 4.29 所示界面右边的"端口一"下拉列表中选择 COM1，在"端口二"下拉列表中选择 COM2（编号与现有物理串口编号不同即可），然后单击右边的"添加端口"按钮。虚拟串口添加完成后的界面如图 4.30 所示，界面左边显示目前的虚拟串口，包含 COM1、COM2。

图4.29　虚拟串口VPSD的启动界面　　　　图4.30　虚拟串口添加完成后的界面

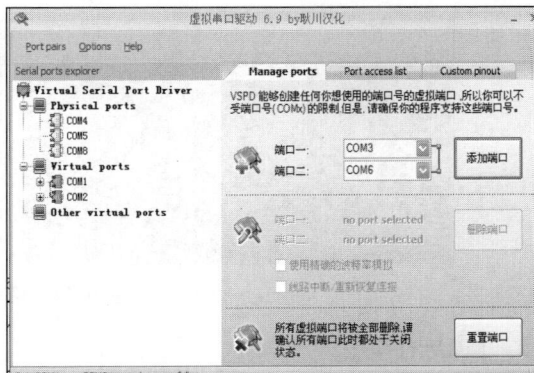

（2）设置串口参数。双击仿真电路中的 COMPIM，在弹出的对话框中设置串口参数，如图 4.31 所示。需要设置的是 Physical port、Physical Baud Rate 和 Virtual Baud Rate 这 3 个参数。波特率的值一定要与源程序一致，此处是 2400bit/s；Physical port 选择 COM1 或 COM2[步骤（1）中配置的虚拟串口对中的一个]。

（3）设置串口调试助手。从网上下载一个串口调试助手，进行图 4.32 所示的设置。其中，串口选择 COM2 或 COM1[步骤（1）中配置的虚拟串口对中的另一个]。波特率的值与源程序一致，这里选择 2400bit/s。同时，接收区和发送区都选择十六进制显示模式。

（4）做好上述准备工作后，可以开始仿真工作。

在 Keil 中编译源代码，生成 HEX 文件，并将其装载到 Proteus 中。为了方便观测，调用两个虚拟终端，分别接于 RXD 和 TXD 端，分别用于监测单片机接收的信号和发送的信号。

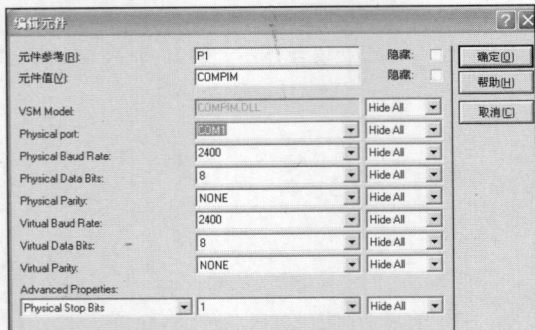

图4.31　设置串口参数

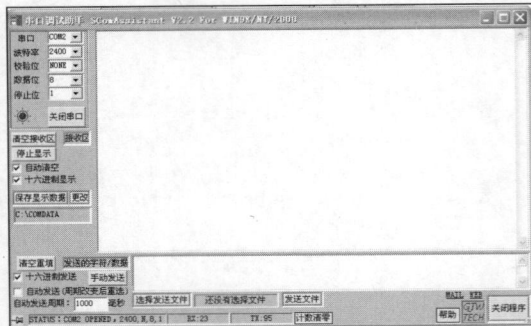

图4.32　串口调试助手的设置

启动 Proteus 仿真运行，可看到交通信号灯正常运行。打开虚拟终端后右击，并在快捷菜单中设置十六进制显示模式，如图 4.33 所示。

打开串口调试助手窗口，在发送区输入 A0 08 05 AD 并单击"手动发送"按钮，可看到两个虚拟终端分别显示单片机接收的信息和单片机发回给 PC 的信息 A1 03 04 A6，如图 4.34 所示；同时，交通信号灯红灯亮的时间变为 8s 和 5s。

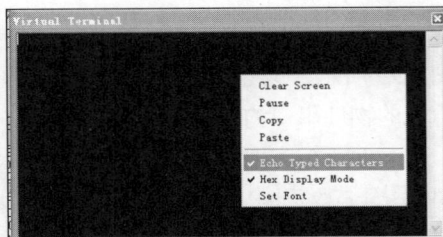

图4.33　设置虚拟终端显示模式

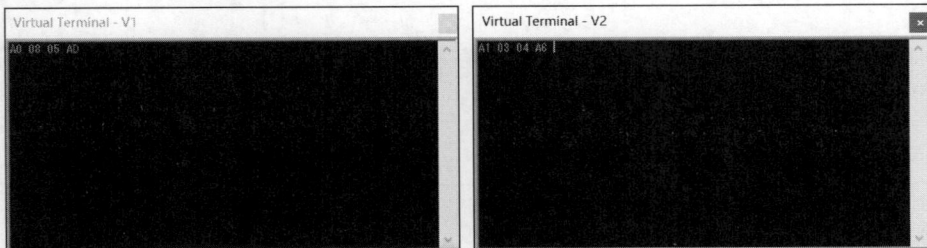

图4.34　虚拟终端的显示

【课后任务】

（1）自己设计原理图，完成远程交通信号灯控制系统的实物制作。让单片机通过 MAX232 转换接口电路接至 PC，借助串口调试助手完成 PC 向单片机的命令发送。

（2）增加在特殊情况下远程控制交通信号灯全亮红灯的功能，情况解除后恢复红绿灯正常显示。

【任务小结】

本任务是单片机实现远程控制的一个案例，可以接收信息也可以发送信息。读者仔细对照本任务的程序、项目 2 任务 2.2 的程序以及本项目前两个任务的发送、接收程序，找出它们的共同点，便于实际应用中使用。

通过对本任务的学习，读者可掌握 RS-232C 接口电路设计；掌握应答通信的程序设计；掌握虚拟串口、串口调试助手、虚拟终端等辅助通信系统的调试方法。

【任务扩展】

知识3　PC与多个单片机间的串行通信

图 4.35 所示为一台 PC 与多个单片机串行通信的电路。这种通信系统一般为主从结构，PC 为主机，单片机为从机。主机与从机间的信号电平转换由 MAX232 芯片实现。

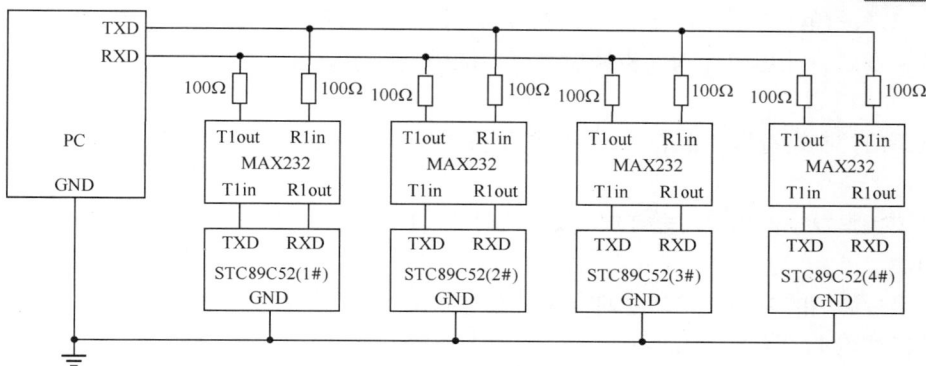

图4.35　一台PC和多个单片机串行通信的电路

这种小型分布式控制系统，充分发挥了单片机体积小、功能强、抗干扰性好、面向被控对象等优点，将单片机采集到的数据信息传送给 PC。同时还利用了 PC 数据处理能力强的特点，可将多个控制对象的信息加以综合分析、处理，然后向各单片机发出控制信息，以实现集中管理和最优控制，并能将各种数据信息显示和打印出来。为了减少从机之间的干扰，本电路在 TXD、RXD 线上串接了 100Ω电阻，读者也可以在每个 MAX232 的 T1out 和 PC 的 RXD 之间正向连接一个二极管，如 IN4148、IN4007 等。

在智能仪表中通信接口常常是不可缺少的组成部分，而且很多时候需要多个通信接口，例如一个串口用于和串口彩屏通信，一个串口用于和主机通信。而 STC89C52 只提供了一个串口，显然是不够的，下面简单介绍具有多个串口的芯片 STC15W4K48S4 的串口。

知识4　STC15W4K48S4串口1

STC15W4K48S4 单片机内部有 4 个可编程全双工串行通信接口，它们具有通用异步收发器（Universal Asynchronous Receiver/Transmitter，UART）的全部功能。每个串口由两个数据缓冲器、一个移位寄存器、一个串行控制器和一个波特率发生器组成。每个串口的数据缓冲器由两个相互独立的接收缓冲器、发送缓冲器构成，可以同时发送和接收数据。发送缓冲器只能写入不能读出，接收缓冲器只能

读出不能写入。因此两个缓冲器可以共用一个地址码。

串口 1 的相关介绍请扫描二维码观看。

知识5　STC15W4K48S4串口2

在需要使用多个串口的场合，可以选用 STC15W4K48S4 单片机，其串口 2 的介绍请扫描二维码观看。

STC15W4K48S4 单片机的串口 3、串口 4 的使用与串口 2 的使用相似，请读者参考 STC15 单片机的资料进行了解。

●●●　【项目总结】　●●●

（1）51 系列单片机内部有一个可编程全双工串行通信接口，该接口不仅可以同时进行数据的接收和发送，还可以作为同步移位寄存器使用。该串口有 4 种工作方式，并能设置各种波特率。

通过串口控制寄存器（SCON）、电源控制寄存器（PCON）两个特殊功能寄存器进行管理和控制。

（2）波特率发生器由定时器 T1 完成，此时 T1 工作于方式 2，可通过设置其初值，改变波特率的值。

（3）串行通信的编程方式有查询方式和中断方式两种。在编程中要注意 TI 和 RI 两个标志位是硬件自动置 1，软件清零的。

（4）串口通信初始化过程。

① 设定串口工作方式，即设置 SCON 中的 SM0、SM1 两位。

② 若选定的模式不是波特率固定的，还需要确定接收或发送波特率。波特率发生器由 T1 完成，工作于方式 2，并计算初始值。

③ 设定 PCON 的 SMOD 状态，控制波特率是否需要加倍。

④ 对于串口的方式 2 或方式 3，发送时，应根据需要，在 TB8 中写入待发送的第 9 数据位；接收时，应对收到的 RB8 进行判断。

（5）单片机与 PC 通信时，由于双方电路标准不同，需要外接电平转换电路。

●●●　【习　　题】　●●●

1. 填空题

（1）并行通信是指（　　　　）。

（2）在串行通信中，无论是异步通信还是同步通信，接收和发送双方使用的字符帧格式或同步字符必须（　　　　）。

（3）在串行通信中，接收数据和发送数据双方的速度必须（　　　　）。

（4）串行通信的工作方式通常有 3 种：单工、半双工和（　　　　）。

（5）异步通信中，起始位后面紧接着的是（　　　　）。

（6）在字符帧格式中，一个字符由 4 个部分组成：起始位、数据位、（　　　　）位和停止位。

（7）（　　　）通信的优点：只需一对传输线，这样就大大降低了传送成本，特别适用于远距离通信。

（8）串行通信有两种基本通信方式，即同步通信和（　　　）通信。

（9）异步通信若停止位以后未紧接着传送下一个字符，则使线路电平保持为（　　　）电平（逻辑 1）。

（10）规定用 ASCII 编码，字符为 7 位，加 1 位奇偶校验位、1 位起始位、1 位停止位，则一帧数据共有（　　　）位。

（11）串行通信中表示数据传送速度的物理量称为（　　　）。

（12）每一位代码的传送时间 T_d 为波特率的（　　　）。

（13）（　　　）方式：允许数据向两个方向中的任意一个方向传送，但每次只能有一个站点发送。

（14）（　　　）方式：只允许数据向一个方向传送。

（15）（　　　）方式：允许同时双向传送数据，它要求两端的通信设备都具有完整和独立的发送和接收能力。

（16）51 单片机除具有 4 个 8 位并口外，还具有串行接口。此串行接口是一个（　　　）串行通信接口，即能同时进行串行发送和接收数据。

（17）51 单片机串行通信的方式选择、接收和发送控制以及串口的状态标志等均由特殊功能寄存器（　　　）控制和指示。

（18）电源控制寄存器（　　　），字节地址为 87H，只有 SMOD 位与串口工作有关。

2．问答题

（1）简述 STC89C52 单片机串口的 4 种工作方式下接收和发送数据的过程。

（2）STC89C52 单片机串口的各工作方式的波特率如何确定？

（3）定时器 T1 作为波特率发生器时，为何常采用方式 2？

（4）简述串口初始化的步骤。

3．设计题

复习液晶显示器、定时器中断和串口中断相关内容，设计一个简易的远程音乐控制播放器，通过主机发送命令来控制播放的声调，用 LCD1602 进行播放内容的显示。

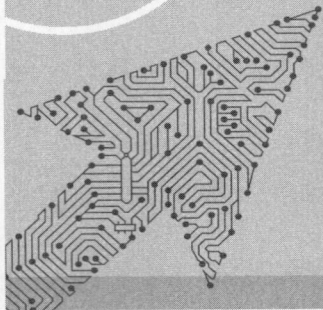

【项目导读】

在日常生活中可以发现，空调、热水器等设定好温度后，下次开机依然是上次设定的温度值；打开电视机时所看到的依然是上次看的电视频道。那么，为何这些数据不会改变？因为数据被保存起来了，被保存在存储器里。图 5.1 所示是常见的存储器，请举例说明还有哪些种类的存储器，这些存储器具有何特点，适用在哪些场合，以及它们又是如何和单片机连接的。

(a) U盘

(b) 内存条

图5.1 常见的存储器

通常情况下，利用 51 单片机最小系统外接输入、显示电路，既可以完成一些应用系统的功能，又可以发挥单片机体积小、价格低等优点。但是，在某些单片机应用中，最小系统所提供的可用存储资源往往不能满足需要。因此，在单片机应用系统的设计中经常需要进行存储系统的扩展。本项目将重点介绍存储系统的设计。

学海领航	[严谨求实 技能报国]近年来，我国科技创新成果不断取得新突破，"神舟""天宫"飞得更高，"蛟龙"探海潜得更深，"天眼"望得更远，"神威""天河"算得更快，高铁驰骋大江南北等，一大批大国重器、中国制造名片享誉全球，中国科技创新成就引发了全球瞩目和赞誉
素养目标	不断苦练内功，坚持科技创新，在关键核心领域精耕细作，把核心技术牢牢掌握在自己手中，提升中国制造品质
知识目标	(1) 了解单片机三总线接口，掌握并行存储器芯片扩展的接口电路设计方法。 (2) 巩固 C51 语言中存储类型和存储区域的对应关系，掌握采用 C51 语言中绝对地址访问并行存储器的方法。 (3) 了解 AT24C 系列串行 EEPROM 芯片的性能和使用方法；掌握串行 EEPROM 芯片扩展的接口电路设计方法。 (4) 了解 I²C 总线的协议规范和操作时序；掌握单片机模拟 I²C 总线操作的软件设计方法
技能目标	掌握并行存储器和串行存储器的扩展和编程方法
学习重点	(1) 了解单片机三总线接口，掌握并行存储器芯片扩展的接口电路设计方法。 (2) 掌握采用 C51 语言中绝对地址访问并行存储器的方法。 (3) 掌握 AT24C 系列串行 EEPROM 芯片扩展的接口电路设计方法。 (4) 了解 I²C 总线的协议规范和操作时序；掌握单片机模拟 I²C 总线操作的软件设计方法

学习难点	(1) 掌握并行存储器芯片扩展的接口电路设计方法。 (2) 掌握采用 C51 语言中绝对地址访问并行存储器的方法。 (3) 掌握单片机模拟 I²C 总线操作的软件设计方法
建议学时	8 学时
推荐教学 方法	从知识点入手，介绍相关的知识，然后通过任务的实施，让学生掌握并行存储器和串行存储器的应用
推荐学习 方法	首先掌握单片机三总线接口的知识，然后了解并行存储器的口线及功能，再通过任务的实施巩固并行存储器的扩展和应用。通过 AT24C 系列串行 EEPROM 芯片的编程，掌握单片机模拟 I²C 总线操作的软件设计方法。 边做边学，达到学以致用的目的

••• 任务 5.1 并行存储器的扩展设计 •••

【任务要求】

利用存储器芯片 6264 设计一个外部 RAM 扩展系统，并完成数据的存取。

【相关知识】

对于并行存储器的扩展来说，要掌握一个共性，就是结合三总线接口将单片机的口线和芯片的口线一一对应连接起来。下面介绍相关的知识。

知识1　三总线接口及其扩展性能

单片机是通过片外引脚进行系统扩展的。目前的单片机都是三总线结构，即地址总线（AB）、数据总线（DB）、控制总线（CB），如图 5.2 所示。下面介绍这 3 组总线的扩展性能。

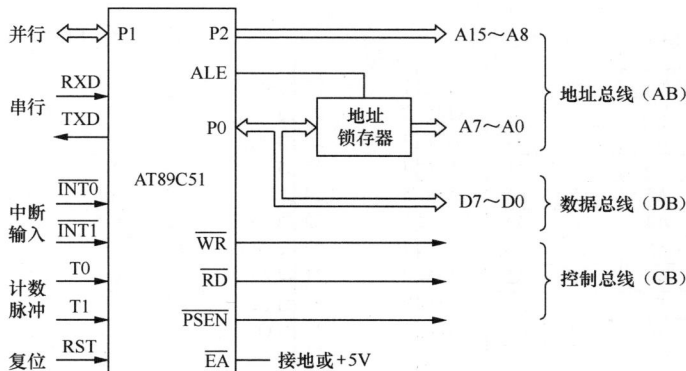

图5.2　51系列单片机的三总线结构

1．地址总线

地址总线用来传送存储单元或外部设备的地址。51 系列单片机由 P0 口提供低 8 位地址线。

由于 P0 口同时又作为数据口，地址、数据分时控制输出，所以低 8 位地址必须用锁存器锁存，即在 P0 口加一个锁存器，锁存器的输出就是低 8 位地址。锁存器的锁存控制信号由单片机的 ALE 控制信号提供，在 ALE 下降沿将低 8 位地址锁存。

地址总线高 8 位由 P2 口直接输出。P0、P2 口在作为地址总线使用时就不能再用作一般的 I/O 口，这在系统扩展时一定要注意。地址总线的宽度是 16 位，其寻址范围是 $2^{16}=64KB$，地址范围是 0000H～FFFFH。

2. 数据总线

数据总线用来传送数据和指令码。51 系列单片机由 P0 口提供数据线，其宽度为 8 位，该口为三态双向口。单片机与外部交换数据、指令、信息几乎都是由 P0 口传送的。

3. 控制总线

控制总线用来传送各种控制信息。51 系列单片机用于系统扩展的控制总线有 $\overline{WR}$ 、 $\overline{RD}$ 、 $\overline{PSEN}$ 和 $\overline{EA}$ 。

$\overline{WR}$ 、 $\overline{RD}$ 信号用于扩展片外数据存储器的读写控制。当对片外数据存储器进行读写时，自动产生 $\overline{WR}$ 、 $\overline{RD}$ 信号。

$\overline{PSEN}$ 用于扩展片外程序存储器的读控制。读取片外程序存储器时单片机不产生 $\overline{RD}$ 信号。

$\overline{EA}$ 用于选择片内或片外程序存储器。 $\overline{EA}=0$ 时，不论是否有片内程序存储器，均只访问片外程序存储器； $\overline{EA}=1$ 时，系统从片内程序存储器开始执行程序，当执行程序超过片内程序存储器地址范围时，自动访问片外程序存储器。

在了解了单片机的三总线结构后，若想知道单片机和 EPROM 如何连接，就要先学习 EPROM 芯片的引脚配置相关知识。

知识2　并行EPROM程序存储器概述

51 系列单片机内部本身具有一定容量的闪存作为程序存储器，一般情况下，可以根据具体情况选择闪存容量合适的单片机型号，无须扩展。当需要扩展时，可采用非易失性存储器，如 EPROM 等。

并行 EPROM 程序存储器概述

图 5.3 列出了 27C16、27C32、27C64、27C128、27C256、27C512 的 EPROM 芯片引脚配置。

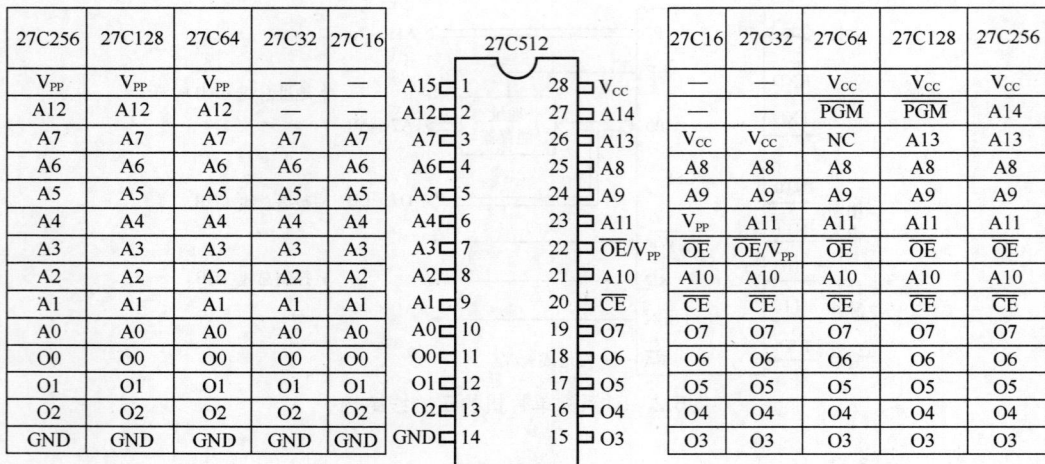

27C256	27C128	27C64	27C32	27C16	27C512 左		27C512 右	27C16	27C32	27C64	27C128	27C256
V_{PP}	V_{PP}	V_{PP}	—	—	A15 1	28 V_{CC}		—	—	V_{CC}	V_{CC}	V_{CC}
A12	A12	A12	—	—	A12 2	27 A14		—	—	$\overline{PGM}$	$\overline{PGM}$	A14
A7	A7	A7	A7	A7	A7 3	26 A13		V_{CC}	V_{CC}	NC	A13	A13
A6	A6	A6	A6	A6	A6 4	25 A8		A8	A8	A8	A8	A8
A5	A5	A5	A5	A5	A5 5	24 A9		A9	A9	A9	A9	A9
A4	A4	A4	A4	A4	A4 6	23 A11		V_{PP}	A11	A11	A11	A11
A3	A3	A3	A3	A3	A3 7	22 $\overline{OE}/V_{PP}$		$\overline{OE}$	$\overline{OE}/V_{PP}$	$\overline{OE}$	$\overline{OE}$	$\overline{OE}$
A2	A2	A2	A2	A2	A2 8	21 A10		A10	A10	A10	A10	A10
A1	A1	A1	A1	A1	A1 9	20 $\overline{CE}$		$\overline{CE}$	$\overline{CE}$	$\overline{CE}$	$\overline{CE}$	$\overline{CE}$
A0	A0	A0	A0	A0	A0 10	19 O7		O7	O7	O7	O7	O7
O0	O0	O0	O0	O0	O0 11	18 O6		O6	O6	O6	O6	O6
O1	O1	O1	O1	O1	O1 12	17 O5		O5	O5	O5	O5	O5
O2	O2	O2	O2	O2	O2 13	16 O4		O4	O4	O4	O4	O4
GND	GND	GND	GND	GND	GND 14	15 O3		O3	O3	O3	O3	O3

图5.3　EPROM芯片引脚配置

引脚功能如下。

A0～A15：地址线。

O0～O7：数据线。

$\overline{\text{CE}}$：芯片片选端。低电平时允许芯片工作，高电平时禁止芯片工作。

$\overline{\text{OE}}$：输出使能信号。正常操作时，低电平允许输出，通常与单片机的读控制信号相连。编程方式下，此引脚接编程电压。

$\overline{\text{V}_{\text{PP}}}$：编程电压。编程方式下，此引脚接编程电压源。

$\overline{\text{PGM}}$：编程脉冲输入端。

表 5.1 所示为 27C16 工作方式，其余的芯片类似。

表 5.1 　27C16 工作方式

方式	控制信号				
	$\overline{\text{CE}}$（18 脚[①]）	$\overline{\text{OE}}$（20 脚）	V_{PP}（21 脚）	V_{CC}（24 脚）	输出（9～11 脚，13～17 脚）
读	V_{IL}	V_{IL}	+5V	+5V	数据输出
维持	V_{IH}	×	+5V	+5V	高　阻
编程	正脉冲	V_{IH}	+25V	+5V	数据输入
编程校核	V_{IL}	V_{IL}	+25V	+5V	数据输出
编程禁止	V_{IL}	V_{IH}	+25V	+5V	高　阻

　① 此处的引脚号是从有引脚连接的开始数的。

通过知识 1、知识 2 我们了解了单片机的三总线结构和并行 EPROM 芯片引脚的配置，它们之间只需按地址总线、数据总线和控制总线依次将引脚进行相应连接即可。下面通过具体的例子进行介绍。

知识3　单片并行EPROM程序存储器的扩展

根据本任务知识 1 中介绍的三总线接口及其扩展性能，结合知识 2 中的芯片知识，采用一片 27C16 来扩展程序存储器，电路连接如图 5.4 所示。

扩展程序存储器主要注意以下 3 个方面。

（1）地址总线的连接。27C16 有 2KB 的存储空间、11 根地址线，而 51 单片机有 64KB 的寻址空间、16 根地址线。在低位地址线一一对应连接完后（低 8 位地址与 74LS373 的 Q0～Q7 相连），51 单片机剩余的高位地址线可以悬空不连接（见图 5.4），高位地址线只用了 P2.0～P2.2，其余悬空。

（2）数据总线的连接。27C16 与 51 单片机的数据总线都是 8 位，所以 D0～D7 与 51 单片机的 P0.0～P0.7 依次对应连接即可。

（3）存储器片选端的连接。存储器片选端的连接是非常重要的，如果单片机扩展了多片存储器，那么它的连接往往是单片机剩余的高位地址线，这样就决定了各片存储器在系统中的地址范围。由于此处只扩展一片存储器，所以片选端 $\overline{\text{CE}}$ 直接接地即可。

此外，27C16 的 $\overline{\text{OE}}$ 端与 51 单片机的 $\overline{\text{PSEN}}$ 相连，用于扩展片外程序存储器的读控制。

对于 51 单片机，因为数据线和低 8 位地址线都由 P0 口提供，数据线和地址线是分时使用的，所以将 51 单片机的 P0 口与锁存器 74LS373 的 D0～D7 相连，ALE 端与 74LS373 的 LE 端

相连，利用 ALE 的下降沿可将低 8 位地址锁存，实现地址和数据的分时复用。

通过上面的例子，我们掌握了并行 EPROM 的扩展方法，下面来介绍并行 RAM 的扩展。其实并行 RAM 的扩展和并行 EPROM 的扩展类似，只是部分控制线的连接不同而已。

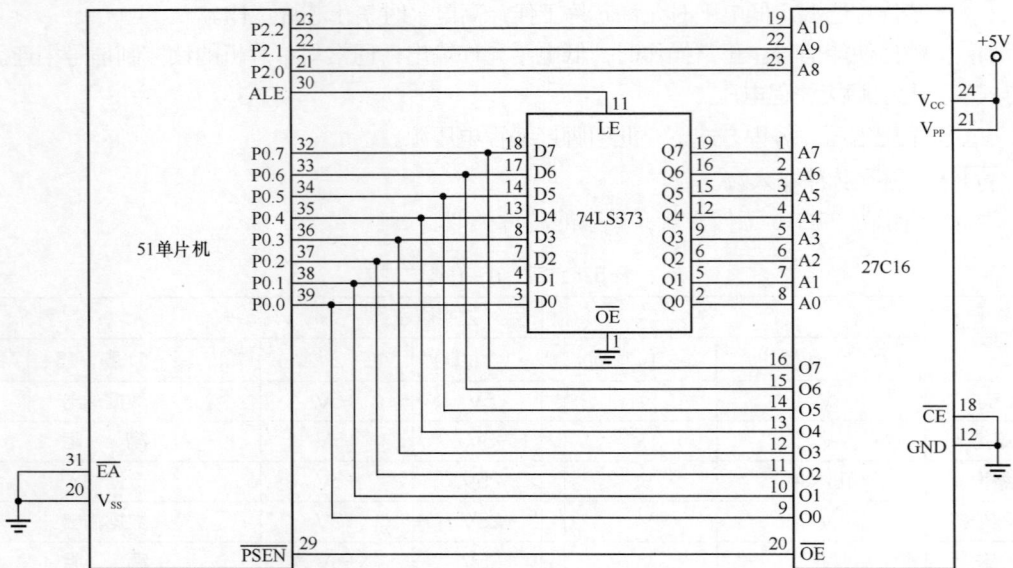

图5.4　采用一片27C16来扩展程序存储器的电路连接

知识4　并行RAM的扩展

在 51 系列单片机产品中，片内数据存储器的容量一般为 128～256B。当片内 RAM 不够用时，就需要扩展外部 RAM。目前 STC15 系列单片机内部已集成了扩展数据存储器，如 STC15W4K48S4 内部集成了高达 4KB 的 SRAM，大多数情况下，可以满足应用要求。但在少数应用场合，片内 RAM 不够用，就需要扩展外部 RAM，因为 51 单片机的地址线有 16 根，所以最大可扩展 64 KB。

单片机和数据存储器的连接方法与单片机和程序存储器的连接方法大致相同，主要区别在控制信号上。地址线、数据线均与程序存储器的连接方法一致。因为数据存储器既要读又要写，所以必须有控制读写的信号线。一般作为数据存储器的 RAM，都有读写信号线。应用时只需将存储器的读信号线 $\overline{OE}$、写信号线 $\overline{WE}$ 与单片机的 $\overline{RD}$、$\overline{WR}$ 相连即可。如果只扩展一片，数据存储器的片选端 $\overline{CE}$ 可以直接接地；如果要扩展多片，则每片 RAM 的 $\overline{CE}$ 连接与程序存储器扩展方法中介绍的 $\overline{CE}$ 连接一样。图 5.5 所示是 51 单片机与单片 SRAM 6116（2KB）的扩展连接。

当访问片外数据存储器时，C51 语言中将变量定义于外部 RAM 存储区（xdata），读取该变量的值时，单片机产生读信号 $\overline{RD}$；对其赋值时，单片机产生写信号 $\overline{WR}$。

当片内 ROM 和片内 RAM 均不够用时，也可以同时扩展片外 ROM 和片外 RAM。图 5.6 所示为同时扩展 64KB EPROM 和 32KB RAM 的电路原理图。

图 5.6 中，62256 的片选端 $\overline{CE}$ 接 51 单片机的 P2.7，只有当 P2.7 输出为 0 时，才能选通 62256，因此它的地址范围是 0000H～7FFFH。27512 的片选端 $\overline{CE}$ 接地，为常选通，地址范围为 0000H～FFFFH。

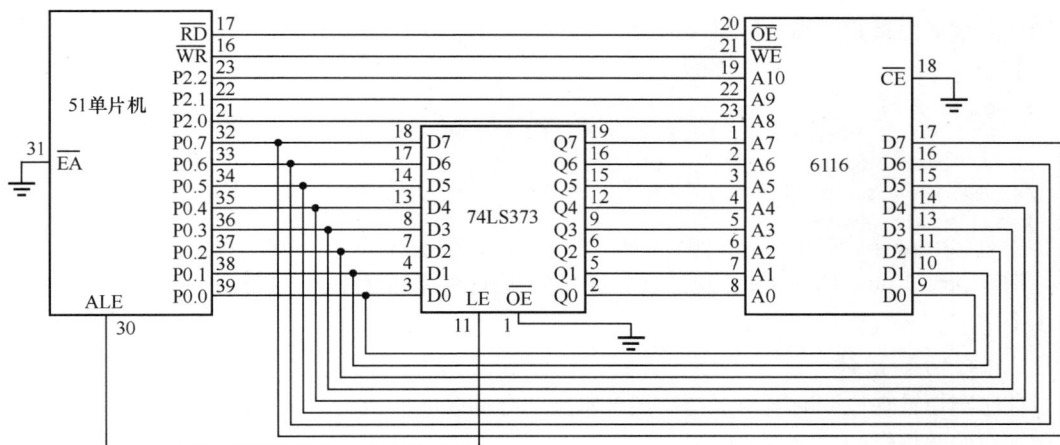

图5.5 51单片机与单片SRAM 6116的扩展连接

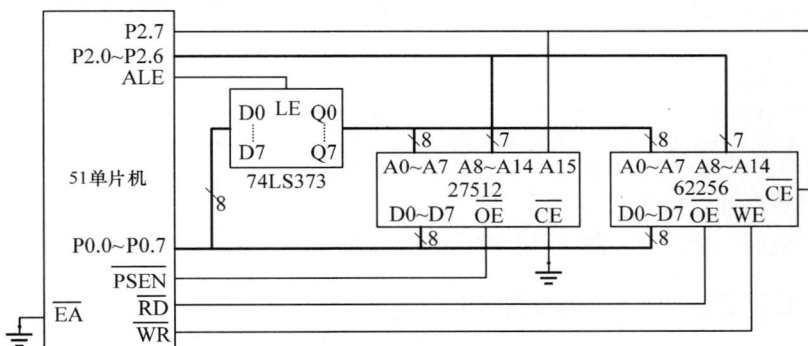

图5.6 同时扩展64KB EPROM和32KB RAM的电路原理图

片外 RAM 的读写由单片机的 $\overline{RD}$（P3.7）和 $\overline{WR}$（P3.6）信号控制，而片外 ROM 的输出允许端 $\overline{OE}$ 由单片机的读选通端 $\overline{PSEN}$ 信号控制。因此即使地址空间有重叠，但由于控制信号及使用的数据传送指令不同，也不会发生总线的冲突。

如果选用其他 ROM 和 RAM 芯片，则仅仅是地址线数目和芯片数目有所差别，同时扩展多片时，可以选用线选法和地址译码法，读者可以自行尝试。

完成并行 EPROM 和 RAM 的扩展后，如何访问其存储单元呢？这就涉及 C51 语言的指针、绝对地址等知识。

知识5 C51语言的指针

指针是 C 语言中一种重要的数据类型，合理地使用指针，可以有效地表示数组等复杂的数据结构，直接处理内存地址。C51 语言除了支持 C 语言中的一般指针外，还根据 51 系列单片机的结构特点，提供了一种新的指针数据类型——存储器指针。

1. 一般指针

一般指针的声明和使用与 C 语言的基本相同，不同的是 C51 语言还可以定义指针本身的存储区域。一般指针的定义格式如下：

数据类型 *[存储区域] 变量名;

其中，数据类型是指针指向对象的数据类型，存储区域是指针本身的存储区域，默认状态

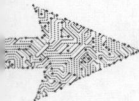

下则按照编译器指定的默认区域存放。

例如：

```
long  *ptr;
// 定义 ptr 为一个指向 long 型数据的指针，ptr 本身则按存储模式存放
char *xdata Xptr;
// 定义 Xptr 为一个指向 char 型数据的指针，Xptr 本身则存放在 xdata 区域中
long  *code Cptr;
// 定义 Cptr 为一个指向 long 型数据的指针，Cptr 本身则存放在 code 区域中
```

指针 ptr、Xptr、Cptr 所指向的数据可存放于任何存储区域中。一般指针本身在存放时要占用 3 个字节。

2．存储器指针

存储器指针在说明时既可以指定指针本身的存储区域，也可以指定指针所指向变量的存储区域。存储器指针的定义格式如下：

数据类型　[存储区域1]　*[存储区域2]　变量名；

其中，"存储区域 1"为指针所指向变量的存储区域；"存储区域 2"为指针本身的存储区域。例如：

```
char data * str;
// 定义 str 指向 data 区中的 char 型变量，其本身按默认模式存放
int xdata * data pow;
// 定义 pow 指向 xdata 区中的 int 型变量，其本身存放在 data 区中
```

存放存储器指针只需 1~2 个字节，因此，其运行速度要比一般指针快。但是，在使用存储器指针时，必须保证指针不指向所声明的存储区域以外的地方，否则会产生错误。

知识6　C51语言中绝对地址的访问

C51 语言允许在程序中指定变量存储的绝对地址，常用的绝对地址的定义方法有 3 种：采用关键字_at_定义变量的绝对地址；采用存储器指针指定变量的绝对地址；采用头文件 absacc.h 中定义的宏来访问绝对地址。

1．采用关键字_at_

用关键字_at_定义变量的绝对地址的一般格式如下：

数据类型　[存储区域]　标识符 _at_ 地址常数；

其中，数据类型除了可以使用 int、char、float 等基本类型外，还可以使用数组、结构体等构造类型。

存储区域可以是 Keil C51 编译器能够识别的所有类型，如 idata、data、xdata 等。如果该选项省略，则按编译模式 SMALL、COMPACT 或 LARGE 规定的默认存储方式确定变量的存储区域。

标识符为要定义的变量名。

地址常数为所定义变量的绝对地址，它必须位于有效的存储区域内。

例如：

```
int xdata FLAG _at_ 0x8000;
// 定义 int 型变量 FLAG 存储在片外 RAM 中，首地址为 0x8000
```

采用关键字_at_定义的变量称为"绝对变量"。由于对绝对变量的操作就是对存储区域绝对地址的直接操作，因此在使用绝对变量时应注意以下几个问题。

① 绝对变量必须是全局变量，即只能在函数外部定义。

② 绝对变量不能被初始化。

③ 函数及 bit 型变量不能用 "_at_" 进行绝对地址定位。

2．采用存储器指针

采用存储器指针也可以指定变量的绝对存储地址，其方法是先定义一个存储器指针变量，然后对该变量赋以指定存储区域的绝对地址值。

例如：

```
char xdata *cx_ptr;          //定义指针 cx_ptr，指向片外 RAM 中 char 型的变量
char data *cd_ptr;           //定义指针 cd_ptr，指向片内 RAM 中 char 型的变量

cx_ptr = 0x2000;             //指针 cx_ptr 指向片外 2000H 单元
cd_ptr = 0x35;               //指针 cd_ptr 指向片内 35H 单元

*cx_ptr = 0xbb;              //对片外 2000H 单元赋值 bbH
*cd_ptr = 0xaa;              //对片内 35H 单元赋值 aaH
```

3．采用头文件 absacc.h 中定义的宏

在 Keil 中，添加语句#include <absacc.h>即可使用其中定义的宏来访问不同存储区域的绝对地址，包括 CBYTE、DBYTE、PBYTE、XBYTE，以及 CWORD、DWORD、PWORD、XWORD，分别对应 code、data、pdata、xdata 区的变量。

例如：

```
XBYTE[0x0002]=0x01;          //将外部 RAM 的 0002H 单元赋值为 1
```

【任务实施】

1．硬件电路设计

在单片机最小系统的基础上，将 P0 口和 P2 口作为地址线，其中 P0 口作为数据口，74LS373 作为地址锁存器，设计并行 RAM 扩展系统，仿真电路如图 5.7 所示。由于 6264 的存储空间为 8KB，因此，只需 13 根地址线，P2 口的高 3 位空置不用。

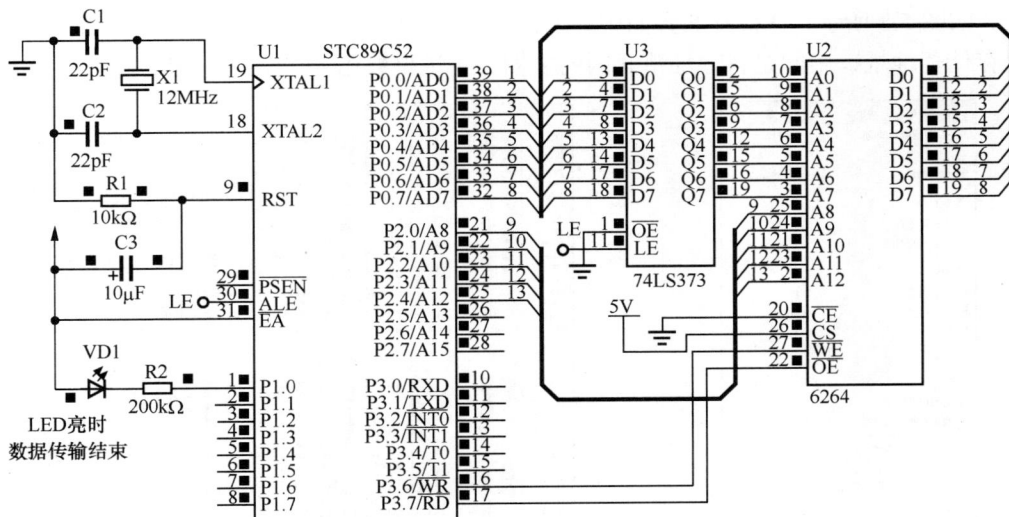

图5.7　并行RAM（6264）扩展系统仿真电路

另外，片选端 $\overline{\text{CE}}$ 接地，CS 接+5V，写允许端 $\overline{\text{WE}}$ 接单片机的写允许端 P3.6 口，读允许端

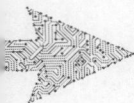

$\overline{OE}$ 接单片机的读允许端 P3.7 口。

2. 软件设计

控制软件中实现对外部 RAM 特定单元的赋值操作，使用绝对地址访问的方法，参见本任务知识 6。这里使用头文件 absacc.h 中定义的宏来完成对绝对地址的访问。

```c
#include <reg51.h>
#include <absacc.h>                    //利用头文件 absacc.h
#define uchar unsigned char
#define uint unsigned int
sbit LED = P1^0;
void main()
{
    uint i, K;
    LED = 1;
    for(i=0;i<200;i++)
    {
        XBYTE[i]=i+1;                  //对外部 RAM 0x00～0xC7 单元分别赋值
    }
    for(i=0;i<200;i++)
    {
        k= XBYTE[199-i];              //将数据块逆向复制
        XBYTE[0x100+i]=k;            //存入 0x100～0x1C7 单元
    }
    LED=0;                            //读取完成
    while(1);
}
```

3. 仿真调试

将 Keil 中生成的 HEX 文件加载到单片机中，单击"运行"按钮，根据代码设计，程序将向外部并行 RAM 6264 的 0x00～0xC7 单元依次存入数据，再将这个数据块逆序存储至 0x100～0x1C7 单元。任务完成后，LED 亮。

当 LED 亮后，单击"暂停"按钮，选择菜单栏中的"调试"，选择 Memory Contents–U2 命令，如图 5.8 所示，在打开的界面中，可查看写入 6264 中的内容，如图 5.9 所示。其中左边是存储器地址，中间是各地址单元内的数据，右边是数据为 ASCII 对应的符号。

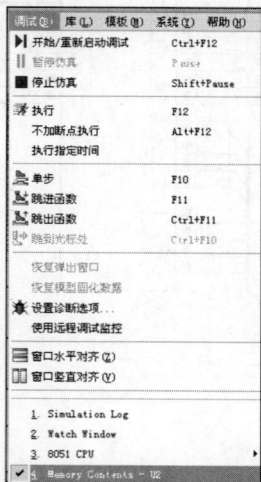

图5.8 选择Memory Contents–U2命令

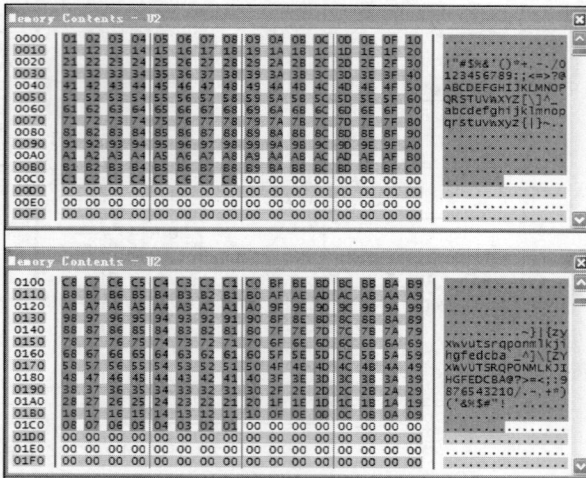

图5.9 查看写入6264中的内容

【课后任务】

（1）结合原理图进行实物制作。

（2）应用关键字"_at_"和存储器指针方法，访问片外 RAM，完成对特定绝对地址的存取操作。

【任务小结】

（1）单片机的三总线结构，包括地址总线、数据总线和控制总线。其中地址总线的低 8 位 A7～A0 由 P0 口、ALE 经过锁存器得到。

（2）硬件连接时，地址线、数据线只需一一对应连接即可。

（3）控制线的连接要区分 ROM 和 RAM，并正确选择 $\overline{PSEN}$、$\overline{RD}$、$\overline{WR}$ 等口线的连接。

（4）多个芯片的扩展，用到片选信号，常采用高位地址线连接（译码或不译码）。

【任务扩展】

前面学习了存储器的扩展方法，而对于多片存储器的扩展，就需用到片选信号和单片机的高位地址线，那么如何实现单片机的高位地址线和多个芯片的片选端进行连接呢？

知识7 多片EPROM程序存储器的扩展

在多片存储器扩展电路中，片选端的接法有两种，分别是线选法和地址译码法。

1. 线选法

由于 27C16 是 2KB 的存储器，所以它的地址线是 A0～A10，共 11 根，与 16 根地址线的 51 单片机相连，还剩 5 根高位地址线。这 5 根高位地址线可被分别用来连接 27C16 的片选端。这样最多可接 5 片 27C16，每片存储器都有自己的寻址范围且地址不会重叠。如果不需要扩展，多余的高位地址线也可以悬空。

图 5.10 所示是采用线选法扩展 3 片 27C16 存储器的电路。

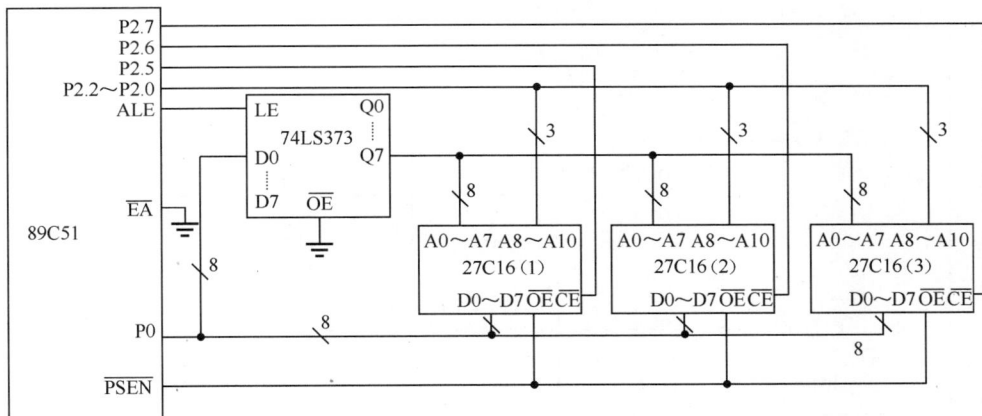

图5.10　采用线选法扩展3片27C16存储器的电路

按照未用地址线 P2.3 和 P2.4 以低电平 0 计算，3 片 27C16 的地址范围：27C16（1）为 C000H～C7FFH；27C16（2）为 A000H～A7FFH；27C16（3）为 6000H～67FFH。

从以上的地址分配可以看出，采用线选法，3 片 27C16 的地址是不连续的，很多地址空间

空闲。但是线选法比较简单，只需直接连接片选端到高位地址线即可。

2. 地址译码法

采用线选法扩展存储器时，可用的高位地址线有限，这就限制了可以扩展的芯片个数。用少量的高位地址线扩展多片存储器时，常常采用地址译码法。地址译码法只需在线选法的基础上增加译码器就可以了。

译码器芯片 74LS138 的引脚如图 5.11 所示。

从图 5.11 中可见，该芯片具有 3 位选择输入线、8 位译码输出线，因此利用 74LS138 扩展存储器芯片时，最多能接 8 个芯片的片选端。74LS138 的真值表如表 5.2 所示。

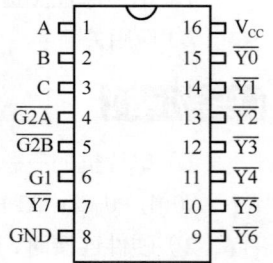

图5.11　74LS138引脚

表 5.2　74LS138 的真值表

G1	$\overline{G2A}$	$\overline{G2B}$	C	B	A	$\overline{Y7}$	$\overline{Y6}$	$\overline{Y5}$	$\overline{Y4}$	$\overline{Y3}$	$\overline{Y2}$	$\overline{Y1}$	$\overline{Y0}$
1	0	0	0	0	0	1	1	1	1	1	1	1	0
1	0	0	0	0	1	1	1	1	1	1	1	0	1
1	0	0	0	1	0	1	1	1	1	1	0	1	1
1	0	0	0	1	1	1	1	1	1	0	1	1	1
1	0	0	1	0	0	1	1	1	0	1	1	1	1
1	0	0	1	0	1	1	1	0	1	1	1	1	1
1	0	0	1	1	0	1	0	1	1	1	1	1	1
1	0	0	1	1	1	0	1	1	1	1	1	1	1
其他状态	×	×	×			1	1	1	1	1	1	1	1

采用译码器进行程序存储器扩展的电路如图 5.12 所示。

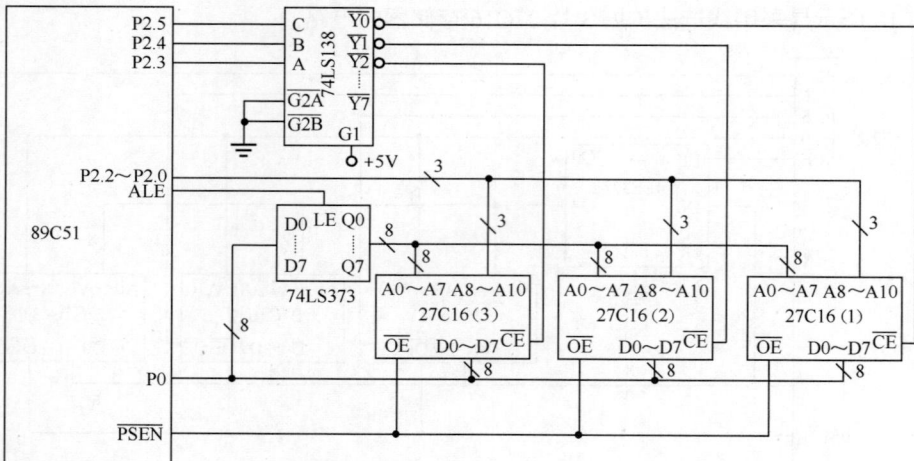

图5.12　采用译码器进行程序存储器扩展的电路

在图 5.12 中，27C16（1）的地址范围是 0000H～07FFH；27C16（2）的地址范围是 0800H～0FFFH；27C16（3）的地址范围是 1000H～17FFH。从地址分配可以看出，3 片 27C16 的地址是连续的，没有浪费地址空间，可扩展的芯片较多。

知识8　并行EEPROM的扩展方法

数据存储器 RAM 所存储的数据在掉电后就丢失了，如何实现所设定的值掉电后再上电依然不变呢？这就涉及 EEPROM 芯片的使用，下面以 EEPROM 28C16 为例进行介绍。

1. 并行 EEPROM 28C16 的特点

28C16 是采用 CMOS 工艺制成的 2KB 用电可擦除的可编程只读存储器。其读写不需要外加任何元器件。读访问时间可为 150～250μs，在写入之前自动擦除；一个字节的擦除和写访问时间为 200μs～1ms；工作电流为 30mA，备用状态时只有 100μA，电源电压为单一的+5V；三态输出，与 TTL 电平兼容。其引脚如图 5.13 所示。

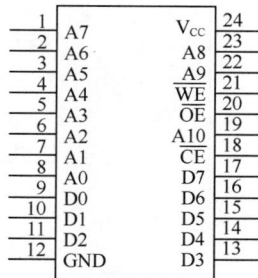

图5.13　28C16引脚

2. 引脚说明

（1）A0～A10：地址线。

（2）D0～D7：数据线。

（3）$\overline{CE}$：片选线（低电平有效），$\overline{CE}$=0，本芯片被选中工作；否则，不被选中。

（4）$\overline{WE}$：写允许（低电平有效）。

（5）$\overline{OE}$：读允许（低电平有效）。

（6）V_{CC}：+5V 电源。

（7）GND：接地端。

3. 工作方式

28C16 的工作方式如表 5.3 所示。

表 5.3　28C16 的工作方式

工作方式	$\overline{CE}$	$\overline{OE}$	$\overline{WE}$	输入/输出
读	L	L	H	数据输出
后备	H	×	×	高阻
字节写	L	H	L	数据输入
字节擦除	L	12V	L	高阻
写禁止	×	×	H	高阻
输出允许	×	L	×	高阻
输出禁止	×	H	×	高阻

4. 28C16 的扩展

在多片 EEPROM 的扩展中，片选端的接法同样有两种，分别是线选法和地址译码法。图 5.14 所示为采用线选法扩展 3 片 28C16 的电路。

通过图 5.14 可以看出，EEPROM 的扩展和 RAM 的扩展类似。

知识9　利用三总线接口扩展I/O口

单片机的口线是有限的，在一些情况下，若要求 8 个数码管同时进行显示，直接用单片机的口线肯定不够，在项目 4 中，我们学习了用串口外接 74LS164、74LS165 移位寄存器的方法实现口线的扩展，有无其他的口线扩展方法呢？回答是肯定的。

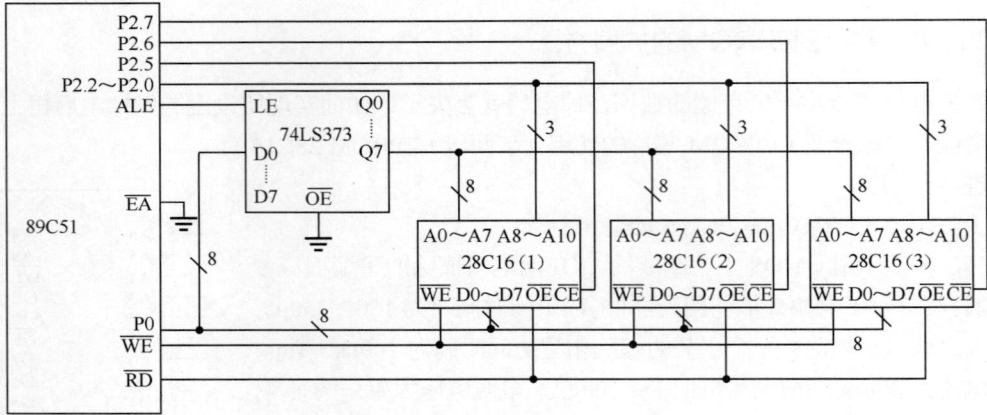

图5.14 采用地址译码法扩展3片28C16的电路

单片机扩展的 I/O 口有两种基本类型，即简单 I/O 口的扩展和可编程 I/O 口的扩展。前者功能单一，多用于简单外设的输入/输出；后者功能丰富，有的扩展芯片内部还有定时器、RAM 等，应用范围广，但接口芯片价格相对昂贵。

下面介绍利用三总线接口进行简单 I/O 口扩展的原理和方法。

只要根据"输入三态，输出锁存"的原则，选择 74 系列的 TTL 电路或 MOS 电路就能组成简单的扩展电路，如 74LS244、74LS273、74LS373、74LS377 等芯片都能组成 I/O 口。

对于 51 系列单片机，片外 I/O 口和片外 RAM 是统一编址的，也就是说它们共用 64KB 存储空间。每个扩展 I/O 口相当于一个扩展的外部单元，因此，访问外部接口就如同访问片外 RAM 一样，定义一个存储于外部数据区 xdata 的变量，对该变量读取或赋值就能产生 $\overline{WR}$、$\overline{RD}$ 信号，实现对 I/O 口的读写。图 5.15 所示为一个用 8 位三态缓冲器 74LS244 作为输入口和用 8D 锁存器 74LS273 作为输出口组成的简单 I/O 口扩展电路。

在图 5.15 中，输出电路控制采用 P2.0 和 $\overline{WR}$ 的组合信号。当 P2.0 和 $\overline{WR}$ 都为 0 时，或门输出为 0，P0 口数据锁存到 74LS273，其 Q 端控制发光二极管：当某个 Q 端为 0 时，与其相连的发光二极管被点亮。

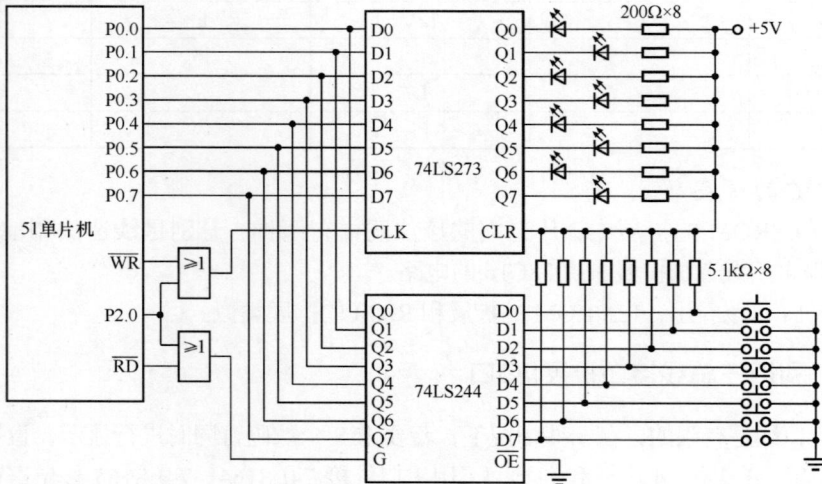

图5.15 简单I/O口扩展电路

输入电路控制采用 P2.0 和 $\overline{RD}$ 的组合信号，当 P2.0 和 $\overline{RD}$ 都为 0 时，或门输出为 0，选通 74LS244，将外部信号传到数据总线；当某个按键被按下时，与其相连的输入线为 0，无按键按下时为全 1。

尽管输入、输出两个扩展口都用 P2.0 作为控制线，地址空间相同，但是两个接口分别用 $\overline{WR}$ 、 $\overline{RD}$ 信号控制，所以不会发生冲突。由于当 P2.0 为低电平时接口才能被选通，所以 I/O 口地址都是 0xFEFF。

按照图 5.15，若按下某一个按键，则对应的发光二极管亮，程序如下。

```
#include <absacc.h>
unsigned char k;
while(1)
{
k= XBYTE[0xFEFF];              //置 I/O 口地址，并产生 RD 信号读入键值
XBYTE[0xFEFF]=k;              //置 I/O 口地址，产生 WR 信号
}
```

••• 任务 5.2 EEPROM 的扩展设计 •••

【任务要求】

设计一个带 1 位数码管的显示系统，能存储待显示的数据，掉电不丢失。选择串行 EEPROM 完成设计。

【相关知识】

要实现本任务的功能，首先要了解串行 EEPROM 的功能和所采用的 I²C 总线协议规范，并掌握编程的方法，下面来具体介绍。

知识1 串行EEPROM、铁电存储器

与并行接口芯片相比，串行接口芯片因占用单片机口线少而占优势，代表性的串行存储器有：Atmel 公司生产的 AT24C 系列 EEPROM、富士通公司生产的 MB85RC 系列铁电存储器（FRAM）。其中铁电存储器的操作频率可达 1MHz，读写次数为 10^{12} 次/B，适合数据不断变化的存储场合。

AT24C、MB85RC 系列芯片均采用二线制 I²C 总线结构，可以与具有 I²C 总线结构的单片机或者模拟 I²C 总线传输方式的单片机直接连接。这种结构不仅占用的资源和 I/O 口线少，而且体积大大缩小，同时具有工作电源范围宽、抗干扰能力强、功耗低、掉电数据保持、支持在线编程等特点。因此这类存储器芯片已被广泛应用到各类控制电路中。

本任务将以 AT24C04 为例，介绍这类芯片的应用。MB85RC 系列铁电存储器的应用，可以参考 AT24C 系列 EEPROM，时序均符合 I²C 规范，主要区别在于铁电存储器的操作频率快，脉冲之间可以不加延时。

1. 引脚及说明

AT24C04 的引脚如图 5.16 所示，各引脚功能说明如下。

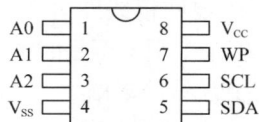

图5.16 AT24C04的引脚

（1）SCL：串行时钟端，用于对输入和输出数据的同步。

（2）SDA：串行数据地址输入或输出端，串行双向数据输入、输出端。

（3）WP：写保护，硬件数据保护端，接地时可对整片存储器进行正常读写，接电源时具有写保护功能。

（4）A0、A1、A2：片选输入。对于AT24C04，A0未定义，A1、A2组成两位地址片选。

（5）V_{CC}：电源端，接+5V电源。

（6）V_{SS}：接地端。

2. 芯片特性

（1）功能描述。AT24C04支持I^2C双向二线制串行总线及其传输协议。在串行EEPROM系统中，必须有一片可以产生串行时钟（SCL）的主器件，通常这个主器件就是单片机，控制其总线访问及产生启动和停止信号。对EEPROM进行写操作时，单片机是发送器，串行EEPROM是接收器，读操作时则相反。进行哪一种操作由单片机确定。

（2）总线特性。I^2C双向二线制串行总线协议定义只有在总线处于"非忙"状态时，才能初始化数据传输。在数据传输期间，只要时钟线为高电平，数据线就必须保持稳定，数据才有效。否则数据线上的任何变化都被当作启动或停止信号。I^2C总线协议定义的串行总线状态示意如图5.17所示。

① A段：总线"非忙"状态。在此期间SDA、SCL都保持高电平。

② B段：启动数据传输。当SCL为高电平时，SDA由高电平变为低电平的下降沿被认为是启动信号，只有出现了启动信号后，其他命令才有效。

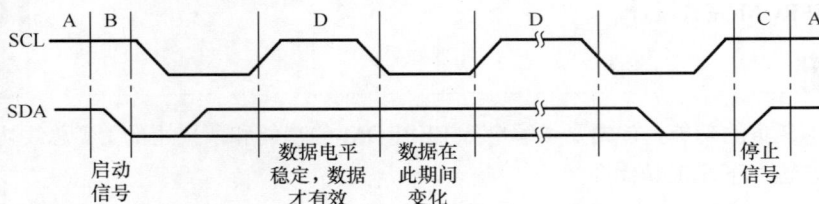

图5.17 串行总线状态示意

③ C段：停止数据传输。当SCL为高电平时，SDA从低电平变为高电平的上升沿被认为是停止信号。随着停止信号的出现，所有外部操作都结束。

④ D段：数据有效。在出现启动信号以后，SCL为高电平且数据线稳定，这时数据线的状态表示要传送数据。SCL为低电平期间，改变要传输的数据。

另外，每当串行EEPROM接收到一个字节的数据后，通常需要发出一个应答信号，单片机必须产生一个与这个应答信号相联系的时钟信号。

知识2 I^2C总线协议规范

I^2C总线是由Philips公司开发的一种简单、双向二进制同步串行总线。它只需要两根线即可实现总线上器件之间的信息传送，一根是双向的数据线（SDA），另一根是时钟线（SCL）。所有连接到I^2C总线设备上的串行数据线都接到总线的数据线上，而各设备的时钟线则均接到总线的时钟线上。

I^2C总线是多主机总线，即一个I^2C总线可以有一个或多个主机，总线运行由主机控制。通

常，主机由单片机或其他微处理器充当，被寻址访问的从机则是各类 I²C 器件。

I²C 总线协议的数据传输有如下规定。

1. 数据传输的启停

I²C 总线协议规定：在数据的传输过程中，必须确定数据传送的起始和结束。主机负责发送启动信号启动数据的传输、发送时钟信号、传送结束时发送停止信号。

在发出启动信号后，数据开始传输，在信息传送过程中，主机发送的信号分为器件地址码、器件单元地址和数据 3 部分。其中，器件地址码用来选择从机，确定操作类型（发送数据还是接收数据）；器件单元地址用于选择器件内部的单元；数据则是在各器件间传送的信息。

2. 控制字

起始信号结束后，主机将发送一个用于选择从器件地址的控制字，以 AT24C04 I²C 总线为例，其控制字格式如表 5.4 所示。该控制字的高 7 位是地址码，第 8 位是读写控制位，0 表示发送（主机发，从机收），1 表示接收（主机收，从机发）。

表 5.4　AT24C04 I²C 总线控制字格式

位	D7	D6	D5	D4	D3	D2	D1	D0
功能	特征码				芯片地址码			读写控制
位名称	1	0	1	0	A2	A1	P0	R/$\overline{\text{W}}$

7 位地址码中，又分为特征码和芯片地址码。特征码是由 I²C 总线委员会协调确定的，是对应不同类型的 I²C 器件的编码。

例如：AT24C 系列 EEPROM 芯片的特征码为 1010。将芯片地址码 A2、A1 与引脚上的 A2、A1 的接法（接 V_{CC} 为 1，接 V_{SS} 为 0）相比较，如果一致，该芯片被选通。所以一个 I²C 总线上最多可以挂 4 个 AT24C04 芯片。P0 用于选择片内地址：AT24C04 共 4Kbit（512B）容量，P0=0 选择 0～255 单元空间，P0=1 选择 256～511 单元空间。

这样，每个连接到 I²C 总线上的器件都有一个唯一的地址，器件之间可两两进行信息传送。各器件虽然挂在同一条总线上，却彼此独立，互不干涉。

当与被寻址的从器件地址匹配后，应发出响应信号（应答信号）。值得注意的是，I²C 总线协议规定，每个字节传送完毕后，都必须等待接收器返回的应答信号。

3. 数据传送

当器件寻址完成并应答后，便开始数据传送过程。I²C 总线上的数据传输，每个字节必须为8 位，高位先传；每次传输的字节数量不限，但每个字节完成后，接收方都必须发送应答信号。根据从器件寻址控制字，数据的传输方向有"读""写"两种，下面以本任务中使用的串行 EEPROM 器件 AT24C04 为例，说明"读""写"过程。

（1）写操作。被寻址的串行 EEPROM 发出应答信号后，微处理器紧跟着发出一个字节的串行 EEPROM 存储单元的地址。当微处理器接收到应答信号后，再送出要写入一个字节的数据。当微处理器再次接收到应答信号后，立刻发停止信号，这个停止信号将激活内部编程周期，把接收到的 8 位数据写入指定的串行 EEPROM 存储单元。AT24C04 字节写入的帧格式如图 5.18 所示。

（2）读操作。读操作分为 3 种情况，即读当前地址存储单元的数据、读指定地址存储单元的数据以及读连续存储单元的数据。下面介绍读指定地址存储单元的数据，其余两种方式参见有关书籍。

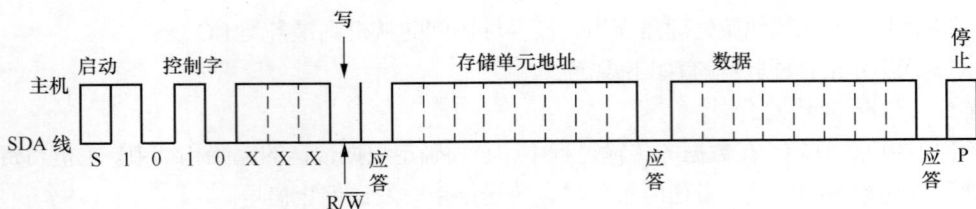

图5.18 AT24C04字节写入的帧格式

这种方式下微处理器需先发送芯片地址和指定单元地址，在得到应答信号后，再发送启动信号，之后再发送芯片地址和 R/$\overline{\text{W}}$ =1 的控制信号，当串行 EEPROM 发出应答信号后，就串行输出数据。当一帧数据读完后发送非应答信号（高电平），紧接着发送停止信号。这种方式如图5.19 所示。

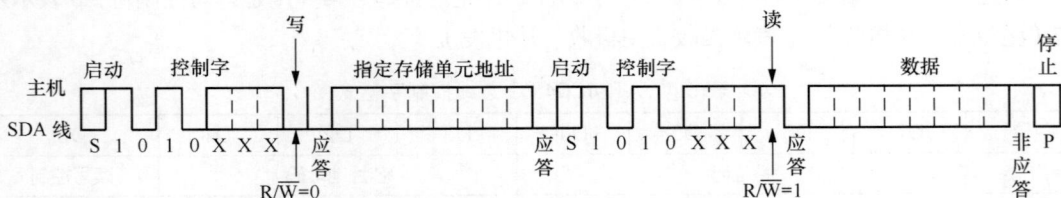

图5.19 读AT24C04指定地址存储单元的数据的帧格式

知识3 I²C总线的应用

由于 51 单片机中不具有 I²C 接口，因此需要利用单片机的引脚模拟 I²C 总线的操作时序。下面以 AT24C04 为例，详细介绍利用 51 单片机实现 I²C 总线的操作。

1. 启动信号与停止信号

当 I²C 总线没有信息传送时，数据线（SDA）和时钟线（SCL）都为高电平。当主机向从机传送信号时，首先应向总线发送启动信号，然后才能传送信息，当信息传送结束时发送停止信号。启动信号和停止信号的规定如下。

启动信号：SCL 为高电平时，SDA 由高电平向低电平跳变，开始数据传送。

停止信号：SCL 为高电平时，SDA 由低电平向高电平跳变，结束数据传送。

参考程序如下。

```
/****************************************************
子函数 START:I2C()总线启动信号
****************************************************/
void STARTI2C()
{
    SDA=1;                     // 发送起始条件的数据信号
    _nop_();
    SCL=1;
    delay4μs();                // 起始条件建立时间大于 4μs, 延时
    SDA=0;                     // 发送启动信号
    delay4μs();                // 起始条件锁定时间大于 4μs
    SCL=0;                     // 锁定 I²C 总线，准备发送或接收数据
    _nop_();
    _nop_();
```

```
}
/**************************************************
子函数 STOP:I2C()总线停止信号
**************************************************/
void STOPI2C()
{
    SDA=0;                          // 发送结束条件的数据信号
    _nop_();                        // 发送结束条件的时钟信号
    SCL=1;
    delay4μs();                     // 结束条件建立时间大于 4μs
    SDA=1;                          // 发送 I²C 总线停止信号
    delay4μs();
}
```

2. 字节的读写

I²C 总线上的数据传输，每个字节为 8 位，遵循高位先传、低位后传的原则。根据前文所述的读写时序，完成单片机读写过程的控制程序，参考程序如下。

```
/**********************************
子函数 rcvbyte()：从 I²C 总线上读取一个字节
返回值：读取的数据
**********************************/
uchar rcvbyte()
{
    uchar retc,BitCnt;
    retc=0;
    SDA=1;                          // 置数据线为输入方式
    for(BitCnt=0;BitCnt<8;BitCnt++)
    {
        _nop_();
        SCL=0;                      // 置时钟线为低，准备接收数据位
        delay4μs();                 // 时钟低电平周期大于 4μs
        SCL=1;                      // 置时钟线为高，使数据线上数据有效
        _nop_();
        _nop_();
        retc=retc<<1;
        if(SDA==1)
            retc=retc+1;            // 读数据位，将接收的数据位放入 retc 中
        _nop_();
        _nop_();
    }
    SCL=0;
    _nop_();
    _nop_();
    return(retc);
}
/**************************************************
子函数 sendbyte()：向 I²C 总线写入一个字节
入口参数：待写入的数据 c
**************************************************/
void sendbyte(uchar c)
{
    unsigned char BitCnt;
    for(BitCnt=0;BitCnt<8;BitCnt++)
    {
        if((c<<BitCnt)&0x80)        //判断发送位
```

```
                SDA=1;
                else
                SDA=0;
                _nop_();
                SCL=1;                          //置时钟线为高，通知被控器开始接收数据位
                delay4µs();                     //保证时钟高电平周期大于 4µs
                SCL=0;
            }
        _nop_();
        _nop_();
        SDA=1;                                  //释放数据线，准备接收应答位
        _nop_();
        SCL=1;
        delay4µs();
        if(SDA==1)                              //接收应答位，并判断是否接收到应答信号
            ack=0;
        else
            ack=1;
        SCL=0;
        _nop_();
        _nop_();
}
```

注意：主程序中必须定义一个全局位变量 ack。当单片机作为主机，向从机发送一个字节后，需等待从机的应答信号。ack 变量用于标识主机是否收到从机的应答，收到则 ack=1，否则 ack=0。

3. 应答与非应答信号

当单片机作为接收方，从 I^2C 总线读数据后，需要根据通信要求发送应答或非应答信号。

应答信号：SCL 为高电平时，SDA 维持为低电平。

非应答信号：SCL 为高电平时，SDA 维持为高电平。

编写应答或非应答信号模拟控制程序，参考程序如下。

```
/**********************************************
子函数 noack_i2c():发送非应答信号
**********************************************/
void noack_i2c(void)
{
    SDA=1;
    _nop_();
    _nop_();
    SCL=1;
    delay4µs();                          //时钟高电平周期大于 4µs
    SCL=0;                               //将时钟线清零，产生一个跳变，无应答
    _nop_();
    _nop_();
}
/**********************************************
子函数 ack_i2c():发送应答信号
**********************************************/
void ack_i2c(void)
{
    SDA=0;                               //将数据线拉低
    _nop_();
```

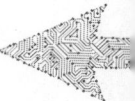

```
    _nop_();
    SCL=1;
    delay4μs();                    //时钟高电平周期大于 4μs
    SCL=0;                         //将时钟线清零，产生一次跳变，发送一个应答信号
    _nop_();
    _nop_();
    SDA=1;                         //数据线拉高，进入下一个传送周期
}
```

知识4　AT24C04与单片机的接口

在实际应用中,常用 I/O 口来模拟 I²C 总线的工作时序。也就是将 AT24C04 的 SDA、SCL 直接接到 I/O 口的任意两根线上,以使单片机按 I²C 总线的时序通过这两根线互传数据。AT24C04 的 WP 端接地,既可以写又可以读。A1、A2 端接地,芯片地址码就是00。硬件接口连接如图5.20 所示。

在软件编程时应使其严格符合 I²C 总线时序,否则电路将不能工作。

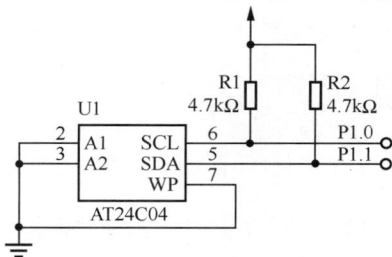

图5.20　AT89C51与AT24C04的硬件接口连接

【任务实施】

1. 硬件电路设计

AT24C04 为 I²C 总线芯片,参照 I²C 总线典型接口电路,只需在信号线 SCL 和 SDA 上分别外接 4.7kΩ上拉电阻并与单片机 P1.0、P1.1 口相连,P0 口驱动数码显示,仿真电路原理图如图 5.21 所示。

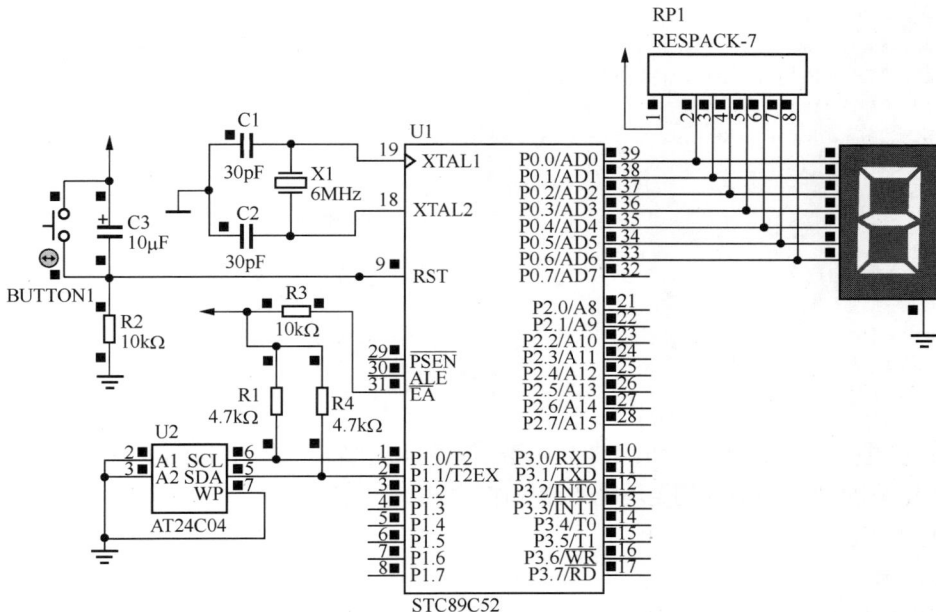

图5.21　仿真电路原理图

2. 软件设计

本任务中 AT24C04 的控制字为 1010000×B，即写地址为 0xa0，读地址为 0xa1。

（1）根据电路连接、任务内容和显示要求，编写程序首部，如下。

```
/***********************************************
AT24C04 存取应用程序
***********************************************/
#include<reg51.h>
#include<intrins.h>
#define uchar unsigned char
#define uint  unsigned int
#define AddWr24c04 0xa0                          // 写数据地址
#define AddRd24c04 0xa1                          // 读数据地址
#define delay4μs(){_nop_();_nop_();_nop_();_nop_();_nop_();};
                                                 //延时 4μs
sbit SDA=P1^1;                                   //定义 I²C 数据线
sbit SCL=P1^0;                                   //定义 I²C 时钟线
bit ack;                                         //定义 I²C 应答标志位
uchar tab[10]={0x3F,0x06,0x5B,0x4F,0x66,0x6D,0x7D,0x07,0x7F,0x6F};
                                                 //共阴极数码管 0~9 的字形码
```

（2）在控制程序中，需要将欲显示的内容预先存入 AT24C04 中，因此涉及对器件固定地址的写操作。根据总线协议规定，对固定地址写操作的主机控制流程如下。

① 发送启动信号。

② 器件寻址（发送写控制字 0xa0）。

③ 发送器件子地址（AT24C04 中待写入的地址）。

④ 发送待写入的数据。

⑤ 发送停止信号。

调用前面列出的读写时序，完成对应的控制程序，参考程序如下。

```
/*********************************
子函数 Write_Random_Address_Byte():向 AT24C04 指定地址写数据
入口参数：待写入的地址 addr，待写入的数据 sj
*********************************/
void Write_Random_Address_Byte(uchar add,uchar sj)
{
 STARTI2C();                                     //启动信号
 sendbyte(AddWr24c04);                           //发送器件地址
 _nop_();
 sendbyte(add);                                  //发送器件子地址
 _nop_();
 sendbyte(sj);                                   //发送数据
 _nop_();
 STOPI2C();                                      //停止信号
}
```

（3）显示过程，则是不断从 AT24C04 中读出待显示的内容，并将其送到单片机外接显示器显示的过程。因此涉及对器件固定地址的读操作。根据总线协议规定，对固定地址读操作的主机控制流程如下。

① 发送启动信号。

② 器件寻址（发送读控制字 0xa1）。

③ 发送器件子地址（AT24C04 中待读的地址）。

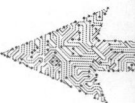

④ 等待从器件的应答。

⑤ 接收数据。

⑥ 发送非应答信号，结束本轮通信。

⑦ 发送停止信号，并返回所读数据。

```
/**************************************************
子函数 Read_Current_Address_Data():读当前地址数据
返回函数：读取的数据
**************************************************/
uchar Read_Current_Address_Data()
{
 uchar dat;
 STARTI2C();                          //启动信号
 sendbyte(AddRd24c04);                //发送器件地址
 if(ack==0)                           //等待从器件应答
        return(0);
 dat=rcvbyte();                       //调用接收字节子程序，读取数据
 noack_i2c();                         //发送非应答信号
 STOPI2C();                           //停止信号
 return dat;                          //返回数据
}
```

（4）设计主程序，先向 AT24C04 中写入 0～9 的字形码，然后循环读出这些字形码，经延时后，发送到 P0 口显示。故设计的主程序如下。

```
/**************************************************
延时函数 DelayMs()
入口参数：x，控制显示延时长短
**************************************************/
void DelayMs(uint x)
{
    uchar i;
    while(x--)
    {
        for(i=0;i<120;i++);
    }
}
/**************************************************
主程序
**************************************************/
void main()
{   uchar i;
    SDA=1;
    SCL=1;
    P0=0;
    for(i=0;i<10;i++)                    //将 10 个字形码依次写入 0000H～0009H 单元
    {
    Write_Random_Address_Byte(i,tab[i]);
    }
    i=0;
    while(1)
    {
        P0=Random_Read(i);              //读出 AT24C04 中的字形码，并显示
        DelayMs(1000);
        i++;
```

```
            i%=10;
        }
}
```

3. 仿真调试

将 Keil 中生成的 HEX 文件加载到单片机中，单击"运行"按钮，观察数码管显示结果。程序设计中，存入的为 0~9 这 10 个数字，因此仿真结果为依次显示 0~9 这 10 个字符。

单击"暂停"按钮，选择菜单栏中的"调试"，执行菜单命令 I2C Memory Internal Memory–U2，如图 5.22 所示，可在弹出的界面中查看写入 AT24C04 的内容，如图 5.23 所示。

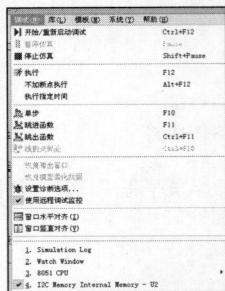

图5.22　执行菜单命令 I2CMemory Internal Memory–U2　　　　图5.23　查看写入AT24C04的内容

【课后任务】

（1）根据原理图，列出元器件清单，自行设计电路并焊接，完成本任务的实物制作。

（2）增加按键进行参数的设定，并将其保存在 AT24C04 中，重新上电后，显示所设定的值。

【任务小结】

（1）熟悉 I²C 总线的协议规范和操作时序，并结合时序掌握单片机模拟 I²C 总线操作的软件设计方法。

（2）理解和掌握本任务所涉及的读写子函数，并学会调用。

【任务扩展】

在实际应用中，除了外扩存储器外，很多型号的单片机内部自带 EEPROM，可满足不同用户的需求。下面以 STC15 单片机为例进行简单的介绍，便于读者选用。

知识5　STC15单片机内EEPROM的应用

STC15 单片机内部集成了 EEPROM，与程序空间分开，擦写次数在 10 万次以上。在很多需要保存重要数据和状态字的情况下，不必扩展外部 EEPROM 即可实现数据的掉电保持，使用非常方便。

1. EEPROM 空间与地址

以 STC15W4K32S4 系列单片机为例，STC 单片机内部集成有 EEPROM，用户可利用该空间保存重要数据和状态字。STC15W4K32S4 系列单片机内部 EEPROM 的空间如表 5.5 所示。其余型号的单片机，读者可通过查阅芯片的数据手册获取 EEPROM 的空间大小。

STC 单片机内部的 EEPROM 空间是分扇区进行管理的，每个扇区约 0.5KB（512B）。由于

对 EEPROM 空间的擦除操作是按扇区进行的，因此，建议是同一次修改的数据放在同一扇区，不是同一次修改的数据放在不同的扇区，每个扇区不一定要全部用满。

表 5.5　STC15 系列单片机内部 EEPROM 的空间

型号	EEPROM 空间大小/KB	扇区数	用 IAP 字节读时起始扇区首地址	用 IAP 字节读时结束扇区末尾地址	用 MOVC 指令读时起始扇区首地址	用 MOVC 指令读时结束扇区末尾地址
STC15W4K16S4	42	84	0000H	A7FFH	4000H	E7FFH
STC15W4K32S4	26	52	0000H	67FFH	8000H	E7FFH
STC15W4K40S4	18	36	0000H	47FFH	A000H	E7FFH
STC15W4K48S4	10	20	0000H	27FFH	C000H	E7FFH
STC15W4K56S4	2	4	0000H	07FFH	E000H	E7FFH

STC15 单片机内部 EEPROM 前 8 个扇区的地址信息如表 5.6 所示。读者可根据单片机的具体扇区数自行计算每个扇区的起始地址。

表 5.6　STC15 单片机内部 EEPROM 前 8 个扇区的地址信息

第一扇区		第二扇区		第三扇区		第四扇区	
起始地址	结束地址	起始地址	结束地址	起始地址	结束地址	起始地址	结束地址
0000h	01FFh	0200h	03FFh	0400h	05FFh	0600h	07FFH

第五扇区		第六扇区		第七扇区		第八扇区	
起始地址	结束地址	起始地址	结束地址	起始地址	结束地址	起始地址	结束地址
0800h	09FFh	0A00h	0BFFh	0C00h	0DFFh	0E00h	0FFFh

2．STC 单片机内部 EEPROM 的使用与控制

STC15 系列单片机中，EEPROM 的使用与控制依赖相关特殊功能寄存器，介绍如下。

（1）ISP/IAP 数据寄存器 IAP_DATA。ISP/IAP 操作时的数据寄存器，地址为 0xC2。向 EEPROM 写的数据和从 EEPROM 读出的数据均存放在该寄存器中。

（2）ISP/IAP 地址寄存器 IAP_ADDRH 和 IAP_ADDRL。ISP/IAP 操作时的地址寄存器，高 8 位地址存放在 IAP_ADDRH 中，低 8 位地址存放在 IAP_ADDRL 中。两个寄存器的地址为 0xC3 和 0xC4。

（3）ISP/IAP 命令寄存器 IAP_CMD。ISP/IAP 操作的命令字，地址为 0xC5，复位值为 0x00，用于设置 ISP/IAP 操作。其字节格式如表 5.7 所示。

表 5.7　ISP/IAP 命令寄存器字节格式

位	D7	D6	D5	D4	D3	D2	D1	D0
位名称	—	—	—	—	—	—	MS1	MS0

由 MS1、MS0 共同确定下面 4 种操作。

MS1MS0=00：待机模式，无 ISP 操作。

MS1MS0=01：对 EEPROM 进行字节读操作。

MS1MS0=10：对 EEPROM 进行字节写操作。

MS1MS0=11：对 EEPROM 进行扇区擦除操作。

（4）ISP/IAP 触发寄存器 IAP_TRIG。ISP/IAP 操作时的命令触发寄存器，地址为 0xC6。在 IAPEN（IAP_CONTR.7）=1 时，对 IAP_TRIG 先写入 0x5A，再写入 0xA5，ISP/IAP 命令才会生效。

每一次需要进行 ISP 操作时，都需要对该触发寄存器写触发字。值得提醒的是，不同型号的 EEPROM 触发字并不相同，请读者查阅对应的数据手册后，再编写程序。

（5）ISP/IAP 控制寄存器 IAP_CONTR。ISP/IAP 控制寄存器，地址为 0xC7。其字节格式如表 5.8 所示。

表 5.8　ISP/IAP 控制寄存器字节格式

位	D7	D6	D5	D4	D3	D2	D1	D0
位名称	IAPEN	SWBS	SWRST	CMD_FAIL	—	WT2	WT1	WT0

IAPEN：ISP/IAP 功能允许位。IAPEN=0，表示禁止所有 EERPOM 操作；IAPEN=1，表示允许读、写、擦除 EERPOM 的操作。

SWBS：用于设置启动区域，SWBS=0，表示从用户程序区启动；SWBS=1，表示从 ISP 程序区启动。

SWRST：复位设置位，SWRST=0，表示无操作；SWRST=1，表示产生软件系统复位。

CMD_FAIL：如果 IAP 地址指向了非法地址或无效地址，且发送了 ISP/IAP 指令，并对 IAP_TRIG 发送 5AH、A5H 触发失败，则 CMD_FAIL=1，需由软件清零。

WT2、WT1、WT0：用于设置 ISP/IAP 操作中的等待时间，必须与系统时钟匹配，等待参数与对应的推荐系统时钟频率如表 5.9 所示。

表 5.9　等待参数与对应的推荐系统时钟频率

WT2	WT1	WT0	推荐系统时钟频率/MHz
1	1	1	1
1	1	0	2
1	0	1	3
1	0	0	6
0	1	1	12
0	1	0	20
0	0	1	24
0	0	0	30

（6）电源控制寄存器 PCON。其字节格式如表 5.10 所示。

表 5.10　电源控制寄存器字节格式

位	D7	D6	D5	D4	D3	D2	D1	D0
位名称	SMOD	SMOD0	LVDF	POF	GF1	GF0	PD	IDL

电源控制寄存器的 LVDF 位为低压检测标志位，当工作电压 V_{CC} 低于低压检测门槛时，该位置 1，此时，不要对 EEPROM 进行任何操作，该位需由软件清零。

由于 EEPROM 操作是 STC 系列单片机的扩展功能，因此上述相关特殊功能寄存器在传统 51 单片机的头文件中没有被声明，需要在用户程序中事先定义。需要注意的是，这些特殊功能寄存器在不同型号的单片机中的地址并不相同，读者需要查阅对应型号芯片的数据手册。STC15 系列单片机的 ISP/IAP 功能的预定义部分代码如下。

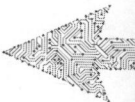

```
/*******************************************************
ISP/IAP 相关寄存器与设置
*******************************************************/
sfr IAP_DATA  = 0xC2;              //IAP 数据
sfr IAP_ADDRH = 0xC3;              //IAP 地址高 8 位
sfr IAP_ADDRL = 0xC4;              //IAP 地址低 8 位
sfr IAP_CMD   = 0xC5;              //IAP 命令
sfr IAP_TRIG  = 0xC6;              //IAP 触发命令：5AH, A5H
sfr IAP_CONTR = 0xC7;              //IAP 控制
#define CMD_READ 1                 //字节读
#define CMD_PROGRAM 2              //字节写
#define CMD_ERASE 3                //扇区擦除
#define ENABLE_IAP 0x82            //clk<20MHz, ISP_CONTR 控制字

#define IAP_ADDRESS1 0x0           //第一扇区首地址
#define IAP_ADDRESS2 0x200         //第二扇区首地址
#define IAP_ADDRESS3 0x400         //第三扇区首地址
......
```

3. 常用的 EEPROM 操作

（1）禁止 EEPROM 操作。在每次完成 EEPROM 操作后，应禁止对 EEPROM 的读写操作的使用，防止程序执行过程中的误操作，参考程序如下。

```
/*******************************************************
子程序：静止 EEPROM
*******************************************************/
void IapIdle()
{
    IAP_CONTR = 0;                 //关闭 IAP 功能
    IAP_CMD   = 0;
    IAP_TRIG  = 0;                 //清除触发寄存器
    IAP_ADDRH = 0x80;              //将地址设置到非 EEPROM 区
    IAP_ADDRL = 0x0;
}
```

（2）扇区擦除操作。需要修改 EEPROM 中的数据时，需要先将该区域的数据擦除。需要注意的是，EEPROM 的擦除操作是对某一个扇区整体进行的，无法对某一个字节空间进行擦除。因此提醒读者，在使用时，尽量将要一次性修改的数据存放在同一扇区。参考程序如下。

```
/*******************************************************
子程序：扇区擦除
入口参数：待擦除的扇区首址
注意：写数据前必须进行整个扇区的擦除操作
*******************************************************/
void IapEraseSector(unsigned int addr)
{
    IAP_CONTR = ENABLE_IAP;        //允许 EEPROM 操作
    IAP_CMD   = CMD_ERASE;         //擦除命令
    IAP_ADDRL = addr;              //提供操作地址
    IAP_ADDRH = addr>>8;
    IAP_TRIG  = 0x5A;              //IAP 触发
    IAP_TRIG  = 0xA5;
    _nop_();
    IapIdle();                     //禁止 EEPROM 操作
}
```

（3）EEPROM 的字节读操作。要从 EEPROM 区域的某个空间读取数据时，需要提供待读取的地址，并启动字节读操作。参考程序如下。

```
/*************************************************
子程序：字节读
入口参数：待读取的地址
返回值：读得的数据
*************************************************/
unsigned char IapRead(unsigned int addr)
{
    unsigned char dat;
    IAP_CONTR = ENABLE_IAP;          //允许 EEPROM 操作
    IAP_CMD   = CMD_READ;            //读命令
    IAP_ADDRL = addr;               //提供操作地址
    IAP_ADDRH = addr>>8;
    IAP_TRIG  = 0x5A;               //IAP 触发
    IAP_TRIG  = 0xA5;
    _nop_();
    dat = IAP_DATA;                 //读取数据并返回
    IapIdle();                      //禁止 EEPROM 操作
    return dat;
}
```

（4）EEPROM 的字节写操作。要向 EEPROM 区域的某个空间存入数据时，需要提供 EEPROM 中的存储地址和待存储的数据，并启动字节写操作。当然，在启动字节写操作之前，该扇区应已进行过擦除动作。参考程序如下。

```
/*************************************************
子程序：字节写
入口参数：待写入的地址、待写入的数据
注意：字节写前必须进行扇区擦除动作
*************************************************/
void IapProgram(unsigned int addr,unsigned char dat)
{
    IAP_CONTR = ENABLE_IAP;          //允许 EEPROM 操作
    IAP_CMD   = CMD_PROGRAM;         //写命令
    IAP_ADDRL = addr;               //提供存储地址
    IAP_ADDRH = addr>>8;
    IAP_DATA  = dat;                //提供待写数据
    IAP_TRIG  = 0x5A;               //IAP 触发
    IAP_TRIG  = 0xA5;
    _nop_();
    IapIdle();                      //禁止 EEPROM 操作
}
```

在使用中需要注意，对 EEPROM 操作前，建议先判断电源控制寄存器 PCON 低压检测标志位 LVDF，当该位为 1 时，说明工作电压偏低，此时不要进行操作。

请读者自行编写程序，利用 STC 系列单片机的 EEPROM 实现本项目的功能。由于 Proteus 无法对 STC 单片机的 EEPROM 功能进行仿真，因此，建议读者直接用实物完成该任务的设计与调试。

••• 技能训练　电子密码锁的设计 •••

【任务要求】

通过按键设定电子密码锁的密码，保存到 EEPROM 中，通过按键输入密码，若和设置的密码一致，则开门。

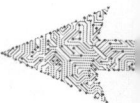

【任务实施】

【功能分析】

电路方面采用 STC89C52 作为主控芯片，外接 16 个按键和液晶 LCD1602 作为人机交互，通过按键将设定的密码保存到 AT24C04 中，用 1 个继电器控制蜂鸣器鸣叫模拟开门。当开门时输入正确的密码继电器吸合 2s 后释放，模拟开门，同时液晶显示"Unlock OK！"；否则液晶显示"Your password ERR！"，不吸合继电器。

【参考电路】

参考电路如图 5.24 所示。其中按键 K0～K9 功能为数字键 0～9，K12 功能为"设定"，K13 功能为"开门"，K14 功能为"确定"，K15 功能为"取消"。

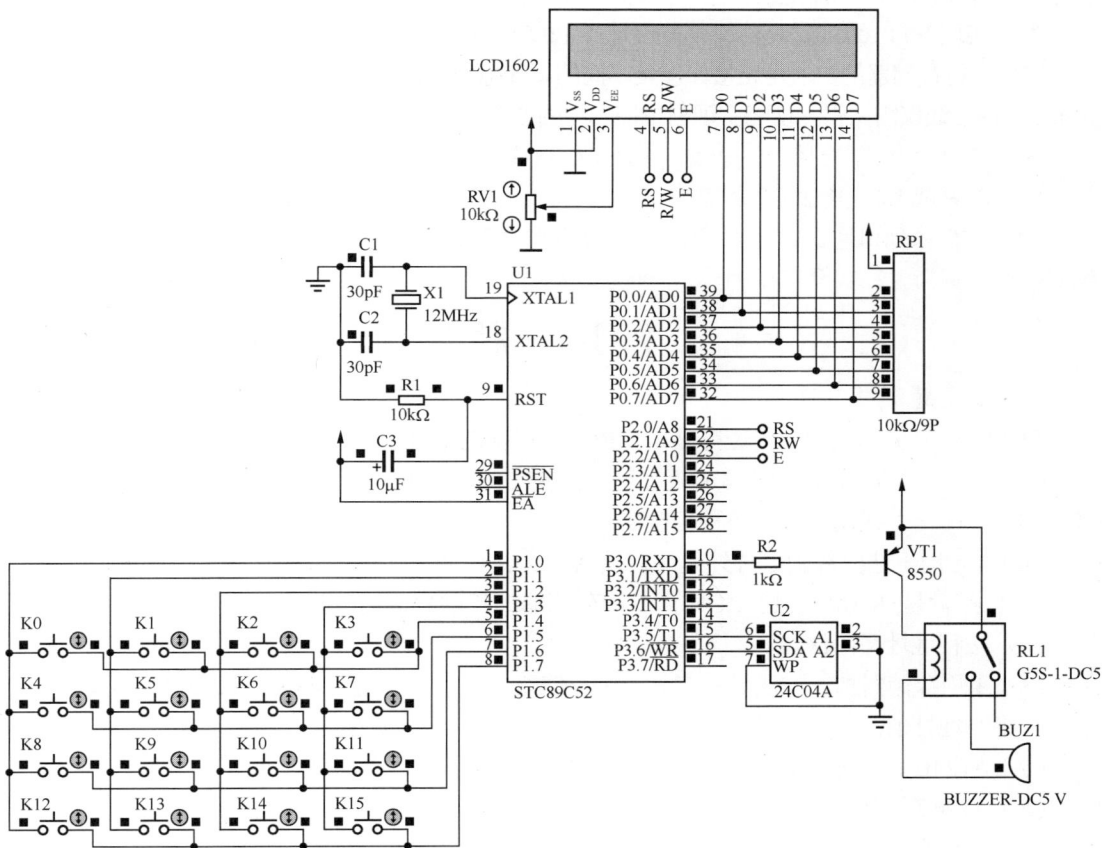

图5.24　电路设计

【参考程序】

程序由 1 个主函数和若干个子函数构成，其中子函数包括：液晶相关函数、读写相关函数、按键动态扫描函数等，这些在前面项目中已介绍。而主函数主要包括对密码的设定过程、开门时密码输入及密码比较过程。

参考程序可扫描二维码观看。

电子密码锁程序

【仿真运行调试】

将 HEX 程序下载到 STC89C52 单片机后，运行程序。

按下"设定"按键 K12 后输入 4 位数字按键，按"确定"按键 K14 进行密码保存，按"取消"按键 K15 退出设定过程。

按下"开门"按键 K13 后输入 4 位数字按键，按"确定"按键 K14 进行密码比较，若正确则继电器吸合几秒，同时可以听到蜂鸣器的响声。

••• 【项目总结】 •••

（1）51 系列单片机都是三总线结构，即地址总线、数据总线、控制总线。在系统扩展中，地址总线最多为 16 位，分别由 P2 口提供高 8 位地址，P0 口提供低 8 位地址；数据总线宽度为 8 位，由 P0 口传送；控制总线主要有 $\overline{WR}$、$\overline{RD}$、$\overline{PSEN}$、$\overline{EA}$。

为了实现 P0 口的分时复用，硬件设计中 P0 口常常需要地址锁存器。

（2）串行存储器的扩展电路接口涉及不同的总线标准，其中，I^2C 总线是一种常见的串行总线标准。这种总线仅需两根线便能实现与主控芯片的连接：串行数据线（SDA）和串行时钟线（SCL）。

由于 51 单片机不支持 I^2C 总线，因此 I^2C 总线数据传送需由软件模拟 I^2C 总线的通信协议和时序方能完成 I^2C 总线的通信控制。

（3）STC 系列单片机中提供了 EEPROM 存储功能，在不外扩 EEPROM 的情况下，也能实现数据掉电保持，在实际应用中非常方便。

••• 【习　题】 •••

1. 填空题

（1）（　　　　）总线用来传送存储单元或外部设备的地址。

（2）（　　　　）总线用来传送数据和指令码，STC89C52 由 P0 口提供数据线，其宽度为 8 位。

（3）（　　　　）线用来传送各种控制信息。

（4）$\overline{EA}$ 用于选择片内或片外程序存储器。$\overline{EA}$ =0 时，只访问（　　　）程序存储器。

（5）不管是 RAM 还是 ROM，多片存储器的扩展只需对片选进行处理即可。常用的是（　　）法和地址译码法。

（6）采用存储器指针方法是先定义一个存储器（　　　）变量，然后对该变量赋以指定存储区域的绝对地址值。

（7）AT24C 系列芯片是 Atmel 公司生产的一种（　　　）存储器。

（8）AT24C 采用（　　　）总线结构。

2. 设计题

（1）设计 8×8 点阵显示器，显示"I LOVE YOU"，要求显示内容在掉电后能保持。

（2）单片机外接一个蜂鸣器，设计一个简单的音乐播放器（提示：将一首歌曲的歌谱和节拍信息存储到 AT24C04，单片机发声原理与控制参见项目 3）。

（3）设计一智能电子打铃器，保存学校的作息时间，并按该时间进行打铃。

（4）在项目 4 任务 4.3 远程交通信号灯控制系统设计中，增加 AT24C04 保存远程设置的红绿灯亮时间，上电后将该时间读出并按该时间控制交通灯的运行。（提示：在中断服务程序中，协议接收正确后，增加保存功能；在上电初始化后，读出所保存的数据并将其赋给红绿灯亮的时间变量）。

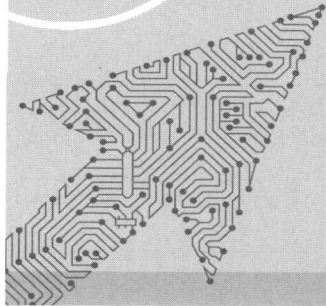

●●● 【项目导读】 ●●●

我们经常会看天气预报，那么天气预报中关于空气质量的数据是如何获得的呢？是利用类似图 6.1 所示的监测系统测量得到的。

请举例说明你知道的监测、控制系统，以及它们有何功能。如何用单片机实现这些功能呢？

在前面的项目中，我们学习了通信技术、开关输入信号（如按键等）的检测技术。而在测量中，还涉及模拟信号采集和对一些数字传感器的通信等，在控制中，还涉及开关信号输出、模拟信号输出等。下面我们一起来学习吧！

测控系统是单片机的主要应用领域之一，特别是在实时控制系统中，常常需要实时采集、测量外界连续变化的物理量，以此作为控制的依据，实时做出控制决策。因此，测控系统主要涉及测量和

图6.1　扬尘在线监测系统

控制两个方面。测量，即单片机对外部待测信号的采集；控制，即单片机对执行电路控制信号的输出。

学海领航	[使命担当 工匠精神]学习我国现代印刷技术自主创新的先驱——王选是如何不畏艰辛，攻克汉字激光照排技术难关，开创汉字印刷的一个崭新时代的
素养目标	培养铭记荣光、牢记使命、不畏压力、迎难而上的精神
知识目标	（1）掌握模数转换器与单片机的接口电路设计及编程。 （2）了解单总线协议规范，掌握温度传感器 DS18B20 的应用。 （3）掌握数模转换器与单片机的接口电路及控制程序设计。 （4）利用单片机作为控制器，控制直流电动机运转。 （5）巩固通信程序的设计
技能目标	（1）掌握利用模数转换器实现数据的采集。 （2）掌握温度传感器 DS18B20 的使用。 （3）掌握通过数模转换器或口线进行输出控制
学习重点	（1）掌握模数转换器与单片机的接口电路设计及编程。 （2）了解单总线协议规范，掌握温度传感器 DS18B20 的应用。 （3）掌握数模转换器与单片机的接口电路及控制程序设计。 （4）利用单片机作为控制器，控制直流电动机运转
学习难点	了解单总线协议规范，掌握温度传感器 DS18B20 的应用
建议学时	16 学时

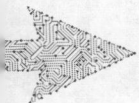

续表

推荐教学方法	以"任务实施"为切入点，引导学生边做边学，将"相关知识"融入"任务实施"中。通过各任务让学生掌握利用模数转换器、温度传感器实现信号采集的方法，掌握利用数模转换器或口线进行输出控制的方法
推荐学习方法	读者可以先了解"相关知识"的内容，然后按"任务实施"进行动手操作，在操作的过程中，再返回阅读"相关知识"的内容，并举一反三，完成后面的习题，巩固理论知识

••• 任务 6.1　数字电压表设计 •••

【任务要求】

设计一个数字电压表，利用 ADC0809 做模数转换，负责采集电压信号，测量结果用 4 位数码管显示。

【相关知识】

在用单片机进行信号测量时，所使用的传感器往往输出的是模拟信号，这就要用到模数转换器（即 A/D 转换器，简称 ADC），将模拟信号转换为数字信号，便于单片机进行计算等处理，那么模数转换器和单片机如何进行连接的呢？

知识1　模数转换器

模数转换器

1. 常见的模数转换器

模数转换的原理有多种，如双积分式、逐次比较式、并行式等。双积分式模数转换器的优点是精度高，抗干扰性好，价格便宜，但速度慢；逐次比较式模数转换器的精度、速度、价格适中；并行式模数转换器速度快，价格也昂贵。

采用上述 3 种转换原理的模数转换器的种类有很多。其中逐次比较式模数转换器在精度、速度和价格上比较适中，是目前较常用的模数转换器。

本任务将以 ADC0809 为例，介绍模数转换器的应用。

2. 模数转换器 ADC0809

ADC0809 是美国国家半导体公司生产的逐次比较式模数转换器，是目前单片机应用系统中使用最广泛的模数转换器之一。

（1）ADC0809 的主要特性。

① 8 路模拟信号输入。

② 8 位数字信号输出，即分辨率为 8 位。

③ 输入/输出与 TTL 兼容，易于与单片机连接。

④ 转换时间为 128μs。

⑤ 单个+5V 电源供电。

⑥ 单极性模拟信号输入，输入电压范围为 0～5V。

⑦ 具有转换启停控制端口。

⑧ 工作温度范围是−40～+85℃。

（2）ADC0809 引脚的功能。ADC0809 芯片有 28 条引脚，采用双列直插式封装，如图 6.2 所示。

各引脚功能说明如下。

IN7～IN0：8 路模拟信号输入端，范围为 0～5V，一次只能选通其中的一路进行转换，选通信号由 ALE 上升沿时的 ADD C、ADD B、ADD A 引脚信号决定。

ADD C（高位）、ADD B、ADD A（低位）：3 位地址输入端，用于选择 8 路输入模拟信号中的一路，取值为 111、110、101、100、011、010、001、000 则分别选择 IN7～IN0。

D0～D7（2^{-8}～2^{-1}）：8 位数字信号输出端，可与单片机的 P0 口相连，2^{-8} 为最低位，2^{-1} 为最高位。

图 6.2　ADC0809芯片引脚

START：模数转换启动信号输入端。上升沿时逐次比较寄存器复位，下降沿时开始模数转换，在转换过程中 START 保持低电平。

EOC（End Of Convert）：模数转换结束信号输出端。转换期间 EOC 维持为低电平，EOC=1 时表明转换结束，该信号可作为查询的状态标志，又可以作为中断请求信号。

$V_{REF(+)}$、$V_{REF(-)}$：参考电源，用来与输入的模拟信号进行比较，作为逐次逼近的基准。$V_{REF(+)}$ 接+5V 电源，$V_{REF(-)}$ 接地。

ALE：地址锁存允许信号输入端，在它的上升沿，将 ADD C、ADD B、ADD A 的状态送入地址锁存器中。

CLOCK：时钟信号输入端。ADC0809 的内部没有时钟电路，所需时钟信号由外界提供，通常使用频率为 500kHz 的时钟信号。

OE（Output Enable）：输出允许信号，用于控制三态输出锁存器向单片机输出转换得到的数据。OE=0 时，输出数据线呈高阻；OE=1 时，输出转换得到的数据。

V_{CC}：接+5V 电源。

GND：接地。

知识2　ADC0809与单片机的接口

ADC0809 的工作过程：先输入 3 位地址，并使 ALE=1，将地址存入地址锁存器中，此地址经译码选通 8 路模拟输入之一到比较器；START 上升沿将逐次逼近寄存器复位，下降沿启动模数转换器，之后 EOC 输出信号变为低电平，指示转换正在进行；直到转换完成，EOC 变为高电平，指示转换结束，结果数据已存入数据锁存器。EOC 信号可用作中断申请，也可用来查询，当 OE 输入高电平时，打开三态输出锁存器，将转换结果输出到数据总线上。

ADC0809 与单片机的一种典型接口电路如图 6.3 所示。

在接口电路的设计和接口程序设计中需要注意以下几点。

1. 8 路模拟输入的选择

A、B、C 分别接地址锁存器 74LS373 提供的低 3 位，在 ALE=1 时，实现通道的选择。ADC0809 的 ALE 由单片机的 P2.0 与 $\overline{WR}$ 信号相“或”后再经反相产生，因此，ADC0809 的 8 路通道地址确定为：0000H～0007H（P2.0 = 0）。

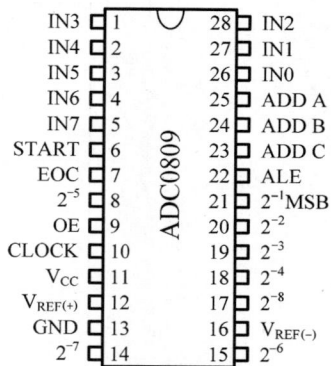

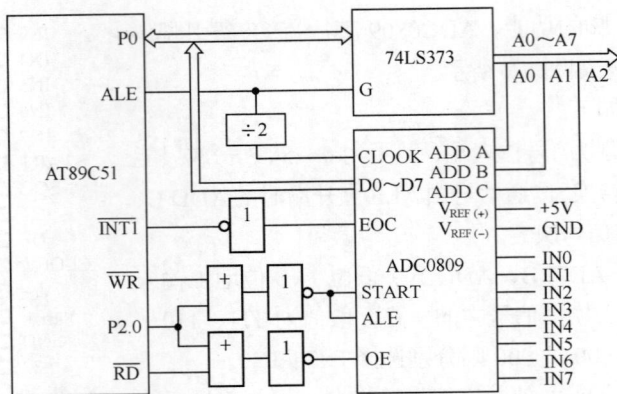

图6.3　ADC0809与单片机的一种典型接口电路

2．SATRT 信号

START 与 ALE 连在一起，P2.0 与 $\overline{WR}$ 同为 0 时，反相器就会输出高电平，在上升沿，A、B、C 地址状态将被装入地址锁存器中，在下降沿，启动转换。

$\overline{WR}$ 信号只有在单片机启动读取片外 RAM 数据时才会有效，因此在程序设计时，只需定义一个外部数据变量，向该变量赋值。

3．转换时钟 CLOCK

ADC0809 的转换时钟不能超过 640kHz，若单片机 f_{osc}=6MHz，则单片机的 ALE 信号频率为 $2 \times f_{osc}/12$=1MHz，二分频后得到 500kHz 信号，满足 ADC0809 的时钟要求。

4．转换完成后数据的传送

模数转换后的数据应输入单片机中进行处理，但只能在确认转换已经完成后才能进行传送。

ADC0809 每采集一次数据一般需 100μs。ADC0809 转换结束后会自动产生 EOC 信号（高电平有效），图 6.3 中将 EOC 引脚经反相器接在单片机的 $\overline{INT1}$ 引脚上，转换结束后 EOC=1，反相后的信号可以向单片机发出中断请求，也可以作为查询转换结束的标志。可以用中断方式或查询方式读取模数转换结果。

5．OE 信号

$\overline{RD}$ 与 P2.0 相"或"后反相接至 OE 脚，只要两者同为 0 就能使 OE 出现高电平，打开三态输出锁存器，转换的结果出现在 P0 口上。因此，启动对外部数据区（xdata）的读操作即可让 $\overline{RD}$ 信号低电平有效。

【任务实施】

1．硬件设计

Proteus 中没有提供 ADC0809 仿真模型，因此，选择 ADC0808 代替。

根据 ADC0809 的典型接口电路，仿真电路的设计如下。

（1）ADC0808 的地址选择端 ADD A～ADD C 接地，选择 IN0 为采集通道。

（2）IN0 接滑动变阻器滑片，分压，提供 0～5V 待测电压。

（3）参考电压端 $V_{REF(+)}$ 和 $V_{REF(-)}$ 分别接+5V 电源和地。

（4）ADC0808 的数据线接 P0 并口。

任务实施 06-1

（5）参考任务 5.1 知识 9，利用三总线接口扩展 I/O 口的方法，可以将 ADC0809 的输入接口看

214

成是外部 RAM 单元进行处理。具体接法为：$\overline{WR}$ 与 P2.7 经或非运算后控制 START 引脚和 ALE 引脚，实现启动转换功能；$\overline{RD}$ 与 P2.7 经或非运算后控制 OE 引脚，实现输出允许。

（6）转换结束信号 EOC 经反相后接于 P3.2（$\overline{INT0}$）口，可用于转换结束申请中断。

（7）采集时钟 CLOCK 由 P2.4 提供。（在 Proteus 中单片机的 ALE 引脚并无信号输出，利用 ALE 信号分频提供 ADC0809 工作时钟的方法在仿真中不可行。）

在显示电路模块中，P1 口提供 4 位动态显示器的段码信号，P2.0～P2.3 提供位选信号。此外 P2.5 外接一个按键，用于控制启动采集。数字电压表仿真电路及仿真结果如图 6.4 所示。

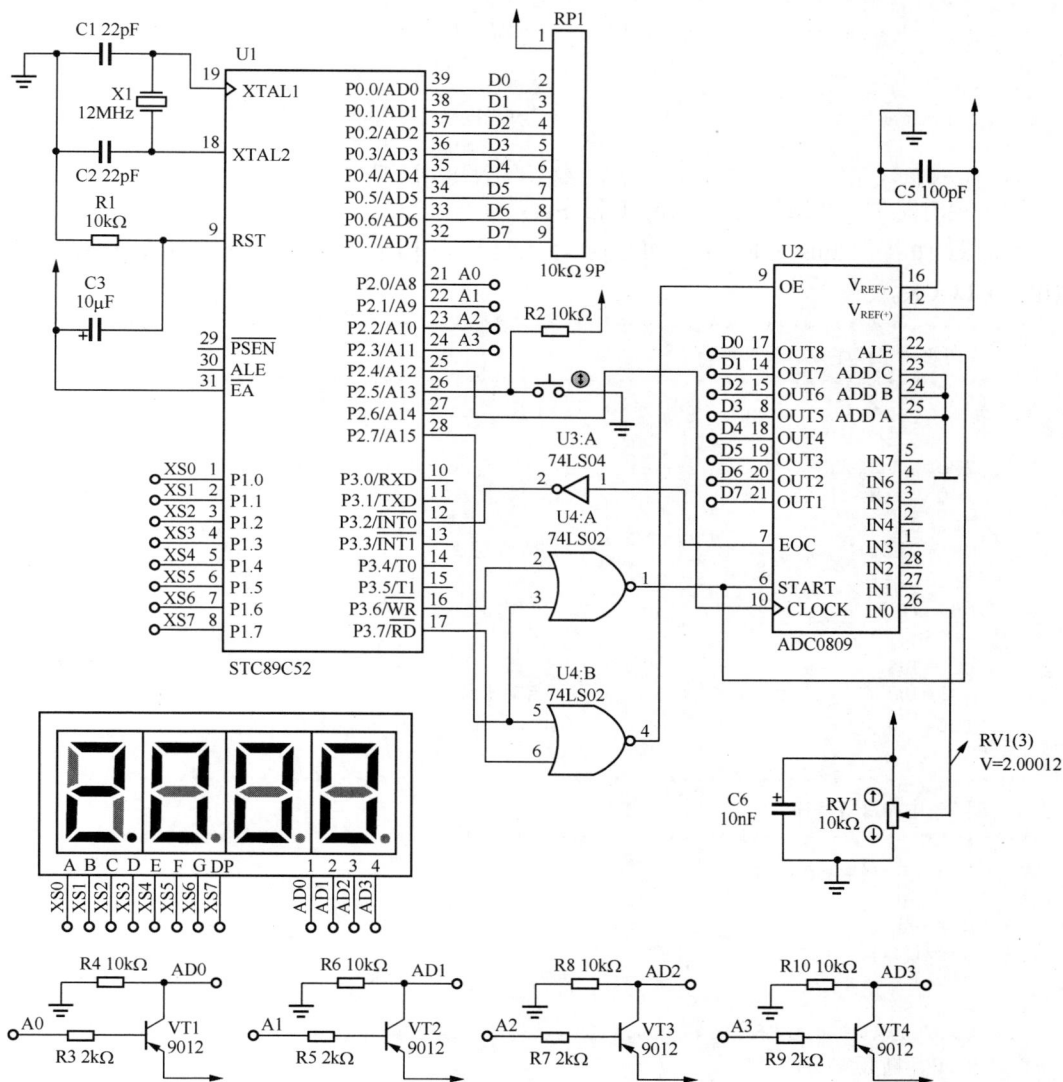

图6.4 数字电压表仿真电路及仿真结果

2. 软件设计

根据电路连接，本任务的软件包括以下几个部分。

（1）程序首部。

```
#include <reg51.h>
```

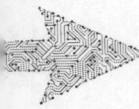

```
#define  uchar unsigned char

sbit  cjclk=P2^4;                    //定义 ADC0809 时钟线
sbit  EOC=P3^2;                      //定义转换终止信号线
sbit  key=P2^5;                      //定义启动按键

uchar tab[10]={0xC0,0xF9,0xA4,0xB0,0x99,0x92,0x82,0xF8,0x80,0x90};
                                     //共阳极数码管字形码（不带小数点）
uchar tabd[10]={0x40,0x79,0x24,0x30,0x19,0x12,0x02,0x78,0x00,0x10};
                                     //共阳极数码管字形码（带小数点）
uchar xsjs;                          //定义动态扫描显示计数器
uchar num0,num1,num2,num3;           //4 位显示数

uchar cjsh;                          //采集数
uchar xdata * p;                     //定义指向外部 RAM 的指针 p

int  beichu;                         //数据转换中间变量
```

（2）定时器 T0、T1 的初始化和中断程序。

定时器 T0 提供 2ms 定时，用于动态显示；定时器 T1 用于产生 500kHz 的采集时钟，从 P2.4
输出至 CLOCK。

```
/*************************************************************
定时器初始化子程序
*************************************************************/
void init_t()
{
    TMOD=0x21;                       //T1 工作在方式 2，T0 工作在方式 1
    TH0=0xf8;                        //T0 定时 2ms
    TL0=0x30;
    TH1=0xff;                        //T1 定时 1μs
    TL1=0xff;
    EA=1;                            //开中断
    ET0=1;
    ET1=1;
    TR1=1;                           //启动定时器
    TR0=1;
}
/*************************************************************
定时器 T1 中断服务程序
*************************************************************/
void int_t1()interrupt 3
{
    bit a;
    a=cjclk;
    cjclk=~a;                        //取反，cjclk 周期为 2μs，即频率为 500kHz
}
/*************************************************************
定时器 T0 中断服务程序
*************************************************************/
void int_t0()interrupt 1
{
    TH0=0xf8;
    TL0=0x30;
    switch(xsjs)
    {
```

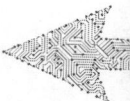

```
            case 0:{P1=0xff;P2=0xfe;P1=tabd[num3];break;}      //个位（带小数点）
            case 1:{P1=0xff;P2=0xfd;P1=tab[num2];break;}       //十分位
            case 2:{P1=0xff;P2=0xfb;P1=tab[num1];break;}       //百分位
            case 3:{P1=0xff;P2=0xf7;P1=tab[num0];break;}       //千分位
        }
        xsjs++;
        xsjs%=4;                                               //xsjs 取值范围为 0～3
}
```

（3）主程序设计。

编程分析如下。

① 模数转换器地址的确定。在原理图的设计中，参考任务 5.1 知识 9，利用三总线接口扩展 I/O 口的方法，将 ADC0809 的输入接口看成是外部 RAM 单元。图 6.4 中 ADD A、ADD B、ADD C 直接接地，不参与地址选择，只利用 P2.7 进行控制，得到其地址为 0x7fff，用指针 p 来指向该地址，语句为：

```
        p=0x7fff;          //P2.7=0
```

② 启动采集信号。启动信号 START 由 $\overline{WR}$ 与 P2.7 经或非运算后提供，高电平有效，类似写外部 RAM，语句为：

```
        *p= 0xff;          //写片外数据，WR =0
```

③ 读取采集结果。读取允许信号 OE 由 $\overline{RD}$ 与 P2.7 经或非运算后提供，高电平有效。读取采集结果类似读外部 RAM，语句为：

```
        cjsh=*p; //读片外数据，RD =0，采集结果经 P0 口输入单片机，并保存至变量 cjsh 中
```

④ 主程序采用查询的方式进行信号采集，包括按键的读取、数码管字形码的赋值等，而数码管的扫描在定时器中断中实现。

主程序参考程序如下：

```
void main()
{   beichu=0;
    init_t();
    xsjs=0;
    p=0x7fff;
    while(1)
    {   key=1;
        if(!key)                              //按键检测
        {
            delay5ms();                       //按键消抖
            if(!key)
            {
                *p= 0xff;                     //启动采集
                while(EOC);                   //等待采集结束
                cjsh=*p;                      //读取采集结果
                beichu =(int)cjsh*5;          //结果转换
                num3= beichu / 0xff;          //个位
                beichu= beichu%0xff * 10;     //十分位
                num2 = beichu / 0xff;         //十分位
                beichu=beichu %0xff *10;
                num1=beichu /0xff;            //百分位
                beichu= beichu %0xff *10;
                num0=beichu/0xff;             //千分位

            }
```

```
        }
    }
}
/**********************************************************
5ms 延时子程序，用于按键消抖
**********************************************************/
void delay5ms(void)
{
    uchar a,b;
    for(b=19;b>0;b--)
        for(a=130;a>0;a--);
}
```

3. 仿真调试

在 Keil 中编译产生 HEX 文件，将其加载至 Proteus 中。为了方便硬件仿真，从 Mode 工具栏中选择电压探针工具，如图 6.5 所示，将探针放置于待测信号点上，如图 6.6 所示。

图6.5 选择电压探针工具

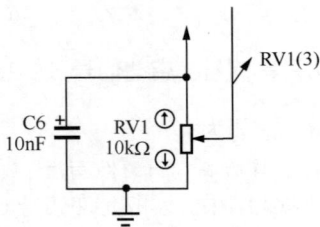

图6.6 电压探针的放置

启动仿真，电压探针处将显示待测信号点的实测值。

根据源代码功能，每按一次按键，单片机开始测量电压，显示测量结果（见图 6.4），单片机的测量结果与电压探针工具测得的结果基本一致，仿真成功。

【课后任务】

（1）根据任务要求，自行设计电路并焊接，完成本任务的实物制作。

（2）完成 8 路信号的采集，设计硬件电路并编写程序（提示：将 ADD C、ADD B、ADD A 和单片机的低位地址连接或直接和单片机的 3 根口线连接。）。

（3）采用 K 型热电偶设计一个温度计，完成硬件设计和软件设计（提示：将热电偶的信号进行放大后接入模数转换器的输入，单片机程序中，增加将电压信号转换为温度信号的计算程序即可）。

【任务小结】

本任务介绍了一种并行接口的模数转换器，对该类转换器进行读写控制时，可以当作外扩的 RAM 进行处理。

【任务扩展】

在单片机的很多应用场合中，都需要将模拟信号转换为数字信号。前面我们学习了并行接口模数转换器（简称并行模数转换器）的应用，并行模数转换器的优点在于编程方便，但由于 51 单片机的 I/O 口资源紧张，选用并行模数转换器会限制系统 I/O 口的使用和功能的扩展，因此，串行模数转换器便成了模数转换系统中常用的选择。

下面以 16 位高精度串行模数转换器芯片 LTC1864 为例，介绍单片机系统如何实现高精度的数据采集。

知识3　高精度串行模数转换器芯片LTC1864的应用

LTC1864 是 16 位模数转换器，单 5V 电源供电。在采样率为 $2.5×10^5$ 次采样/秒时，电源电流仅为 $850\mu A$。该 16 位开关电容逐次逼近模数转换器有采样保持功能。LTC1864 有一个具有可调节基准引脚的差动模拟输入。

LTC1864 具备三线、串行 I/O、小型 MSOP 或 SO-8 封装等特点，是低功率、高速和紧凑型系统应用的理想选择。其在很多应用中可以直接连接到信号源，而不需要外部的信号放大电路。

1. LTC1864 的引脚

LTC1864 的引脚如图 6.7 所示，各引脚功能说明如下。

V_{REF}（引脚 1）：基准输入。基准输入定义了模数转换器的输入电压范围，该引脚必须避免相对于 GND 的噪声。

IN+、IN−（引脚 2、引脚 3）：模拟输入，这些输入不能存在相对于 GND 的噪声。

图6.7　LTC1864的引脚

GND（引脚 4）：模拟地，应该将 GND 直接连接到模拟地平面。

CONV（引脚 5）：转换输入，该输入上的逻辑高电平将开始一个模数转换过程。如果在模数转换结束后 CONV 引脚保持高电平，则器件将掉电。该输入上的逻辑低电平可以使能 SDO 引脚，允许数据移位输出。

SDO（引脚 6）：数字输出，模数转换结果从该引脚输出。

SCK（引脚 7）：移位时钟输入。该时钟使串行数据同步。

V_{CC}（引脚 8）：正电源，该电源应避免噪声的存在，可以采用旁路电容连接在电源和模拟地之间。

由于普通 51 单片机不具备 SPI，因此，需要编程 I/O 口模拟 SPI 的工作时序，完成相应的 SPI 通信。当然，在实际应用中，读者可考虑选用 STC 系列单片机中带 SPI 的型号，直接完成 SPI 串行数据通信过程。

2. LTC1864 的工作时序

LTC1864 的转换周期开始于 CONV 信号的上升沿，在经过 t_{CONV} 时间后转换完成。如果在此时间以后 CONV 引脚仍然为高电平，则 LTC1864 将进入睡眠模式，此时消耗的功率仅为漏电流对应的功率。在 CONV 信号的下降沿，LTC1864 进入采样模式，同时也可以实现 SDO 引脚功能。SCK 使在其每个下降沿从 SDO 传输的数字位同步。接收系统必须在 SCK 上升沿接收到来自 SDO 的数字信号，完成数字传输后，在 CONV 为低电平条件下，如果 SCK 时钟信号还存在，则 SDO 会不限制地输出 0。具体工作时序如图 6.8 所示。

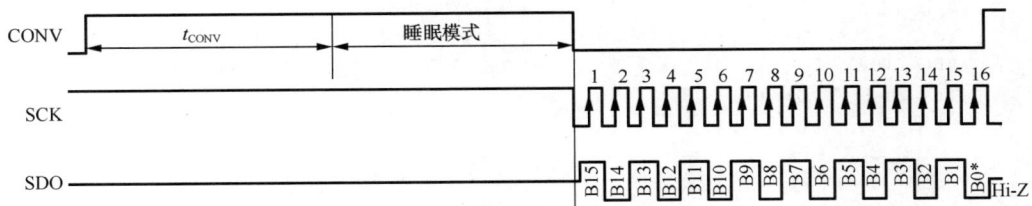

图6.8　LTC1864的工作时序

3. LTC1864 与单片机的接口及程序设计

根据 LTC1864 的引脚及功能，设计其与 51 单片机的接口电路，如图 6.9 所示。其中基准电压选用高精度基准芯片 ADR435B，输出 5V 基准信号，与 LTC1864 的 1 脚 V_{REF} 连接。选择单片机的 3 个 I/O 口，如 P1.0、P1.1、P1.2，通过磁珠芯片 ADuM1200、ADuM1201 对模拟电源和数字电源进行隔离，与 LTC1864 的接口 CONV、SCK、SDO 连接。相关电容起到滤波作用。

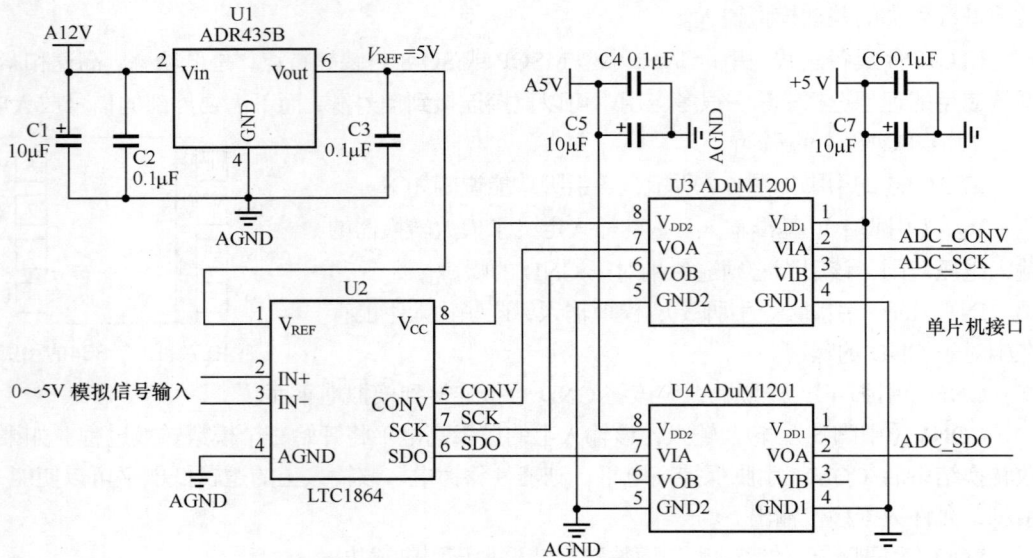

图6.9　LTC1864与单片机的接口电路

结合 LTC1864 的工作时序，设计程序，参考程序如下。

```
/***********************************************************
控制信号定义
***********************************************************/
sbit ADC_CONV=P1^0;                 //根据具体的接口修改
sbit ADC_SCK=P1^1;
sbit ADC_SDO=P1^2;
unsigned int ADC_VAL;               //定义一个全局变量保存模数转换器采样值
/***********************************************************
子程序名称：LTC1864 串行模数转换器子程序
返回参数：16bit 转换结果
***********************************************************/
void AD_Convert()
{    unsigned char i=0;
     ADC_VAL =0;                    //为模数转换器采样值赋初始值 0
     ADC_SCK =1
     ADC_CONV =0;
     ADC_CONV =1;                   //启动模数转换器
     for(i=0;i<10;i++);             //延时等采集结束，需 4μs 以上，根据晶振修改 i 的数值
     ADC_CONV =0;                   //CONV 信号的下降沿，LTC1864 进入采样模式
     for(i=0;i<16;i++)
     {
      ADC_SCK =1;
      ADC_SCK =0;                   //SCK 下降沿数据移出，共 16 位，高位在前
      if(ADC_SDO)
         ADC_VAL |=0x8000>>i;       //若 SDO 输出 1，设置结果对应的位为 1
```

```
        ADC_SCK =1;
    }
}
```

读者可自行设计显示部分电路，并编写单片机控制主程序代码，采集计算部分参考下列程序。

```
void main ()
{ unsigned int Uval;           //设置变量 Uval 代表电压
    unsigned long temp;
    ……
    AD_Convert();              //数据采集
    temp = ADC_VAL*50000;      //将 Uval 转换为电压，65536 对应 5V，在这里精确到 0.1mV
    Uval = (unsigned int) temp/65535;
    ……
}
```

除了外扩模数转换器外，有些单片机内部自带模数转换器，读者可以在应用中，根据采集的精度，选择合适的模数转换器。下面以 STC15 单片机为例，介绍其内部模数转换器的应用。

知识4　STC15单片机内部模数转换器的应用

STC15 系列单片机的模数转换器由多路选择开关、比较器、逐次比较寄存器、10 位数模转换器（DAC）、模数转换结果寄存器 ADC_RES 和 ADC_RESL 以及模数转换器控制寄存器 ADC_CONTR 构成。

在控制精度要求不高的情况下，可以直接选用 STC15 单片机内部的 8 路 10 位模数转换器进行数据采集。通过多次采集滤波可以获得稳定的采样值。具体内容请扫描二维码学习。

STC15 单片机
内部模数转换器的
应用

••• 技能训练 6.1　基于 ADC0809 中断
方式的数据采集系统的设计 •••

【任务要求】

采用中断的方式实现 ADC0809 的 IN1 口的信号采集，并在 4 位数码管上显示。

【任务实施】

【功能分析】

电路方面按照任务 6.1 的原理图进行简单的调整，调整后的电路原理图如图 6.10 所示。其中，EOC 经过反相器连接到 INT0，满足采用中断方式采集的要求。

而信号的输入选择 IN1，只需按照 ADD C（高位）、ADD B、ADD A（低位）和 IN7～IN0 的对应关系，取值为 001 即可。如果要控制多路采集，这些引脚需接单片机具体的口线，如单片机的低位地址线 A2、A1、A0。

【参考电路】

参考电路如图 6.10 所示。

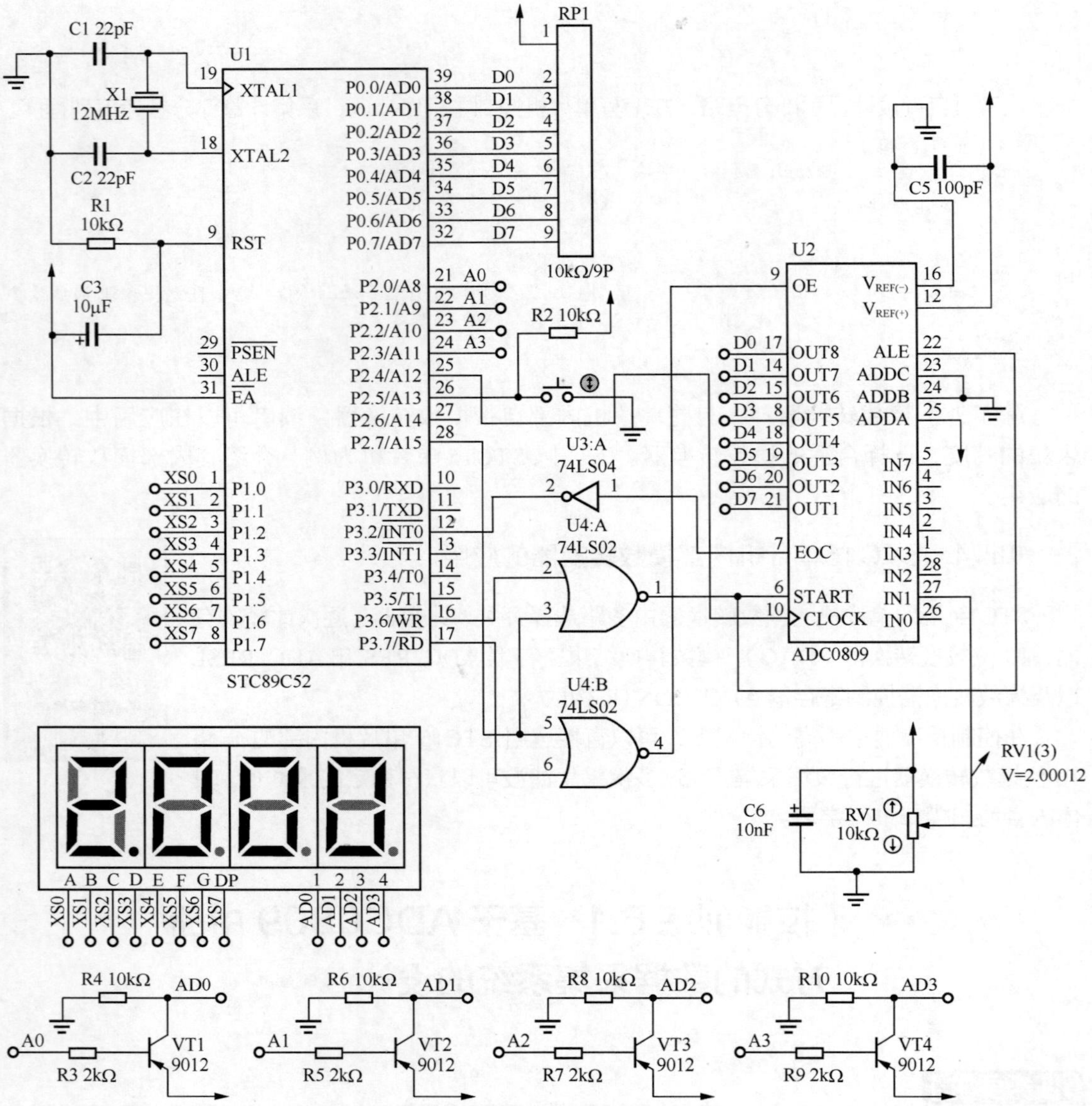

图6.10 调整后的电路原理图

【参考程序】

参考程序如下。

```c
#include <reg51.h>
#define uchar unsigned char
sbit EOC=P3^2;
sbit cjclk=P2^4;
sbit key=P2^5;
uchar tab[10]={0xC0,0xF9,0xA4,0xB0,0x99,0x92,0x82,0xF8,0x80,0x90};
uchar tabd[10]={0x40,0x79,0x24,0x30,0x19,0x12,0x02,0x78,0x00,0x10};
uchar xsjs;
uchar num0,num1,num2,num3;
uchar cjsh,newsj=0;        // 采集到新数据的标记 newsj
uchar xdata *p;
```

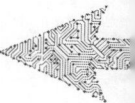

```
int beichu;
void init_t();
void delay5ms();
void main()
{ beichu=0;
  init_t();
  IT0=1;              //下降沿触发
  EX0=1;              //开外部中断
  EA=1;               //开总中断
  xsjs=0;
  p=0x7fff;
  while(1)
  { key=1;
    if(!key)
  {
    delay5ms();
    if(!key)
    {newsj=0;
     *p=0xff;
     while(newsj==0);                //采集到新数据，更新显示
     beichu=(int)cjsh*5;
     num3=beichu/0xff;
     beichu=beichu%0xff*10;
     num2=beichu/0xff;
     beichu=beichu%0xff*10;
     num1=beichu/0xff;
     beichu=beichu%0xff*10;
     num0=beichu/0xff;
  }
    }
  }
}
void int0()interrupt 0              //外部中断采集数据
{ cjsh=*p;
  newsj=1; }

void init_t()
{
  TMOD=0x21;
  TH0=0xf8;
  TL0=0x30;
  TH1=0xff;
  TL1=0xff;
  ET0=1;
  ET1=1;
  TR1=1;
  TR0=1;
}
void int_t1()interrupt 3
{
  bit a;
  a=cjclk;
  cjclk=~a;
```

```
}
void int_t0()interrupt 1
{
   TH0=0xf8;
   TL0=0x30;
   switch(xsjs)
   {
   case 0:{P1=0xff;P2=0xfe;P1=tabd[num3];break;}
   case 1:{P1=0xff;P2=0xfd;P1=tab[num2];break;}
   case 2:{P1=0xff;P2=0xfb;P1=tab[num1];break;}
   case 3:{P1=0xff;P2=0xf7;P1=tab[num0];break;}
   }
   xsjs++;
   xsjs%=4;
}
void delay5ms()
{
   uchar a,b;
   for(b=19;b>0;b--)
      for(a=130;a>0;a--);
}
```

●●● 技能训练 6.2　基于串行模数转换器 TLC2543 数据采集系统的设计 ●●●

【任务要求】

TLC2543 是 12 位串行模数转换器，其引脚如图 6.11 所示，

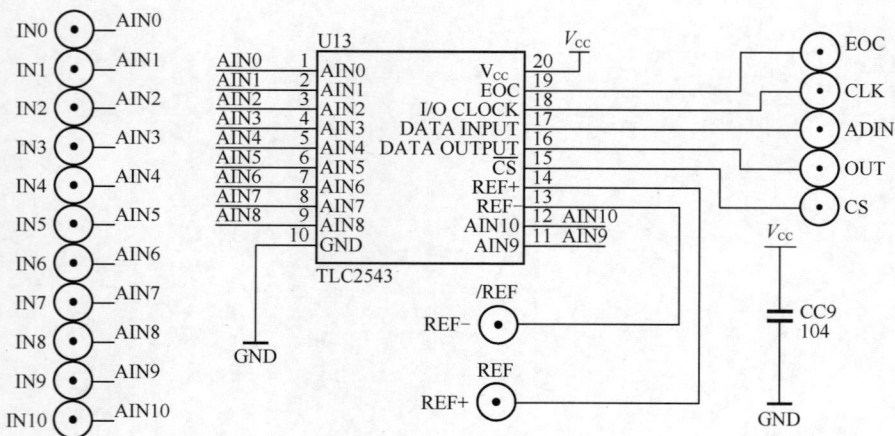

图6.11　TLC2543引脚

请读者阅读 TLC2543 的数据手册，掌握该芯片功能，设计一个电压表，要求对电压进行连续测量，结果在液晶显示器 LCD1602 上显示，第一行显示测量的模数值，第二行显示电压值。

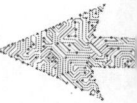

【任务实施】

【参考电路】

数字电压表参考电路如图 6.12 所示。

【参考程序】

程序包括 TLC2543 的数据读取，然后将读取的数据进行处理，显示在液晶显示器上。部分参考程序如下，全部代码请扫描二维码观看。

```
#include <reg51.h>
#include <intrins.h>
void lcdreset(void);
void delay(void);
void lcdwc(unsigned char c);
void lcdwd(unsigned char d);
void lcdwaitidle(void);
unsigned long int AD_Convert (unsigned char channel);
sbit RS=P2^0;
```

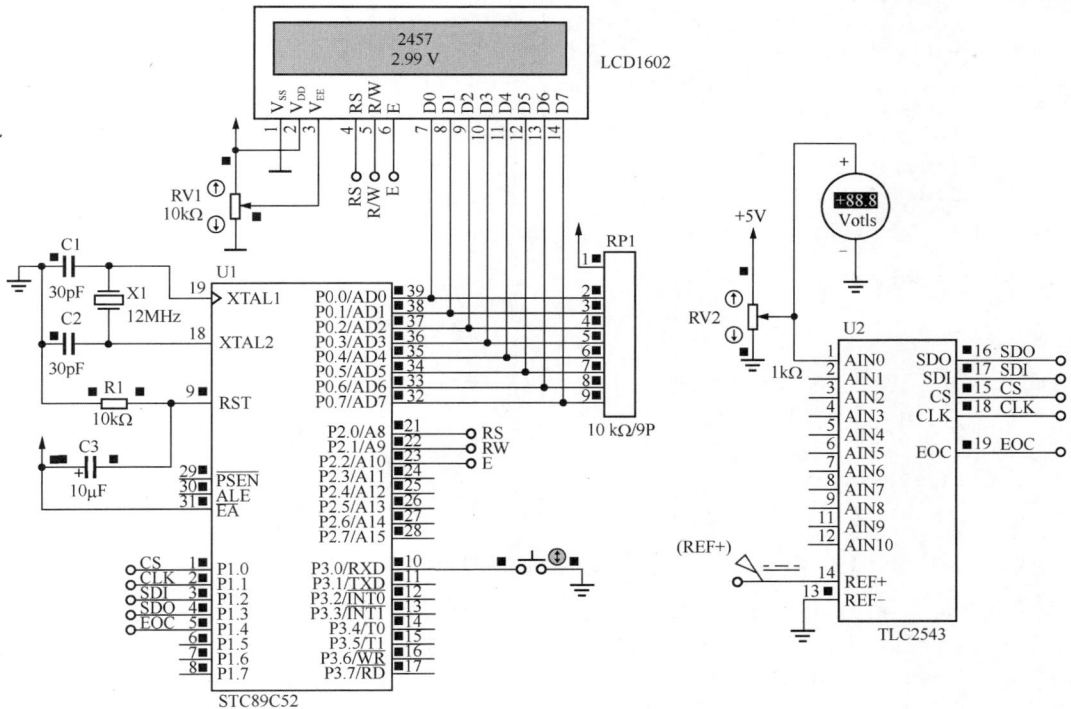

图6.12 数字电压表参考电路

```
sbit RW=P2^1;
sbit E=P2^2;
sbit CS=P1^0;
sbit CLK=P1^1;
sbit DIN=P1^2;
sbit DOUT=P1^3;
sbit EOC=P1^4;
sbit KEY1=P3^0;
unsigned long int xx,yy;
void main (void)
```

```
{
  unsigned int ch0;
  unsigned char h,i,j,k;
  P0=0xff;
  lcdreset();
  ch0=AD_Convert(0x00);
  while(1)
    {
      ch0=AD_Convert(0x00);             //读模数转换数据
      xx=ch0;
      h=xx/1000+0x30;
      i=(xx-xx/1000*1000)/100+0x30;
      j=(xx-xx/100*100)/10+0x30;
      k=xx%10+0x30;
      lcdwc(0x85);
      lcdwd(h);
      lcdwd(i);
      lcdwd(j);
      lcdwd(k);
      yy=(unsigned long int)ch0*500/4096;
      h=yy/100+0x30;
      i=(yy-yy/100*100)/10+0x30;
      j=yy%10+0x30;
      lcdwc(0xc5);
      lcdwd(h);
      lcdwd('.');
      lcdwd(i);
      lcdwd(j);
      lcdwd('V');
    }
}
void delay(void)
{
  unsigned char i,j,k;
  for(i=0;i<3;i++)
    for(j=0;j<64;j++)
      for(k=0;k<51;k++);
}
void lcdreset(void)              //液晶显示器相关程序
{
      //略，请参考项目 2 任务 2.4 的任务实施
}
void lcdwaitidle(void)
{
      //略，请参考项目 2 任务 2.4 的任务实施
}
void lcdwc(unsigned char c)
{
      //略，请参考项目 2 任务 2.4 的任务实施
}
void lcdwd(unsigned char d)
{
      //略，请参考项目 2 任务 2.4 的任务实施
}
unsigned long int AD_Convert (unsigned char channel)      //模数转换程序
{
```

```
unsigned char i;
unsigned long int ad_value=0;
CLK=0;
CS=1;
EOC=1;
channel<<=4;
CS=0;
delay();
for (i=0;i<12;i++)
{
  if(DOUT)
    ad_value|=1;
    DIN=(bit)(channel&0x80);
    CLK=1;
    delay();
    CLK=0;
    channel<<=1;
    ad_value<<=1;
}
EOC=0;
CS=1;
ad_value>>=1;
return ad_value;
}
```

••• 任务 6.2 数字温度计设计 •••

【任务要求】

利用单片机 STC89C52 作为控制器，利用数字温度传感器 DS18B20 作为采集器，设计一个数字温度计，使其可以实时采集环境温度。

【相关知识】

在测量系统中，除了可以采用模数转换器对模拟信号进行采集外，还可以直接选用数字传感器，下面以数字温度传感器为例进行介绍。

知识1 常见的温度传感器

温度传感器是将温度信号转变成电信号的一种转换元件，通常用于对温度和与温度有关的参量进行电子测量。常见的温度传感器有以下几种。

1. 热电阻

热电阻主要是利用电阻值随温度变化而变化这一特性来测量温度及与温度有关的参数，适用于对温度检测精度要求比较高的场合，可测量-200～+500℃的温度。目前应用较为广泛的热电阻材料为铂、铜、镍等。

热电阻通常采用图 6.13 所示的三线制电桥电路（在近距离时可以直接用一个普通电阻和热电阻分压），将热电阻的变化转换为电压 U_0 的变化，然后将 U_0 信号进行放大处理后送至模数转换器，通过单片机进行采集和计算。

2．热敏电阻

热敏电阻是一种电阻值随温度变化而变化的半导体传感器。它适合测量变化微小的温度，在一些精度要求不高的测量和控制装置中被广泛应用。

3．热电偶

热电偶是一种能将温度信号转换为电压信号的传感器。它价格低廉，易于更换，有标准接口，而且具有很大的温度量程，使用较为广泛。

在应用中，热电偶将温度信号转换为 mV 级电压信号，需经放大处理后，再经过模数转换进行测量和计算。

4．集成电路温度传感器

集成电路温度传感器是将作为感温器件的温敏晶体管及其外围电路集成在同一单片机上的一类温度传感器。与元件分立的温度传感器相比，这种新型温度传感器的最大优点在于小型化、使用方便和成本低廉，成为半导体温度传感器的主要发展方向之一。

图6.13　热电阻三线制电桥电路

DS18B20 是达拉斯半导体（Dallas Semiconductor）公司生产的一款单总线接口的数字温度传感器，可直接输出温度的数字测量结果，测量范围为−55～125℃，分辨率可设置为 9～12 位。

DS18B20 采用单总线和单片机进行连接，下面来具体了解单总线及 DS18B20 的相关知识。

知识2　单总线协议规范与应用

单总线是美信（Maxim）全资子公司达拉斯半导体公司的一项专有技术，与串行数据通信方式不同，它采用单根信号线，既传输时钟脉冲信号，又双向传输数据，具有节省 I/O 口线资源、结构简单、成本低廉、便于扩展和易于维护等诸多优点。DS18B20 就是单总线的典型应用。下面就以 DS18B20 为例，介绍单总线协议规范及应用。

1．DS18B20 的接口电路

单总线芯片的封装有 10 种不同形式，但常用的是 3 引脚封装和 10 引脚封装。这里以 3 引脚封装为例。DS18B20 芯片封装如图 6.14 所示，其中 DQ 为单总线引脚。在控制和通信过程中，主控芯片通过它进行时钟脉冲信号和数据的传送，使用时需要外接一个 4.7kΩ 的上拉电阻，保证总线的闲置状态为高电平。DS18B20 与单片机的接口电路如图 6.15 所示，使用单片机的 P1.0 口与 DS18B20 的数据线连接。

图6.14　DS18B20芯片封装

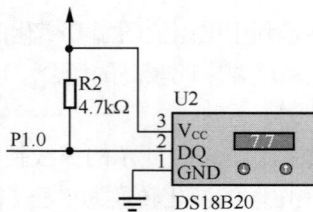

图6.15　DS18B20与单片机的接口电路

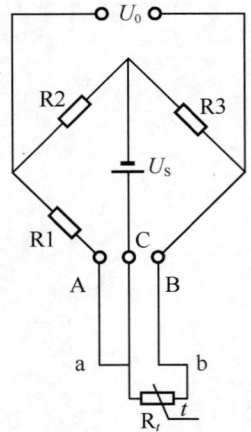

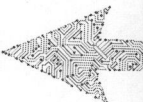

2. 单总线协议通信命令

单总线通信协议也与普通的串行通信方式不同。典型的单总线命令序列如下。

（1）初始化。

（2）ROM 命令，跟随要交换的数据。

（3）功能命令，跟随要交换的数据。

每次访问单总线器件，都必须严格遵循这个命令序列，若出现混乱，则单总线器件不会响应主机。

查阅芯片数据手册，DS18B20 的 ROM 命令和功能命令分别如表 6.1 和表 6.2 所示。

表 6.1 DS18B20 的 ROM 命令

指令	代码	操作说明
读 ROM	33H	读 DS18B20 的序列号
匹配 ROM	55H	继续读完 64 位序列号命令，用于使用多个 DS18B20 时的定位
跳过 ROM	0CCH	忽略 64 位 ROM 地址，直接向 DS18B20 发送温度转换命令，用于总线上只有一个节点的情况
搜索 ROM	0F0H	识别总线上各器件的编码，为操作各器件做准备
报警搜索	0ECH	仅温度越限的器件对此命令做出响应

表 6.2 DS18B20 的功能命令

指令	代码	操作说明
温度转换	44H	启动 DS18B20 温度转换
读暂存器	0BEH	从高速暂存器读 9 位温度值和 CRC 值
写暂存器	4EH	将数据写入高速暂存的 TH、TL 字节
复制暂存器	48H	把暂存器的 TH、TL 字节写入 EEPROM 中
重调 EEPROM	0B8H	把 EEPROM 中的 TH、TL 字节写入暂存器的 TH、TL 字节
读电源供电方式	0B4H	启动 DS18B20 发送电源供电方式的信号给主控 CPU

在本任务中，由于仅使用单个 DS18B20，因此涉及的 ROM 命令为 0CCH；涉及的功能命令为 44H 和 0BEH。

3. 单总线协议通信时序

为了实现数据和信号的输入/输出，单总线协议规定了 3 种不同的通信时序：初始化时序、读时序和写时序。51 单片机在硬件上并不支持单总线协议，因此，只能采用软件方法模拟单总线的协议时序，从而完成单片机与 DS18B20 之间的通信。

单总线协议中将主机作为主设备，将单总线器件作为从设备。每一次命令和数据的传输都是从主机主动启动写时序开始的，如果要求单总线器件回传数据，则在执行写命令之后，主机再次启动读时序完成数据的接收。数据和命令的传输都是以低位在前的串行方式进行的。下面分别结合时序，完成单片机模拟时序的控制程序。

（1）初始化时序。单总线协议初始化时序如图 6.16 所示。

在初始化时，单片机先将 DQ 设置为低电平，至少维持 480μs 后，再将其变成高电平，即提供一个 480～960μs 的复位脉冲。等待 15～60μs 后，检测 DQ 是否变为低电平，若已变为低电平，则表明初始化成功，至少等待 480μs 后，即可进行下一步操作。否则，器件不存在或者已经损坏。

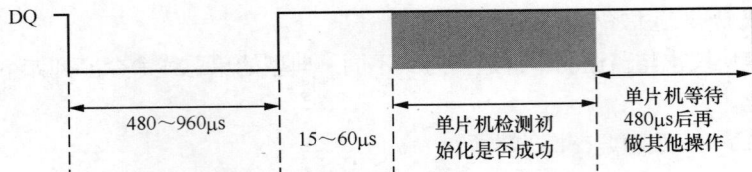

图6.16 单总线协议初始化时序

根据协议时序，编写单片机模拟时序代码，如下。

```
/**********************************************************/
/*单总线器件初始化子程序                                  */
/**********************************************************/
void Init_DS18B20(void)
{
    unsigned char x=0;
    DQ = 1;                 //DQ 复位
    delay(8);               //稍作延时
    DQ = 0;                 //单片机将 DQ 拉低
    delay(80);              //精确延时，大于 480μs
    DQ = 1;                 //拉高总线
    delay(5);               //延时 15～60μs
    x=DQ;                   //检测初始化是否成功，若 x=0 则成功；若 x=1 则失败
    delay(5);
}
```

其中，delay()函数是专为单总线时序编写的延时函数，代码如下，读者可自行测试其延时时间。

```
void delay(unsigned int i)
{
while(i--);
}
```

（2）写时序。DS18B20 单总线写时序（包括写 0 或写 1）如图 6.17 所示。单片机先将 DQ 设置为低电平，延时 15μs 后，将待写的数据以串行格式送一位至 DQ 端，DS18B20 将在 60μs～120μs 内接收一位数据。发送完一位数据后，将 DQ 状态再次拉回到高电平，并至少保持 1μs 的恢复时间，再写下一位数据。

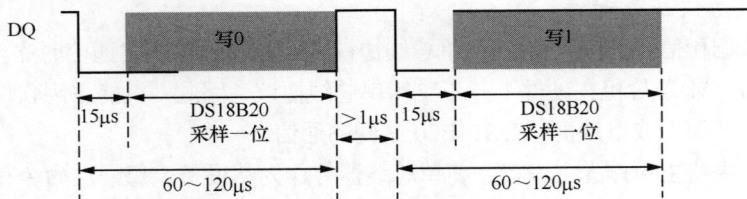

图6.17 单总线写时序

根据协议写时序，编写单片机模拟时序代码，如下。

```
/**********************************************************/
/*向单总线写一个字节                                      */
/*入口参数：待写入的内容 dat                              */
/**********************************************************/
void WriteOneChar(unsigned char dat)
{
    unsigned char i=0;
```

```
    for(i=8;i>0;i--)
    {
        DQ = 0;                      //拉低 DQ
        DQ = dat&0x01;               //取数据最低位
        delay(5);                    //延时，等待 DS18B20 采样
        DQ = 1;                      //拉高 DQ，大于 1μs
        dat>>=1;                     //准备下一位数据
        delay(5);                    //延时
    }
}
```

（3）读时序。DS18B20 单总线读时序如图 6.18 所示。当单片机准备从 DS18B20 读取每一位数据时，应先发出启动读时序脉冲，即将 DQ 设置为低电平，保持 1μs 以上时间后，再将其设置为高电平。启动后等待 15μs，以便 DS18B20 能可靠地将温度数据传送到 DQ 引脚上。然后单片机开始读取 DQ 上的结果，单片机将在 60μs 内读取一位数据。单片机在完成读取每位数据后至少要保持 1μs 的恢复时间。在读写中，以 8 位 "0" 或 "1" 为一个字节，字节的读或写是从高位开始的。

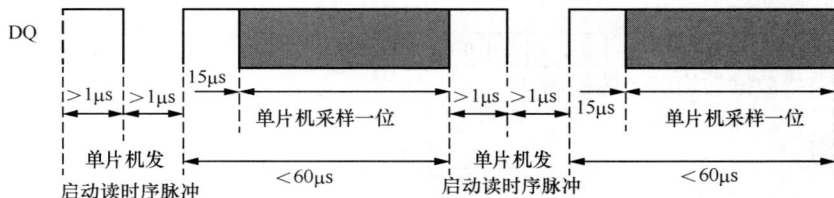

图6.18 单总线读时序

根据协议读时序编写单片机模拟时序代码，如下。

```
/************************************************************/
/*从单总线读一个字节                                        */
/*返回值：读取的一个字节                                    */
/************************************************************/
unsigned char ReadOneChar(void)
{
    unsigned char i=0;
    unsigned char dat = 0;
    for(i=8;i>0;i--)
    {
        DQ = 0;                      //发启动脉冲信号
        dat>>=1;                     //保存位
        DQ = 1;                      //给脉冲信号
        if(DQ)
            dat|=0x80;               //读取位
        delay(5);                    //延时
    }
    return(dat);                     //返回读取字节
}
```

知识3 DS18B20的数据格式

DS18B20 是一个数字化的温度传感器，可将−55～+125℃的温度值按 9 位、10 位、11 位、12 位的分辨率进行量化。传感器上电后默认是 12 位的分辨率。当 DS18B20 接收到单片机发出

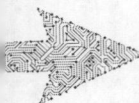

的温度转换指令 0x44 后，便开始进行温度的采集和转换操作。

12 位分辨率的测量结果以二进制补码形式存放，温度值格式如图 6.19 所示，分为高、低各 8 位共两个字节分别存放于两个 RAM 单元，其中高字位前面的 5 位 S 为符号位。两个字节读顺序是先低字节再高字节。

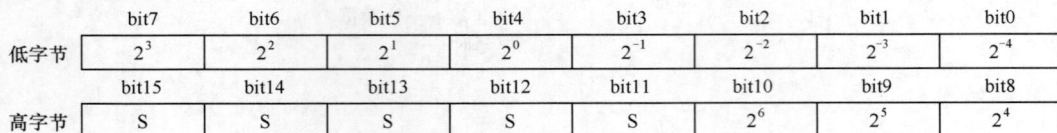

	bit7	bit6	bit5	bit4	bit3	bit2	bit1	bit0
低字节	2^3	2^2	2^1	2^0	2^{-1}	2^{-2}	2^{-3}	2^{-4}
	bit15	bit14	bit13	bit12	bit11	bit10	bit9	bit8
高字节	S	S	S	S	S	2^6	2^5	2^4

图6.19　DS18B20的温度值格式（12位分辨率）

若测得值大于 0，则 S=0，数据位为原码形式。若测得值小于 0，则 S=1，数据为补码形式，所得数值按位取反后加 1 得到数据绝对值。

本设计中的结果格式为±×××.×℃，因此程序中还需将上述数据进行数据转换。

整数部分数值为：

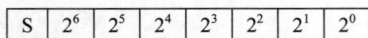

S	2^6	2^5	2^4	2^3	2^2	2^1	2^0

小数部分数值为：

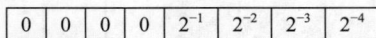

0	0	0	0	2^{-1}	2^{-2}	2^{-3}	2^{-4}

请读者完成数据转换部分的代码。

【任务实施】

1. 硬件电路设计

DS18B20 为单总线芯片，参照单总线典型接口电路，只需在数据口 DQ 上外接上拉电阻后，将其接至单片机某一 I/O 口即可，本任务选择 P3.3 口。显示部分选择 LCD1602，数据总线选择 P0 口，控制线 RS、R/W、E 分别接 P2.0～P2.2 口。在 Proteus 中设计数字温度计仿真电路，如图 6.20 所示。

2. 软件设计

首先，根据电路连接、任务内容和显示要求，编写程序首部，如下。

```
/************************************************************/
/*  DS18B20 数字温度计控制程序                                */
/************************************************************/
#include <reg51.h>                              /* define 8051 registers */
#include <stdio.h>                              /* define IO functions */
#include <intrins.h>
sbit DQ=P3^3;                                   //定义温度传感器信号线
sbit RSPIN = P2^0;                              //定义液晶显示器 RS 引脚
sbit RWPIN = P2^1;                              //定义液晶显示器 R/W 引脚
sbit EPIN = P2^2;                               //定义液晶显示器 E 引脚
unsigned char first[13]="current temp:";        //显示第 1 行内容
unsigned char time[9]={0,0,0,0,'.',0,0,0,'C'};   //显示第 2 行内容
//LCD1602 子程序列表，请读者参阅本书项目 2 任务 2.4，这里不再详述各子程序
void lcdreset();
void lcdwaitidle(void);                         //检测子程序
void lcdwd(unsigned char d);
void lcdwc(unsigned char c);
```

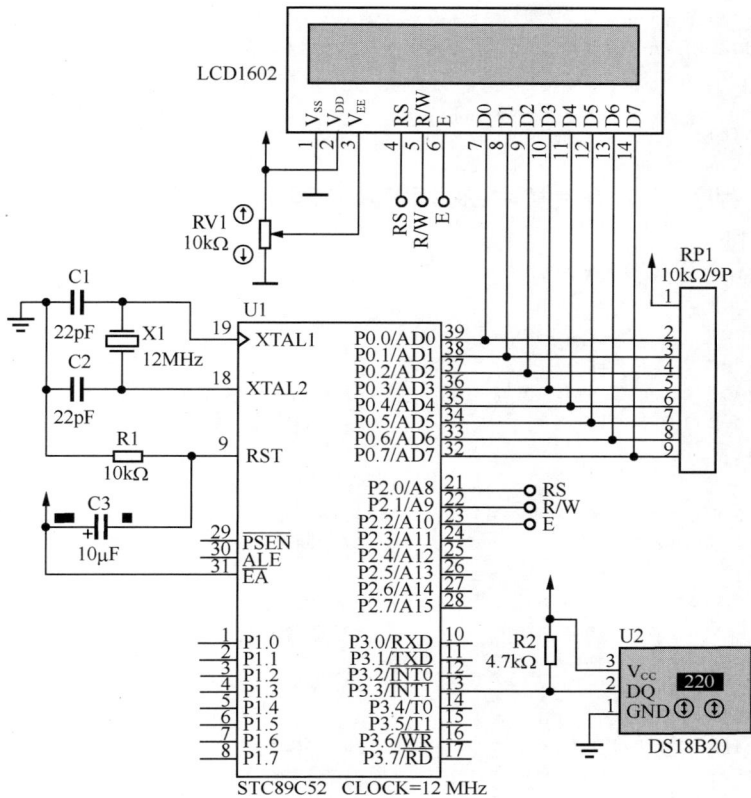

图6.20　数字温度计仿真电路

```
    void delay3ms(void);                        //延时 3ms 的子程序
//DS18B20 子程序列表
    unsigned char ReadOneChar(void);            //单总线读字节子程序
    void WriteOneChar(unsigned char dat);       //单总线写字节子程序
    void Init_DS18B20(void);                     //初始化子程序
    void delay(unsigned int i);                 //延时子程序
```

根据典型的单总线命令序列编写程序。

编写 DS18B20 控制子程序，代码如下。

```
/**********************************************************/
/* DS18B20 读取温度子程序                                  */
/* 返回值:16 位转换结果                                    */
/**********************************************************/
unsigned int ReadTemperature(void)
{
    unsigned char a=0;
    unsigned int b=0;
    unsigned int t=0;
    Init_DS18B20();                          //初始化
    WriteOneChar(0xCC);                      //ROM 命令 0xCC：跳过读序列号操作
    WriteOneChar(0x44);                      //功能命令 0x44：启动温度转换
    delay(200);
    Init_DS18B20();                          //初始化
    WriteOneChar(0xCC);                      //ROM 命令 0CCH：跳过读序列号操作
    WriteOneChar(0xBE);                      //功能命令 0BEH：读温度寄存器
```

```
        a=ReadOneChar();                        //读取低位
        b=ReadOneChar();                        //读取高位
        b<<=8;                                  //合成16位采集结果
        t=a+b;
        return(t);                              //返回16位采集结果
}
```

有了上述子程序，下面开始编写控制主程序。主程序的控制流程如图 6.21 所示。

参考程序如下。

```
void main()
{
    unsigned char a,charpos,i;
    unsigned int temp;
    unsigned char TempH,TempL;              //定义温度整数部分、小数部分
    lcdreset();                             //初始化液晶显示器
    while(1)
    {
        temp=ReadTemperature();             //温度采集
        if(temp&0x8000)                     //判断温度值正负
        {
            time[0]='-';                    //负号标志
            temp=~temp;                     //求原码
            temp +=1;
        }
        else
        time[0]='+';                        //正号标志
        TempH=temp>>4;                      //整数值
        TempL=temp&0x0F;                    //小数值
        TempL=TempL*6/10;                   //小数近似处理

        time[1]=TempH/100+'0';             //分离整数部分百位数，保存 ASCII
        time[2]=TempH%100/10+'0';          //分离整数部分十位数，保存 ASCII
        time[3]=TempH%10+'0';              //分离整数部分个位数，保存 ASCII
        time[5]=TempL+'0';                 //十分位 ASCII
        if(time[1]=='0')                   //整数部分高位为 0 的熄显示处理
        {
            time[1]=' ';
            if(time[2]=='0')time[2]=' ';
        }
        charpos=0x2;                        //显示第 1 行
        for(i=0;i<13;i++)
        {
            a=first[i];
            lcdwc(charpos|0x80);
            lcdwd(a);
            charpos++;
        }
        charpos=0x44;                       //显示第 2 行
        for(i=0;i<9;i++)
        {
            a=time[i];
            lcdwc(charpos|0x80);
            lcdwd(a);
            charpos++;
```

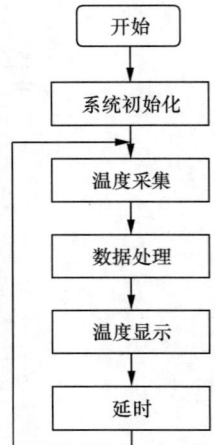

图6.21　主程序的控制流程

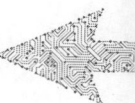

```
        }
        for(i=0;i<10;i++)               //延时30ms
        {
            delay3ms();
        }
    }
}
```

3. 仿真调试

将 Keil 中生成的 HEX 文件加载至 Proteus 中，仿真运行，DS18B20 元件上显示的是温度的实际值，仿真过程中，可通过"+""−"按钮模拟不同的环境温度。LCD1602 上显示的则是温度计的实测值。

注意：DS18B20 在应用中，若未接 V_{CC}，则传感器将只传送 85.0℃的温度值。因此利用参考代码仿真时，系统上电会出现 85.0℃的暂态显示。读者可修改程序，上电后，液晶显示器先消隐不显示，待第一轮温度采集传送完毕后再打开显示，即可解决上述问题。

【课后任务】

（1）采用 DS18B20 设计一个温度计的原理图，列出元器件清单，并完成焊接和编程，完成实物制作。

（2）选择 4 位数码管显示的方式，重新完成本任务的硬件和软件设计。

【任务小结】

在进行信号采集时，我们可以选择模拟信号输出的传感器，如热电阻、热电偶等，只需将该类模拟信号转换为电压信号，再通过运算放大器进行放大作为模数转换器的输入，单片机读取模数值，通过计算便可得到测量值。

也可以选用数字传感器，直接通过相应的协议进行通信，便得到测量值。

••• 技能训练 6.3　多路温度巡测仪的设计 •••

【任务要求】

采用 DS18B20 设计一个两路温度巡测仪。

【任务实施】

技能训练 6.3 多路温度巡测仪的设计

【参考电路】

为了编程方便，将两片 DS18B20 分别连接到两根口线上，参考电路如图 6.22 所示。

【参考程序】

软件设计包括编写液晶显示程序、DS18B20 的读写程序。由于有两片 DS18B20，因此在编程时，只需将 DS18B20 的读写函数按所连接的口线进行修改即可。

参考程序可扫描二维码观看，本程序自动循环采集，每路采集 30 次后切换到另一路。

请读者在完成本训练的基础上，实现 8 路温度采集，并增加按键，实现自动巡检和定点检测功能。

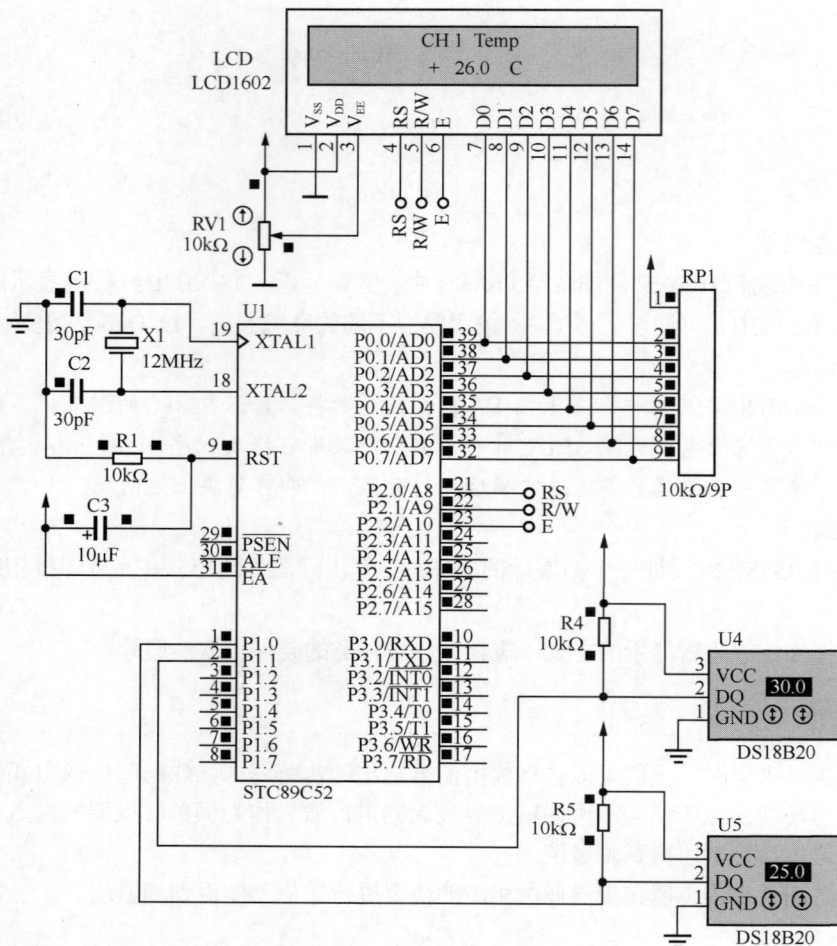

图6.22　两路温度巡测仪参考电路

液晶显示器、DS18B20、延时等子函数在前面均已使用过，区别在于主程序和硬件连接的口线略有差异，请读者仔细体会，总结编程经验。

●●● 任务6.3　波形发生器设计 ●●●

【任务要求】

将单片机 STC89C52 作为控制器，DAC0832 作为转换器，设计一个锯齿波发生器，输出一个幅值范围为 0～5V 的锯齿波。

【相关知识】

在控制系统中，需要将单片机内处理的数字信号转换为连续变化的模拟信号，用以控制、调节一些执行电路，实现对被控对象的控制。根据控制的需要，常常需要单片机能够输出各类波形，那么这些波形如何实现呢？这就涉及数模转换了。

知识1　数模转换器

1. 常见的数模转换器

单片机应用系统中均采用集成芯片形式的数模转换器。通常这类芯片具有数字输入锁存功能，带有数据存储器和数模转换控制器，CPU 可直接控制数字信号的输入和输出，对应的芯片系列有 DAC0830 系列、DAC1208 系列和 DAC1230 系列。近期推出的数模转换器不断将外围器件集成到芯片内部，例如：内部带有参考电压源，大多数芯片有输出放大器，可实现模拟电压的单极性或双极性输出。

数模转换部分通常由电阻网络组成，电路形式有加权电阻网络及 R-2R 电阻网络两种。本书在此不详述，读者可参阅相关著作。

下面以 DAC0832 为例，介绍数模转换器的应用。

2. 数模转换器 DAC0832

DAC0832 是目前我国用得比较普遍的 8 位数模转换器。

（1）DAC0832 的主要特性。

① 分辨率为 8 位，建立时间为 $1\mu s$，功耗为 20mW。

② 8 位数字信号输出，即分辨率为 8 位。

③ 与 TTL 兼容，易于与单片机连接。

④ 单电源供电，范围可为+5～+15V。

⑤ 内部无参考电压，需外接，范围是−10～+10V。

⑥ 电流输出型，若要获得模拟电压输出，需外接转换电路。

⑦ 数字输入端具有双重锁存功能，可以双缓冲、单缓冲或直通数字输入，实现多通道数模的同步转换输出。

（2）DAC0832 的引脚功能。

DAC0832 芯片有 20 个引脚，双列直插式封装，其引脚如图 6.23 所示。各引脚功能说明如下。

图6.23　DAC0832的引脚

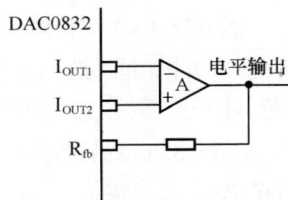

DI7～DI0：转换数据输入。

$\overline{CS}$：片选信号（输入），低电平有效。

ILE：数据锁存允许信号（输入），高电平有效。

$\overline{WR1}$：第 1 写信号（输入），低电平有效。

上述两个信号控制输入寄存器是直通方式还是锁存方式；当 ILE=1 和 $\overline{WR1}$=0 时，为输入寄存器直通方式；当 ILE=1 和 $\overline{WR1}$=1 时，为输入寄存器锁存方式。

$\overline{WR2}$：第 2 写信号（输入），低电平有效。

$\overline{XFER}$：数据传送控制信号（输入），低电平有效。

上述两个信号控制 DAC 寄存器是直通方式还是锁存方式；当 $\overline{WR2}$=0 和 $\overline{XFER}$=0 时，为 DAC 寄存器直通方式；当 $\overline{WR2}$=1 和 $\overline{XFER}$=0 时，为 DAC 寄存器锁存方式。

I_{OUT1}：电流输出端 1。

I_{OUT2}：电流输出端 2，$I_{OUT1}+I_{OUT2}$=常数。

R_{fb}：反馈电阻端。

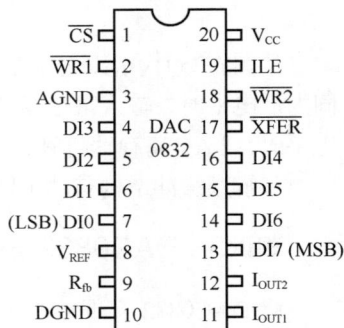

图6.24　运算放大器的接法

DAC0832 是电流输出型，因此，为了取得电压输出，需在电压输出端接运算放大器，R_{fb} 即运算放大器的反馈电阻端。运算放大器的接法如图 6.24 所示。

V_{REF}：基准电压，其电压范围为 $-10\sim+10V$。

V_{CC}：逻辑电源端，电压范围为 $+5\sim+15V$。

DGND：数字地。

AGND：模拟地。

知识2　DAC0832的双缓冲结构

DAC0832 的内部具有双重缓冲的功能，结构如图 6.25 所示。

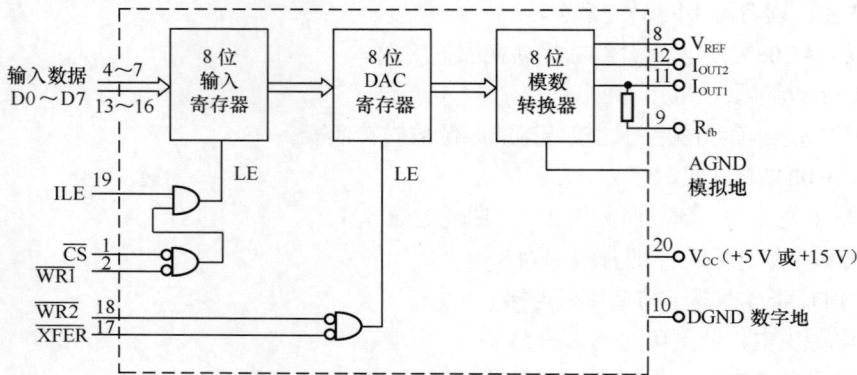

图6.25　DAC0832的双缓冲结构

从图 6.25 中可以看出输入寄存器由 ILE、$\overline{CS}$、$\overline{WR1}$ 共同选通：ILE 为高电平，$\overline{CS}$、$\overline{WR1}$ 同为低电平时，输入寄存器打开；第二级 DAC 寄存器由 $\overline{WR2}$、$\overline{XFER}$ 共同选通，两者同为低电平时，DAC 寄存器打开，并开始转换。

了解双缓冲结构有助于理解 DAC0832 的 3 种工作方式。

知识3　DAC0832与单片机的接口

用 DAC0832 实现数模转换有 3 种方式：直通方式、单缓冲方式和双缓冲方式。通常直通方式用于不采用计算机的控制系统中；单缓冲方式通常用于只有一路模拟输出的情况；双缓冲方式常用于多路数模转换系统，以实现多路模拟信号同步输出的目的。

本任务只简单介绍单缓冲方式的连接。

所谓单缓冲方式，就是 DAC0832 的双重缓冲有一级处于直通状态，此时只需要一次写操作就可以打开锁存器，连接方式有两种，如图 6.26 所示。

图 6.26（a）中将两级寄存器的控制端分别接到一起，这样单片机输出的控制信号可同时打开两级缓冲；图 6.26（b）中将寄存器第二级的控制端 $\overline{WR2}$、$\overline{XFER}$ 直接接地，即令第二级寄存器处于直通状态，也可实现单缓冲功能。

在图 6.26 所示的连接下，P2.7=0 且 $\overline{WR}$ =0 即可选通 DAC0832。设端口地址为 0x7FFF（由片选 P2.7 口决定），对片外 0x7FFF 地址写数据，即可满足上述两个条件，在芯片输出端得到模拟电流输出。

（a）　　　　　　　　　　　　　　（b）

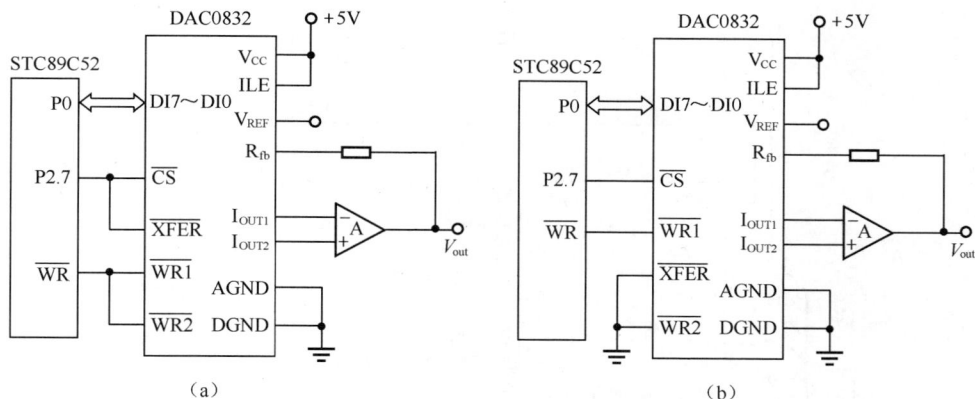

图6.26　DAC0832单缓冲方式的连接

其他数据、电源、地线的连接在此不赘述。

在实际应用中，如果有几路模拟信号，但不需要同时输出，也可以采用这种方式。

【任务实施】

1. 硬件设计

在单片机最小系统的基础上，参照图 6.26 所示的单缓冲连接方式，P0 口接 DAC0832 的数据口；同时，P0.0 口通过地址锁存器 74LS373 接 $\overline{CS}$、$\overline{XFER}$ 选择端，地址锁存器的锁存控制由单片机的 ALE 引脚提供；另外两组控制线 $\overline{WR1}$ 和 $\overline{WR2}$ 由单片机的外部 RAM 写允许信号 $\overline{WR}$（P3.6）控制。

DAC0832 的电流输出端通过 UA741 放大并转换为电压输出。为了方便调试，从虚拟仪器库中调出虚拟交流电压表和虚拟示波器，将 UA741 的输出端分别接至虚拟电压表的"+"端和虚拟示波器的 A 通道。

在 Proteus 中绘制仿真电路原理图，如图 6.27 所示。

2. 软件设计

0～+5V 的锯齿波如图 6.28 所示。由于参考电压为+5V，因此数字信号从 0～255 的变化对应模拟信号从 0～+5V 的变化。

根据电路连接，地址线 P0.0=0，同时外部 RAM 写允许信号 $\overline{WR}$ =0 选通 DAC0832。因此定义一个存储于 xdata 区 0xFFFE 单元的变量，对该变量依次写入 0～255 的数据，即可控制 DAC0832 输出锯齿波信号。编写控制程序，参考程序如下。

```
/********************************
锯齿波发生控制程序
********************************/
#include <reg51.h>
#include <absacc.h>                //绝对地址访问头文件
#define uint unsigned int
#define uchar unsigned char
#define DAC0832 XBYTE[0xfffe]
/********************************
延时子程序：用于控制输出波形频率
入口参数：延时长短 t
```

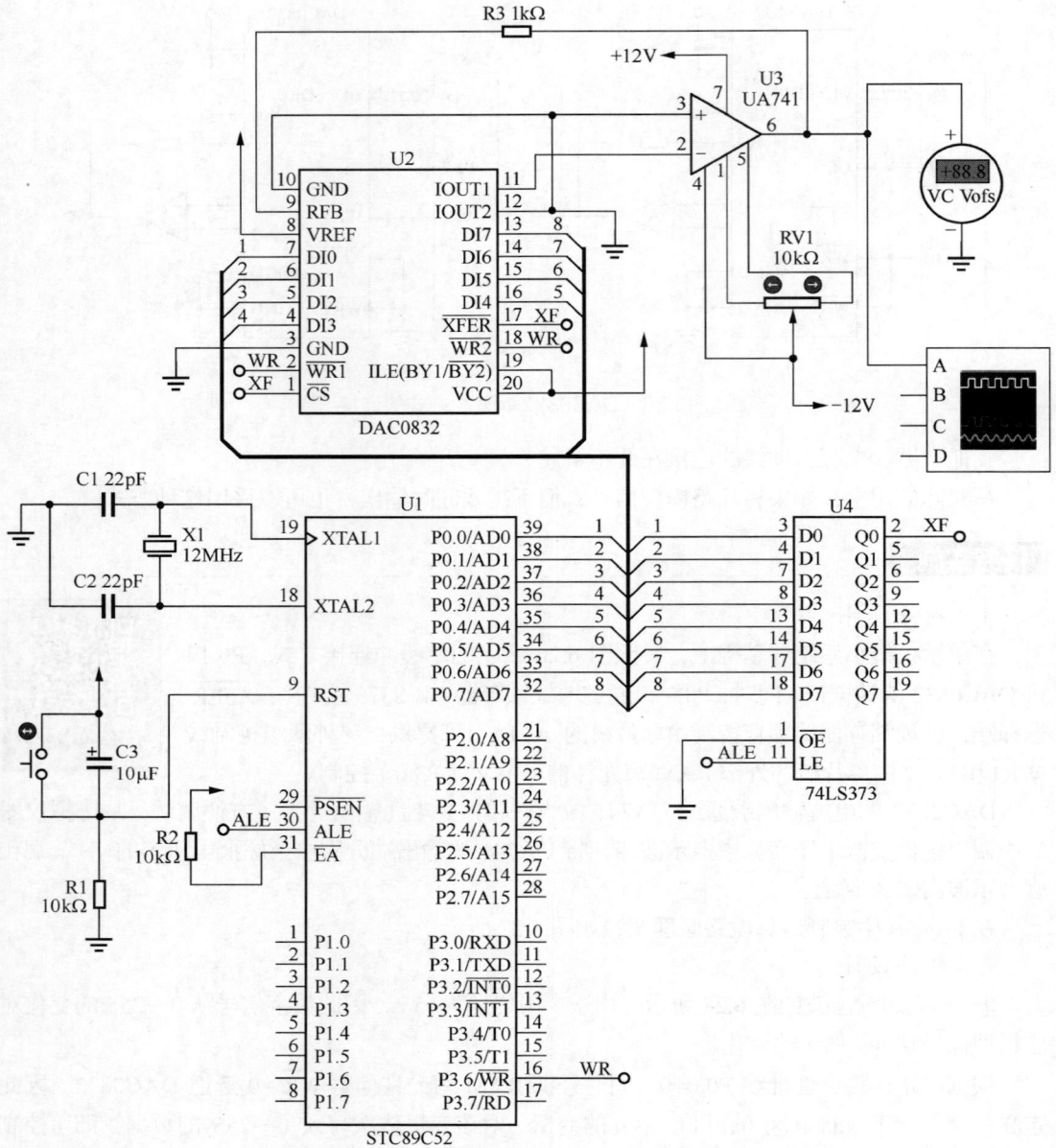

图6.27 波形信号发生器仿真电路原理图

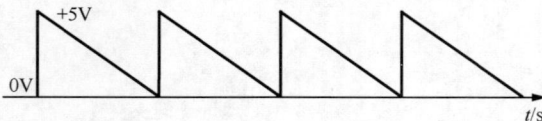

图6.28 锯齿波

```
******************************************/
void DelayMS(uint t)                     //延时时间，控制输出波形频率
{
    uchar i;
    while(t--)
    {
```

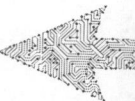

```
        for(i=0;i<120;i++);
    }
}
/*******************************************
主程序
*******************************************/
void main()
{
    uint i;
    while(1)
    {
        for(i=0;i<256;i++)
        {DAC0832 = i;
        DelayMS(1); }
    }
}
```

3. 仿真调试

将 Keil 中生成的 HEX 文件加载至 Proteus 中，仿真运行，虚拟示波器面板显示输出波形。在虚拟示波器面板上，将通道 B、C、D 关闭（置 OFF 位），通道 A 选择 DC 触发，垂直位移调至 0 处，得到图 6.29 所示的输出波形。

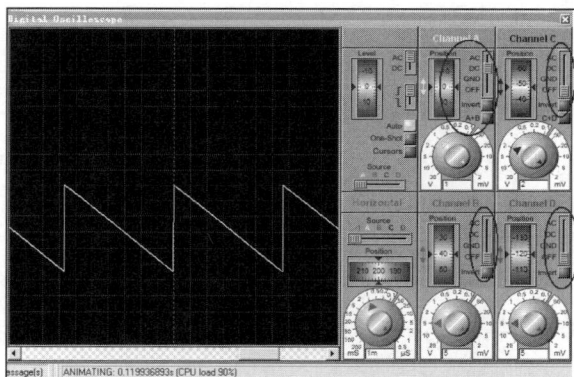

图6.29 虚拟示波器A通道输出波形

由于硬件电路中输出电路运算放大器 UA741 的同相端接地，反相端输入，因此示波器显示的波形为反相的锯齿波。

同时，虚拟电压表上显示输出电压的实测值，如图 6.30 所示。

【课后任务】

（1）自行设计电路并焊接，完成本任务的实物制作。

（2）在本任务的基础上，外接两个按键，实现输出信号频率的增减调整。

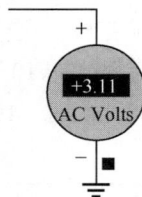

图6.30 虚拟电压

【任务小结】

本任务介绍了并行数模转换器的应用，在编程时同样可以把它看作一个外部存储器单元去处理。

程序中，首先根据硬件电路用"#define DAC0832 XBYTE[0xfffe]"定义 DAC0832 的地址，然后在程序中用赋值语句"DAC0832 = i"输出对应的模拟信号的值。其他应用中，只需将 i 修改为要输出的值即可。

【任务扩展】

在很多情况下，为了节省单片机的口线，常采用串行数模转换器实现模拟信号的输出，下面以具有代表性的数模转换器 TLC5615 为例进行介绍。

知识4　串行数模转换器TLC5615

与串行模数转换器类似，串行数模转换器在限制使用 I/O 资源的系统中的使用也非常广泛。

TLC5615 是一个 10 位数模转换器，带有串行数据接口，只需要通过 3 根串行总线就可以完成 10 位数据的串行输入，易于和工业标准的微处理器或微控制器（单片机）连接，是一种常见的串行模数转换器。同时，TLC5615 的输出为电压型，最大输出电压是基准电压值的两倍，性能比早期的电流型输出的数模转换器要好。

1. TLC5615 的引脚

TLC5615 的引脚如图 6.31 所示，各引脚功能说明如下。

DIN：串行数据输入端。

SCLK：串行时钟输入端。

$\overline{CS}$：片选端，低电平有效。

DOUT：级联时的串行数据输出端。

AGND：模拟地。

REFIN：基准电压输入端，取值范围为 2～（V_{DD}−2）V，通常取 2.048V。

OUT：数模转换器模拟电压输出端。

V_{DD}：正电源端，取值范围为 4.5～5.5V，通常取 5V。

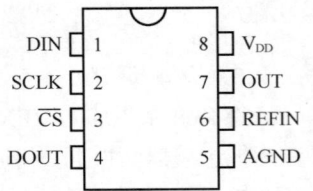

图6.31　TLC5615的引脚

2. TLC5615 的内部结构与工作原理

TLC5615 的内部结构如图 6.32 所示，一个 16 位移位寄存器用于接收从 DIN 引脚输入的串行数据，高位在前。传输完毕，在控制信号的作用下，移位寄存器中的 10 位有效数据位存入 10 位 DAC 寄存器，并启动数模转换，模拟信号从 OUT 引脚输出。此时，16 位移位寄存器中的数据格式如表 6.3 所示。

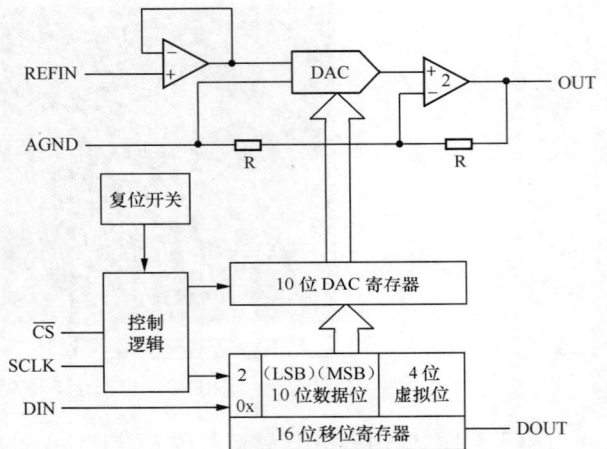

图6.32　TLC5615的内部结构

表 6.3　16 位移位寄存器中的数据格式

D15～D12	D11～D2	D1～D0
高 4 位虚拟位	10 位有效数据位	低 2 位填充位（任意数据）

在这种工作方式下，需要单片机向 TLC5615 先后输入 10 位有效位和低 2 位填充位（任意数据），因此这种工作方式为 12 位数据序列。

另一种级联的工作方式，为 16 位数据序列。此时需要利用本片 TLC5615 的 DOUT 连接到下一片 TLC5615 的 DIN。此时，需要先后输入高 4 位虚拟位、10 位有效数据位和低 2 位填充位。本书用的是第一种 12 位数据序列的工作方式，级联方式请读者参阅其他书籍。

无论用哪种工作方式，TLC5615 的输出电压均为

$$V_{\text{out}} = 2 \times V_{\text{REFin}} \times N/1024$$

其中，V_{REFin} 是参考电压，N 为输入的 10 位有效二进制数。

3. TLC5615 的工作时序

TLC5615 在 12 位数据序列工作方式下的工作时序如图 6.33 所示，只有当片选信号 $\overline{\text{CS}}$ 为低电平时，串行输入数据才能被移入 16 位移位寄存器。当 $\overline{\text{CS}}$ 为低电平时，在每一个 SCLK 的上升沿，数据从 DIN 被输入，高位在前，$\overline{\text{CS}}$ 为上升沿，有效数据从 16 位移位寄存器中被锁存至 10 位 DAC 寄存器中进行转换。注意，$\overline{\text{CS}}$ 为上升沿和下降沿必须发生在 SCLK 为低电平期间。

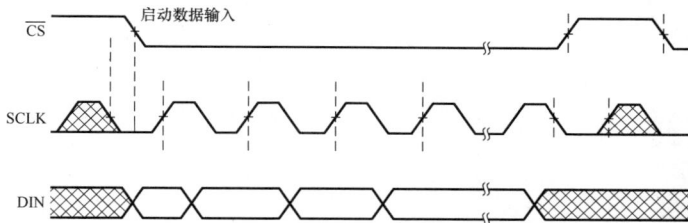

图6.33　TLC5615在12位数据序列工作方式下的工作时序

4. TLC5615 与单片机的接口及程序设计

根据 TLC5615 的引脚及功能，设计其与单片机的接口电路，如图 6.34 所示。

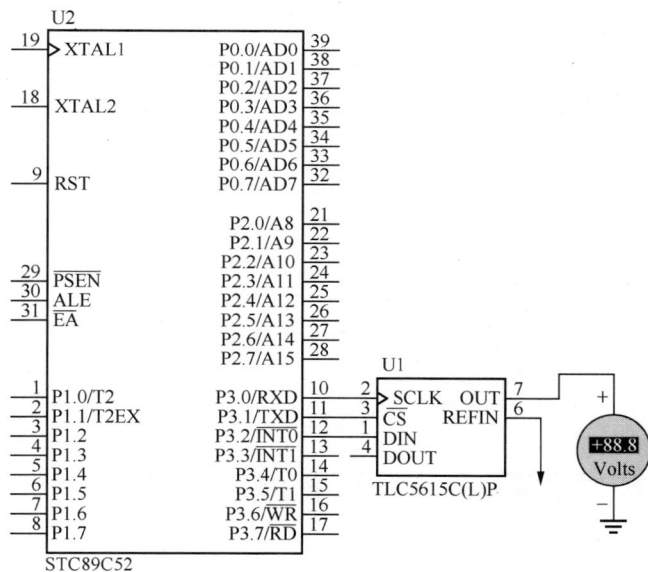

图6.34　TLC5615与单片机的接口电路

结合 TLC5615 的工作时序设计程序，参考程序如下。

```
/*********************************************************
控制信号定义
*********************************************************/
sbit  CS=P3^1;
sbit  CLK=P3^0;
sbit  DIN=P3^2;
```

```
/********************************************************************
/********************************************************************
子程序名称:TLC5615串行数模转换器子程序
入口参数：要转换的数字信号，最多为输出参考电压的2倍，可采用MC1403等参考电源
返回参数：无
********************************************************************/
void DA_Convert(unsigned int DAValue)
{
    unsigned char i;
    DAValue <<= 6;                        //数据传输准备，因为是10位有效数据，左移
                                            到最高位b15开始传输
    CLK = 0;
    CS = 0;                               //片选数模转换器

    for(i = 0; i < 12; i++)
    {
      DIN = (bit)(DAValue & 0x8000);      //高位先移出
      CLK = 1;                            //在上升沿的数据被锁存，形成数模输出
      DAValue <<= 1;                      //左移1位
      _nop_();;                           //延时，根据不同的晶振频率和单片机型号修改
      _nop_();
      _nop_();
      _nop_();
      CLK = 0;
      _nop_();
      _nop_();
      }
      CS = 1;                             //CS的上升沿和下降沿只在CLK为低电平的时候有效
}
```

请读者自行设计电路并编程，利用电压表或者示波器观测输出信号及波形。

```
/*******************************************
参考主程序
*******************************************/
void main()
{
    unsigned int i;
    while(1)
    {
        for(i=0;i<1024;i++)
        DA_Convert (i) ;                  //调用数模转换程序
        DelayMS (1);
    }
}
```

••• 技能训练6.4　正弦波发生器的设计 •••

【任务要求】

采用DAC0832实现正弦波的输出。

【任务实施】

【功能分析】

参考本项目任务6.3的任务实施，实现正弦波信号发生器的设计，其硬件电路可以直接采用图6.27所示的电路，在功能上，只需在软件中将正弦波的值赋给DAC0832即可。

【参考程序】

参考程序如下。

```c
#include<reg52.h>
#define uchar unsigned char
#include <absacc.h>
#define dac XBYTE[0xfffe]
bit flag=0;
unsigned char i=0;
//正弦波正半周期的输出表
uchar code tab[ ]=
{ 0,  0, 0, 0, 0, 0, 0, 0, 0, 1, 1, 1, 1, 1, 2, 2, 2,
  2,  3, 3, 4, 4, 4, 5, 5, 6, 6, 7, 7, 8, 8, 9, 9,
  10, 10, 11, 12, 12, 13, 14, 15, 15, 16, 17, 18, 18, 19, 20, 21,
  22, 23, 24, 25, 25, 26, 27, 28, 29, 30, 31, 32, 34, 35, 36, 37,
  38, 39, 40, 41, 42, 44, 45, 46, 47, 49, 50, 51, 52, 54, 55, 56,
  57, 59, 60, 61, 63, 64, 66, 67, 68, 70, 71, 73, 74, 75, 77, 78,
  80, 81, 83, 84, 86, 87, 89, 90, 92, 93, 95, 96, 98, 99, 101,102,
  104, 106, 107, 109, 110, 112, 113, 115, 116, 118, 120, 121, 123, 124, 126, 128,
  129, 131, 132, 134, 135, 137, 139, 140, 142, 143, 145, 146, 148, 149, 151, 153,
  154, 156, 157, 159, 160, 162, 163, 165, 166, 168, 169, 171, 172, 174, 175, 177,
  178, 180, 181, 182, 184, 185, 187, 188, 189, 191, 192, 194, 195, 196, 198, 199,
  200, 201, 203, 204, 205, 206, 208, 209, 210, 211, 213, 214, 215, 216, 217, 218,
  219, 220, 221, 223, 224, 225, 226, 227, 228, 229, 230, 230, 231, 232, 233, 234,
  235, 236, 237, 237, 238, 239, 240, 240, 241, 242, 243, 243, 244, 245, 245, 246,
  246, 247, 247, 248, 248, 249, 249, 250, 250, 251, 251, 251, 252, 252, 253, 253,
  253, 253, 254, 254, 254, 254, 254, 255, 255, 255, 255, 255, 255, 255, 255, 255};

void main()
{
  while(1)
  {if(flag==0)
  {
    dac=tab[i++];
    if(i==0){flag=1;i=255;}
  }
  Else                            //负半周期按正半周期的值对称处理
  {
  dac=tab[i--];
  if(i==255){flag=0;i=0;}
  }
  }
}
```

仿真结果如图 6.35 所示。

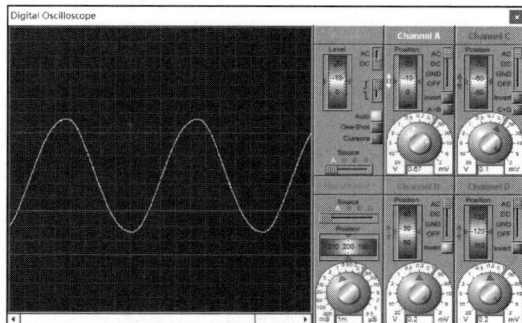

图6.35　正弦波发生器仿真结果

技能训练 6.5　简易可调电压源的设计

【任务要求】

采用 TLC5615 芯片进行电压输出，要求输出电压可以通过按键设定，并在液晶显示器上显示。

技能训练 6.5
简易可调电压源
的设计

【任务实施】

【功能分析】

在知识 4 里我们了解了 TLC5615 的相关知识，在本训练里只需将 TLC5615 和单片机通过 3 根线进行连接，外接 4 个按键，分别实现输出电压加 0.1V、减 0.1V、加 1V、减 1V。液晶显示器 LCD1602 显示设定值。虚拟电压表显示 TLC5615 的电压输出值。

【参考电路】

参考电路如图 6.36 所示。

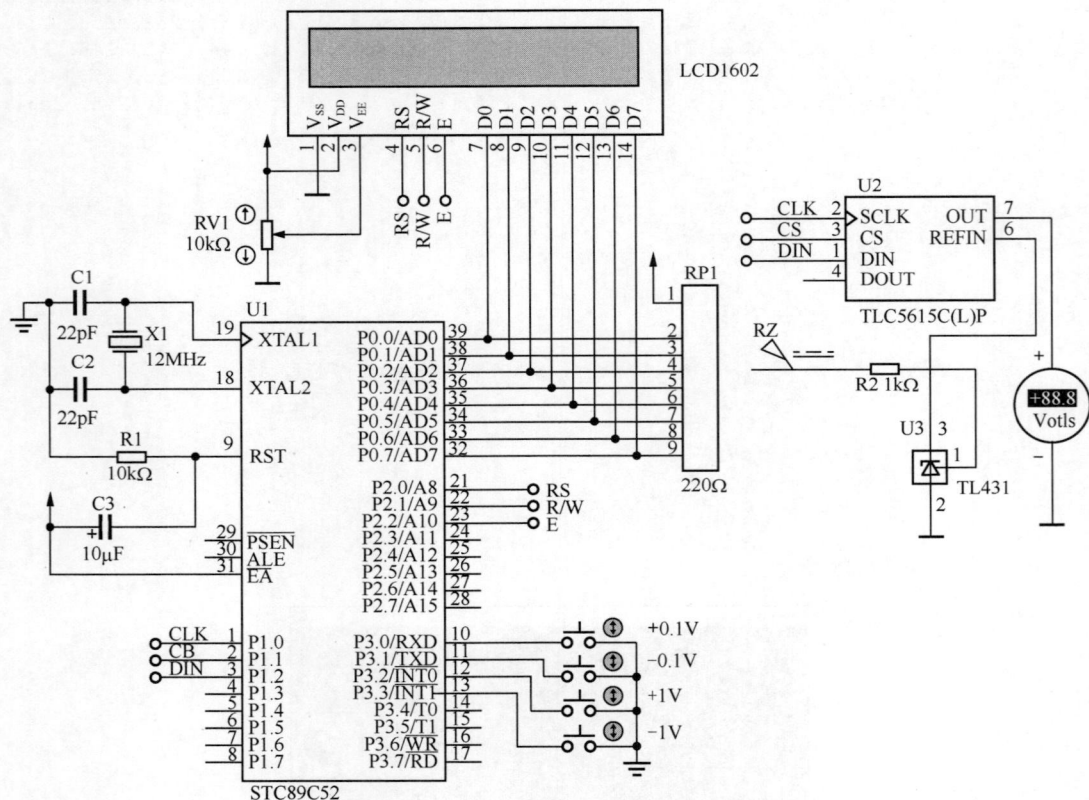

图6.36　参考电路

【参考程序】

程序设计包括 TLC5615、LCD1602 的控制函数，主程序是实现功能的关键，包括按键的设

定，控制数模转换、LCD1602 显示。

参考程序可扫描二维码观看。

任务 6.4　直流电动机控制设计

【任务要求】

利用单片机 STC89C52 作为控制器，控制直流电动机运转。

【相关知识】

在单片机控制系统中经常遇到使用直流电动机的情况。例如，各类电动设备中均有直流电动机。那么单片机如何来控制直流电动机呢？

知识1　直流电动机驱动电路

单片机通过 H 桥电路控制直流电动机正反运转，常见驱动电路如图 6.37 所示，其中 VT3、VT4、VT5、VT6 按电动机功率的大小选择合适的晶体管，如 VT3、VT5 可选 8550、TIP127 等 PNP 型晶体管；VT4、VT6 可选择 8050、TIP122 等 NPN 型晶体管。

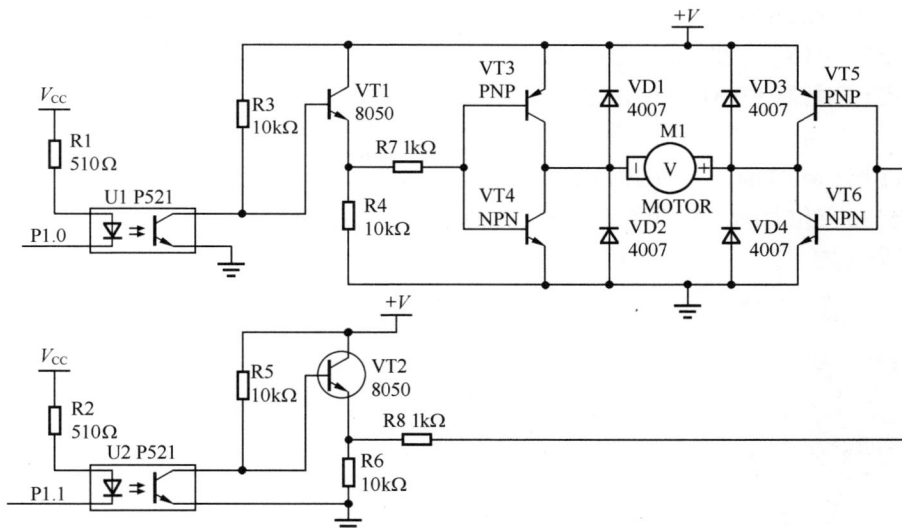

图6.37　直流电动机正反运转的常见驱动电路

直流电动机驱动电路工作原理如下。

（1）当 P1.0 端输出 0 时，U1 光电耦合器（简称光耦）导通，VT1 截止，VT3 导通，VT4 截止。

同理，P1.1 端输出 0 时，VT5 导通，VT6 截止，电动机无电流流过；P1.1 端输出 1 时，VT5 截止，VT6 导通，此时电流从+V 经过 VT3、M1（电动机）、VT6 流入地⏚，实现正转。

可见，当 P1.0 输出恒定的 0 时，电动机的转动速度由 P1.1 端 1 信号的占空比决定。此时

P1.1 端的信号即 PWM 信号。

（2）当电动机需要反转时，P1.1 端设定为恒定的 0，电动机的转动速度由 P1.0 端 1 信号的占空比决定。

也可以采用场效应管代替晶体管实现电动机的驱动，驱动电路如图 6.38 所示，采用光耦 P521 进行隔离，采用场效应管 IRF640 进行驱动，本电路具有较强的抗干扰和驱动能力。

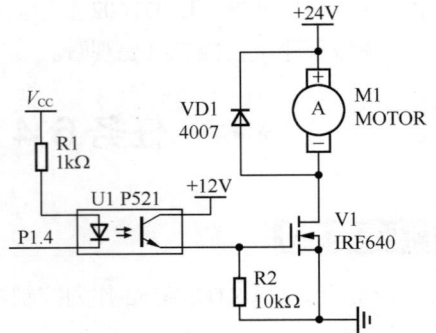

图6.38　场效应管驱动电路

知识2　单片机模拟输出PWM信号

PWM 是利用微处理器的数字输出来对模拟电路进行控制的一种非常有效的技术，广泛应用在测量、通信、功率控制与变换的许多领域中。在本任务中，改变 PWM 信号的占空比，便可改变直流电动机的转动速度。

市场上销售的很多型号的单片机都有 PWM 输出功能，但常规 51 系列单片机没有，故需采用定时器配合软件的方法模拟输出，此方法在精度要求不高的场合非常实用。

单片机模拟输出
PWM 信号

（1）固定脉宽 PWM 输出。固定脉宽 PWM 输出波形如图 6.39 所示。其脉宽固定为 65536 单位时间。将 T0 设置为方式 1（16 位定时器方式），利用 T0 定时器控制 PWM 的占空比，图 6.39 中 T_1 和 T_2 的初值分别为 PwmData0 和 PwmData1，为保证脉宽

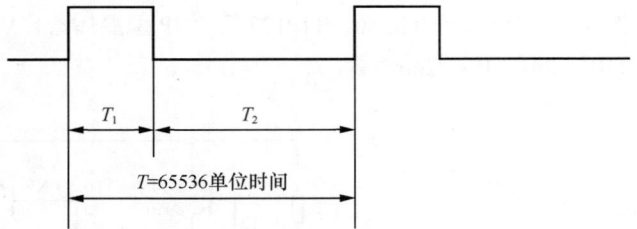

图6.39　固定脉宽PWM输出波形

固定为 65536 单位时间，必须满足 Pwm Data0+ PwmData1=65536。

参考程序如下。

```
#include <reg51.h>
sbit PWMOUT = P1^0;                    //定义 PWM 输出脚
unsigned int PwmData0,PwmData1;
bit PwmF;
/***************************************************
定时器初始化
***************************************************/
void InitTimer(void)
{
    TMOD = 0x01;                       //T0 工作在方式 1
    TH0 = PwmData1/256;                //初值
    TL0 = PwmData1%256;
    EA = 1;                            //开中断
    ET0 = 1;
    TR0 = 1;                           //启动定时器
}

/***************************************************
主程序
```

248

```
**********************************************/
void main(void)
{   PwmF=0;
    PwmData0=40000;              //设置 T₁对应的初值
    PwmData1=25536;              //设置 T₂对应的初值
    InitTimer();
    while(1);
}
/*************************************************
T0 中断服务程序
**********************************************/
void Timer0Interrupt(void)interrupt 1
{
    if(PwmF)
    {
        PWMOUT=1;
        TH0 = PwmData1/256;      //初值
        TL0 = PwmData1%256;
        PwmF=0;
    }
    else
    {
        PWMOUT=0;
        TH0 = PwmData0/256;      //初值
        TL0 = PwmData0%256;
        PwmF=1;
    }
}
```

在 Proteus 中绘制输出 PWM 波形的仿真电路原理图，如图 6.40 所示。为了方便观测结果，调用虚拟仪器库中的示波器，并将 P1.0 口接至示波器的 A、B、C、D 通道之一。

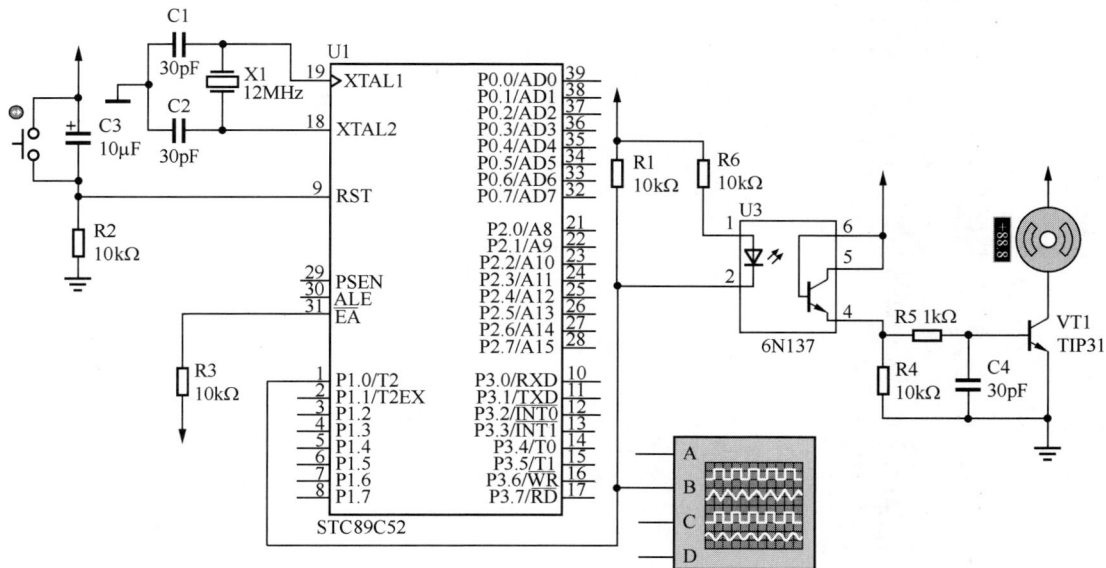

图6.40　输出PWM波形仿真电路原理图

在 Keil 中编译生成 HEX 文件并将其加载到 Proteus 中，仿真运行，得到的输出波形如图 6.41 所示，可清晰看到波形周期约为 65ms，高电平约维持 40ms。

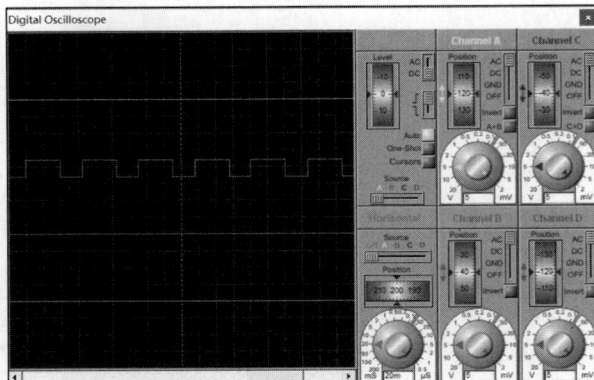

图6.41　输出波形

读者可修改 PwmData0 和 PwmData1 的初值来改变占空比，注意确保 PwmData0+Pwm Data1= 65536 以保证 PWM 波形的脉宽不变。

（2）可变脉宽 PWM 输出。可变脉宽 PWM 输出波形如图 6.42 所示。将 T0、T1 设置为方式 1（16 位定时器方式），利用 T0 定时器控制 PWM 的占空比，T1 定时器控制脉宽（最大为 65536）。定时器的初值分别为 PwmData0 和 PwmData1。

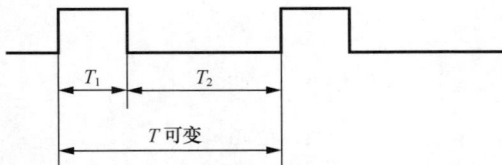

图6.42　可变脉宽PWM输出波形

设单片机的 P1.0 口输出波形。

定时器初始化及中断服务程序代码如下。

```
/*********************************
定时器初始化
*********************************/
void InitTimer(void)
{
    TMOD = 0x11;                        //T0、T1 均工作在方式 1
    TH0 = PwmData1/256;                 //初值
    TL0 = PwmData1%256;
    TH1 = PwmData0/256;
    TL1 = PwmData0%256;
    EA = 1;                             //开中断
    ET0 = 1;
    ET1 = 1;
    TR0 = 1;                            //启动定时器
    TR1 = 1;
}
/***************************************************
T0 中断服务程序
***************************************************/
void Timer0Interrupt( )interrupt 1
{
    TR0=0;
    PWMOUT=1;
}
```

```
/***********************************************
T1 中断服务程序
***********************************************/
void Timer1Interrupt( )interrupt 3
{
    TR0=0;
    TR1=0;
    TH0 = PwmData0/256;              //初值
    TL0 = PwmData0%256;
    TH1 = PwmData1/256;
    TL1 = PwmData1%256;
    TR0 = 1;
    TR1 = 1;
    PWMOUT =0;

}
```

假设 PWM 波形的周期为 50000μs，占空比为 1:5，则定时器的初值为

$$PwmData0=65536-50000=15536$$

$$PwmData1=65536-50000\times\left(1-\frac{1}{5}\right)=25536$$

主程序代码如下。

```
#include <reg51.h>
sbit PWMOUT = P1^0;                //定义 PWM 输出脚
void InitTimer(void);
unsigned int PwmData0,PwmData1;
/***********************************************
主程序
***********************************************/
void main(void)
{
    PwmData0=15536;                //设置 T₁ 对应的初值
    PwmData1=25536;                //设置 T₂ 对应的初值
    InitTimer();
    while(1);
}
```

在 Keil 中编译生成 HEX 文件并将其加载到 Proteus 中，仿真运行，得到的输出波形如图 6.43 所示，可清晰看到波形占空比为 1:5，周期为 50ms。

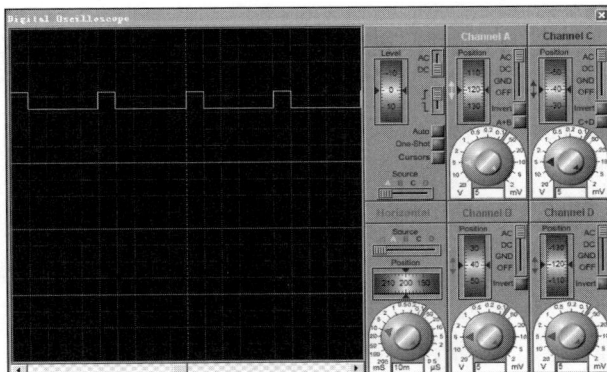

图6.43　输出波形

【任务实施】

1. 硬件电路设计

我们可以利用 H 桥来控制电动机正反转，利用 P1.0、P1.1 口控制 H 桥电路的 A 和 B 端，P3.0～P3.4 口分别外接 5 个按键，用于控制电动机正转、反转、停止、加速、减速。在 Proteus 中设计仿真电路，如图 6.44 所示。

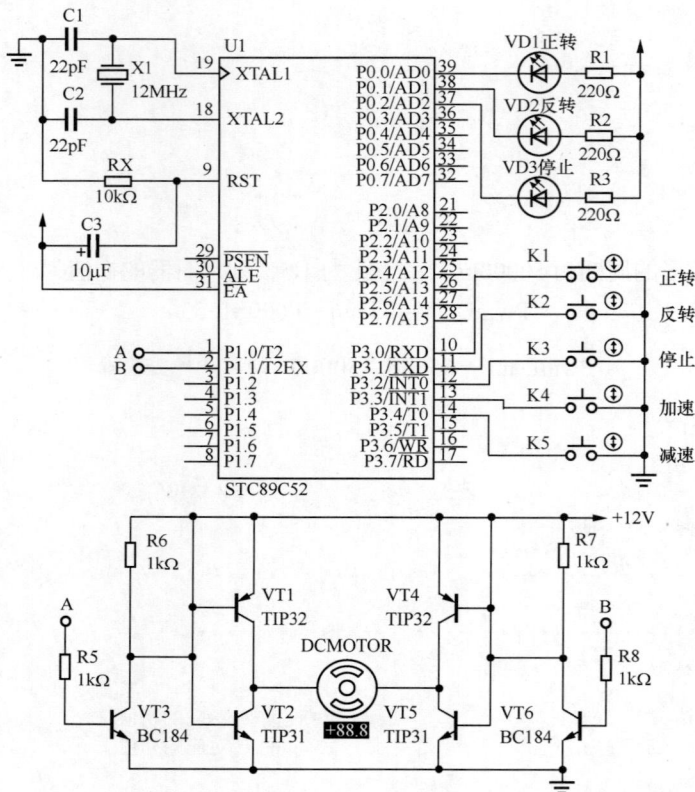

图6.44　直流电动机控制仿真电路

2. 软件设计

根据硬件电路进行连接，编写下面的程序首部。

```
/***********************************************
直流电动机控制程序
***********************************************/
#include <reg52.h>
#include <intrins.h>
#define uint unsigned int
#define uchar unsigned char
sbit K1 = P3^0;                      //定义"正转"按键
sbit K2 = P3^1;                      //定义"反转"按键
sbit K3 = P3^2;                      //定义"停止"按键
sbit K_up = P3^3;                    //定义"加速"按键
sbit K_down = P3^4;                  //定义"减速"按键
sbit LED1 = P0^0;                    //定义"正转"指示灯
sbit LED2 = P0^1;                    //定义"反转"指示灯
```

```
sbit LED3 = P0^2;                       //定义"停止"指示灯
sbit MA = P1^0;                         //定义 H 桥 A 端
sbit MB = P1^1;                         //定义 H 桥 B 端
```

下面编写控制程序，控制直流电动机正反转及停止。

```
/*******************************************************
控制程序，控制电动机正反转及停止
*******************************************************/
void main(void)
{
    LED1 = 1; LED2 = 1; LED3 = 0;
    while(1)
    {
        if(K1 == 0)                     //正转
        {
            while(K1 == 0);             //等待按键释放
            LED1 = 0;    LED2 = 1; LED3 = 1;
            MA = 0;MB = 1;              //MA=0, MB=1, 正转
        }
        if(K2 == 0)                     //反转
        {
            while(K2 == 0);
            LED1 = 1; LED2 = 0; LED3 = 1;
            MA = 1;MB = 0;              //MA=1, MB=0, 反转
        }
        if(K3 == 0)                     //停止
        {
            while(K3 == 0);
            LED1 = 1;    LED2 = 1; LED3 = 0;
            MA = 0;MB = 0;              //MA=0, MB=0,停止
        }
    }
}
```

3. 仿真调试

将 Keil 中生成的 HEX 文件加载至 Proteus 中，仿真运行，按 K1、K2、K3 按键，直流电动机将按照指令正转、反转或停止。

下面设计程序控制电动机的转速。根据 H 桥电路工作原理，直流电动机正转时，B 端设定为恒定的 0，电动机的转动速度由 A 端 1 信号的占空比决定。同理，直流电动机反转时，A 端设定为恒定的 0，电动机的转动速度由 B 端 1 信号的占空比决定。

上述程序中，正转时，程序输出的信号 B 端恒定为 0，A 端恒定为 1，因此无法调速，只需将 A 端改为占空比可调的 PWM 波即可实现调整。请读者将本任务知识 2 中设计的单片机模拟占空比可调 PWM 信号送到 A 端，完成控制程序并实现仿真。

【课后任务】

（1）设计硬件电路并编写控制程序，完成本任务的实物制作。

（2）设计一个自动风扇控制系统，设定一个标准温度（假设为 25℃），当 DS18B20 采集的实时温度高于该设定值时，控制风扇运转，否则风扇不工作。

【任务小结】

通过对本任务的学习，读者可以掌握驱动电路的设计，可以根据不同的控制对象采用不同的驱动电路，还可以通过在单片机相应的口线输出高低电平控制直流电动机的转动和停止。

【任务扩展】

知识3 STC15W4K32S4系列单片机增强型PWM发生器

STC15W4K32S4 系列的单片机内部集成了一组（各自独立 6 路）增强型 PWM 发生器。为电动机调速等需 PWM 控制的场合提供了方便。具体内容请扫描二维码学习。

STC15W4K32S4
系列单片机增强型
PWM 发生器

••• 技能训练 6.6 电动机调速装置的设计 •••

【任务要求】

用两个按键控制脉宽输出，调节电动机的转速。

【任务实施】

【功能分析】

采用按键 K+（P1.0）和 K-（P1.1）实现占空比的增大和减小。P1.7 口输出 PWM 波控制电动机的转速。实际使用中，常采用光耦将单片机所在的数字电路和控制电路进行隔离，减少对单片机的干扰，提高可靠性。

【参考电路】

参考电路如图 6.45 所示。

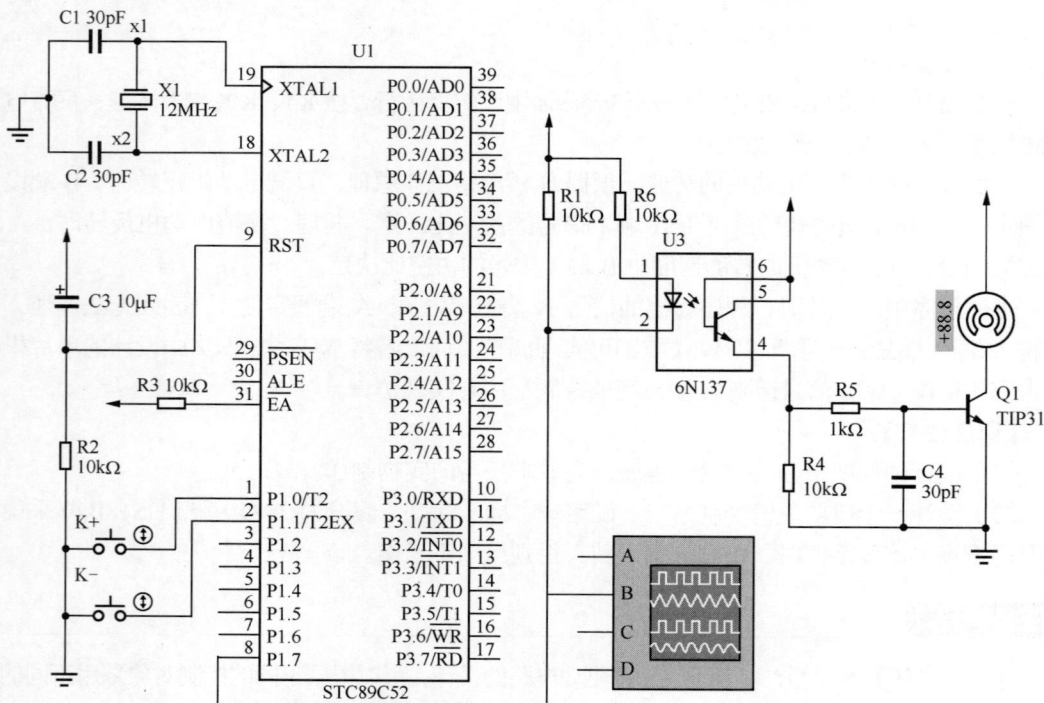

图6.45 单片机控制直流电动机转速的参考电路

【参考程序】

利用单片机的定时器 T0 定时 200μs，利用 PwmH 和 Pwm 变量，分别对 T0 的定时时间计数，控制 PWM 波形高电平的维持时间和 PWM 波形的周期。参考程序如下。

```
#include <reg51.h>
sbit PWMOUT = P1^7;                    //定义 PWM 输出脚
sbit key1=P1^0;
sbit key2=P1^1;
unsigned char PwmH,Pwm;
unsigned char i;                       //计数器
/***************************************************
定时器初始化
***************************************************/
void InitTimer(void)
{
    TMOD = 0x02;                       //T0 工作在方式 2
    TH0 = 56;                          //初值，读者可根据需要进行调整
    TL0 = 56;
    EA = 1;                            //开中断
    ET0 = 1;
    TR0 = 1;                           //启动定时器
}
/***************************************************
5ms 按键消抖延时
***************************************************/
void delay5ms(void)
{
    unsigned char a,b;
    for(b=19;b>0;b--)
        for(a=130;a>0;a--);
}
/***************************************************
主程序
***************************************************/
void main(void)
{PWMOUT=0;
    i=0;
    PwmH=50;                           //初始化占空比为 1：10，周期为 4ms
    Pwm=100;
    InitTimer();
    while(1)
    {
        if(!key1)                      //判断 K+按键
        {
            delay5ms();                //按键消抖
            if(!key1)
            {while(!key1);             //等待 K+按键释放
            if(PwmH<Pwm)PwmH++; }
        }
        if(!key2)                      //判断 K-按键
        {
            delay5ms();                //按键消抖
            if(!key2)
        {
            while(!key2);              //等待 K-按键释放
```

```
                        if(PwmH>1)  PwmH--;   }
                }
        }
}
/************************************************
T0 中断服务程序
************************************************/
void Timer0Interrupt(void)interrupt 1
{
        i++;
        if(i==PwmH)
                PWMOUT=0;
        if(i==Pwm)
        {
                i=0;
                PWMOUT=1;
        }
}
```

在 Keil 中编译生成 HEX 文件后，将其加载到 Proteus 中运行，按按键后能看到波形占空比和电动机转速的变化，变化的波形如图 6.46 所示。

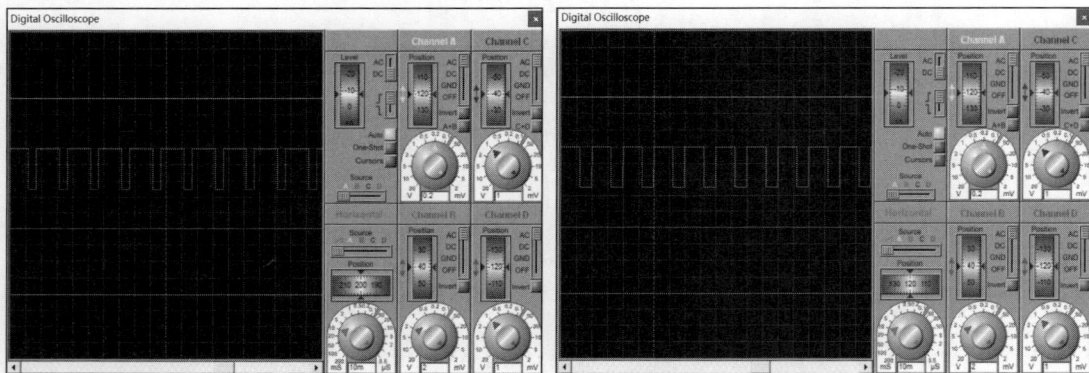

图6.46　仿真输出变化的波形

●●● 技能训练 6.7　数控直流电源的设计 ●●●

【任务要求】

设计一个数控直流电源，用按键进行数模转换器输出电压调节，数模转换器输出的电压值用模数转换器进行测量，用液晶显示器显示，上行显示年月日时分秒，下行显示设定值和实际测量值，所用器件有单片机、模数转换器、数模转换器、液晶显示器、时钟、按键等。

技能训练 6.7
数控直流电源
的设计

【功能分析】

根据要求，电压输出采用数模转换器实现，可以用 4 个独立按键进行输出电压调节，输出的电压值用模数转换器进行测量，用液晶显示器显示，上行显示年月日时分秒、下行显示输出

电压设定值和实际测量值，所用器件有单片机、模数转换器、数模转换器、液晶显示器、时钟、按键等。

【任务实施】

【参考电路】

利用已学过的器件来设计本训练的电路。参考电路如图 6.47 所示。

用 TLC5615 实现电压输出，用 TLC2543 进行 A/D 采集，用 DS1302 作为时钟，用 LCD1602 液晶显示器进行显示，外接 4 个按键进行电压设定。

【参考程序】

程序设计包括 TLC2543、TLC5615、DS1302、LCD1602 的控制函数，这些函数在前面已介绍过，直接调用即可。主程序是实现功能的关键，包括按键的设定，控制模数转换器、数模转换器、DS1302、LCD1602 的执行。

参考程序可扫描二维码观看。

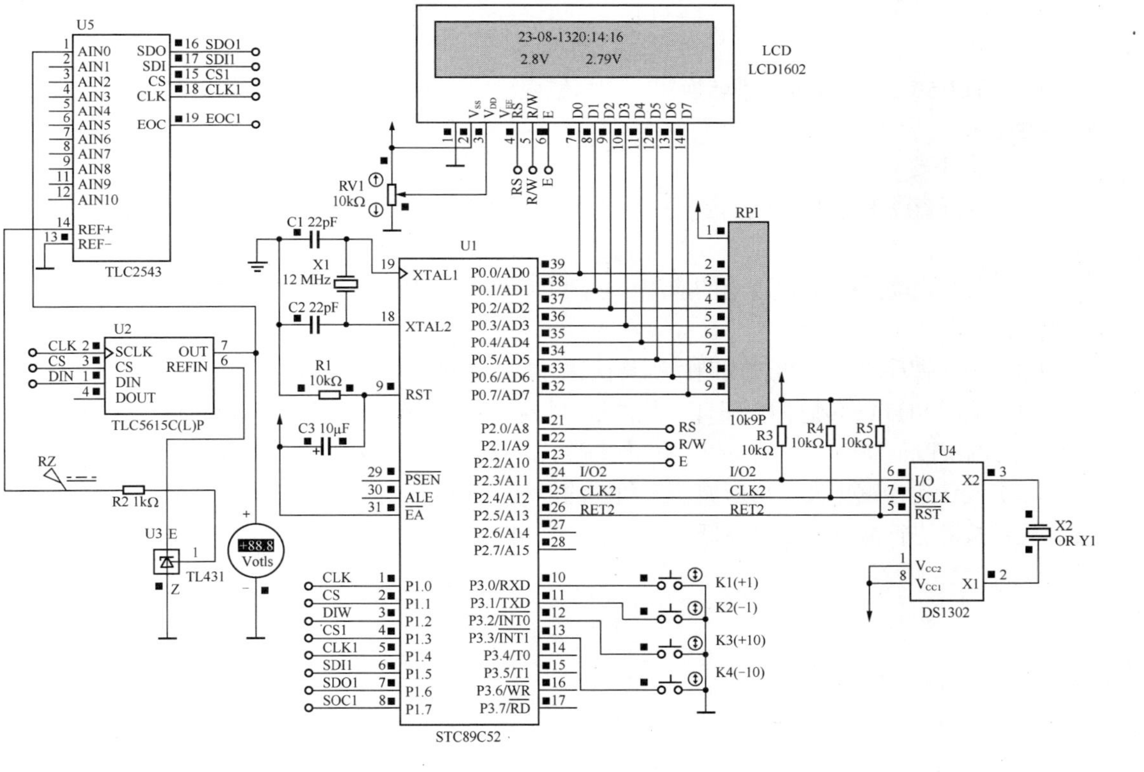

图6.47 数控直流电源参考电路

•••【项目总结】•••

测控系统是单片机实时控制系统中的核心部分，包含"测"和"控"两部分。"测"是信号的采集，本项目中设计了电压信号的采集电路和温度信号的采集电路；"控"是执行电路的

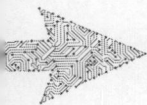

控制，执行电路的控制信号常常是模拟信号，因此需要电路将数字信号转换为模拟信号。

本项目主要介绍如下内容。

（1）电压模数转换原理，并行模数转换器 ADC0809 及串行模数转换器 LTC1864 的应用。

（2）温度传感器 DS18B20 的应用，单片机模拟单总线时序完成通信的方法。

（3）数模转换原理，数模转换器 DAC0832 及 TLC5615 的应用。

（4）直流电动机控制电路，PWM 调速原理，单片机模拟 PWM 输出控制电动机转速的方法及 STC15 系列单片机内部 PWM 的应用。

●●● 【习 题】 ●●●

1. 填空题

（1）数模转换的作用是将（　　　）转换为（　　　）。

（2）ADC0809 的参考电压是 5V，其分辨率是（　　　）。

（3）DAC0832 利用（　　　）控制信号，可以构成 3 种不同的工作方式，分别是直通方式、（　　　）和（　　　）。

（4）TLC5615 是 10 位数模转换器，若满量程输出电压为 5V，则其分辨率是（　　　），转换精度是（　　　）。

2. 设计题

（1）自行查阅 K 型热电偶的应用，采用 K 型热电偶设计一个温度计，完成硬件设计与软件设计。

（2）自行查阅 PT100 热电阻的应用，采用 PT100 热电阻设计一个温度计，完成硬件设计与软件设计。

（3）设计智能小车，通过按键控制其快速运行、慢速运行以及转弯等。

（4）采用 SHT11 传感器，设计一款温湿度检测仪，用液晶显示器显示测量值，自定义通信协议，将温湿度值实时上报给主机。在此基础上，增加上下限设置功能，越限后进行声光报警。

（5）设计包含锯齿波、梯形波、三角波的多种波形的信号发生器（提示：通过按键切换波形，通过按键进行波形的电平高低范围调节，采用液晶或数码管显示相应的内容）。